机械制造技术

主　编　黄雨田
参　编　殷雪艳　刘苍林　李俊涛
主　审　任青剑

北京理工大学出版社
BEIJING INSTITUTE OF TECHNOLOGY PRESS

图书在版编目（CIP）数据

机械制造技术/黄雨田主编.—北京：北京理工大学出版社，2014.8（2021.7重印）
ISBN 978-7-5640-9558-1

Ⅰ.①机… Ⅱ.①黄… Ⅲ.①机械制造工艺-高等学校-教材 Ⅳ.①TH16

中国版本图书馆CIP数据核字（2014）第181690号

出版发行/北京理工大学出版社有限责任公司
社　　址/北京市海淀区中关村南大街5号
邮　　编/100081
电　　话/（010）68914775（总编室）
82562903（教材售后服务热线）
68948351（其他图书服务热线）
网　　址/http：//www.bitpress.com.cn
经　　销/全国各地新华书店
印　　刷/三河市华骏印务包装有限公司
开　　本/787毫米×1092毫米 1/16
印　　张/14.5
字　　数/338千字
版　　次/2014年8月第1版 2021年7月第9次印刷
定　　价/41.00元

责任编辑/张慧峰
文案编辑/多海鹏
责任校对/周瑞红
责任印制/马振武

前言

Qianyan

本书适用于高职院校近机类专业课程。教材以“实用为先、够用为度”为原则，既系统讲述了机械制造的原理知识，又重点介绍了机械制造的技术能力训练，并删除了传统专业课程中纯理论分析、偏重方法训练的工程试验等内容，原理内容重结论，工装设备重使用，制造工艺重规范，质量控制重方法。

本教材具有以下主要特点：

1. 突出实用、够用原则，剔除了不必要的表达式推导和复杂的数值计算；

2. 把传统的机械加工理论重新整合，把“应知”和“应会”分开，并重点解决“应知”问题（即最基本的规范和常识）；

3. 本书既考虑知识的完整性，同时也考虑课堂教学的可操作性，对相关内容适当调整，并在章节的安排上尽可能做到一次课讲完一节内容；

4. 对本专业的经典内容尽可能的提炼，列出条文，便于学习和总结，并在各章前有简单的要点提示；

5. 本教材学习课时可多可少，有些内容可作为阅读使用，对于两年制学生来讲，第7章可以作为课外阅读内容，课堂不作要求（因为加工质量分析在实践中学习比课堂学习更有效）；

6. 本教材可供高职高专院校、高等专科学校的机电一体化、汽车制造（及维修）、模具设计与制造、数控技术和焊接等近机类专业使用。

本教材共有七章，第1章由殷雪艳编写；第2章由刘苍林编写；第3章由李俊涛编写；第4~第7章由黄雨田编写。全书由黄雨田统稿，李俊涛编排，任青剑主审。此外，王玉民高级工程师对本书也提出了许多宝贵意见，在此一并致谢。

尽管我们在教改方面做出了很多努力，也探索出了高职教育的一些特点，但由于水平有限，教材中难免存在一些疏漏和不妥之处，恳请广大读者在使用时提出宝贵意见和建议，以便更正。

编　者

Contents

目 录

目 录

Contents

Contents

目 录

目 录

Contents

Contents

目 录

目 录

Contents

第 1 章　金属切削基础知识

【学习指南】

1. 了解切削运动及切削用量三要素等概念；
2. 掌握刀具几何参数的基本概念；
3. 掌握金属切削过程中影响切削变形、切削力、切削温度、刀具寿命等物理现象的因素；
4. 了解合理选择切削条件的原则及方法。

【本章重点】

1. 切削运动及切削用量三要素；
2. 刀具几何参数；
3. 金属切削过程；
4. 切削条件的合理选择。

【本章难点】

1. 刀具几何角度的定义及标注；
2. 金属切削条件的合理选择。

1.1　零件的成形方法与金属切削要素

1.1.1　零件的成形方法

在机械制造过程中，通常是把原材料或毛坯制造成合格零件，并根据零件质量 m 的变化（即质量增量 Δm）将制造工艺划分为以下三种类型：

（1）$\Delta m<0$：在机械制造过程中，通过材料被逐渐切除而获得需要的几何形状的制造工艺，即材料切除法。如车削、铣削、刨削、磨削、钻削等加工方法。

（2）$\Delta m=0$：在零件成形前后，材料主要发生形状变化而质量基本不变的制造工艺，即变形法。如铸造、锻造及磨具成形（冲压、注塑）等加工工艺。

（3）$\Delta m>0$：在零件成形过程中，通过材料累加而获得需要的几何形状的制造工艺，即材料累积法。这一工艺方法的优点是可以成形任意复杂形状的零件，而无须刀具、夹具等生产准备活动。如焊接、3D 打印等加工方法。

1.1.2 金属切削要素

金属切削加工（即 $\Delta m<0$）是通过刀具与工件之间的相互作用和相对运动，从毛坯上切除多余金属，使工件达到要求的几何形状、尺寸精度和表面质量，从而获得合格零件的一种机械加工方法。

1. 切削运动

1）主运动

主运动是刀具和工件之间的最主要的相对运动，它的速度最高、消耗功率最大。机床的主运动只有一个，做主运动的可以是工件，也可以是刀具。如图 1－1 所示，车削时的主运动是工件的旋转运动。

2）进给运动

进给运动是刀具和工件之间附加的相对运动，以保持切削连续地进行。进给运动不限于一个，可以是连续运动，也可以是间歇运动。图 1－1 所示为车削时的纵向和横向进给运动。

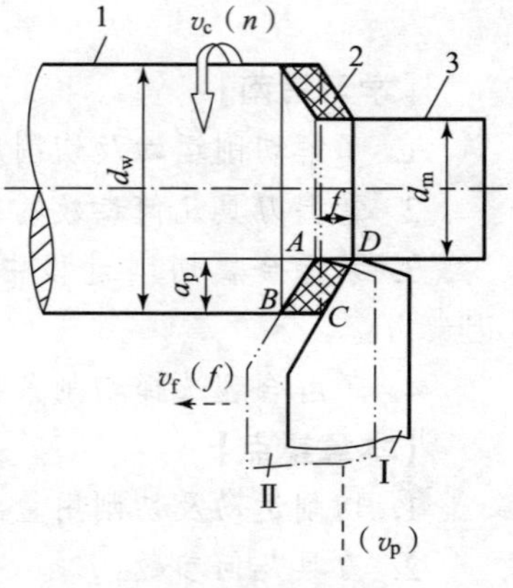

图 1－1 车削运动

1—待加工表面；2—过渡表面；3—已加工表面

常用加工方法的切削运动分析如图 1－2 所示。

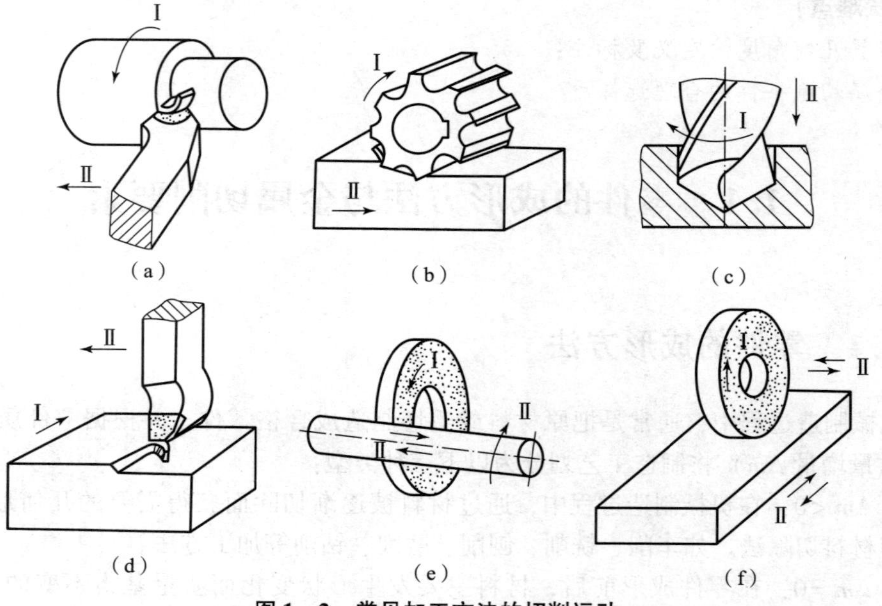

图 1－2 常见加工方法的切削运动

(a) 车削外圆；(b) 铣削平面；(c) 钻孔；(d) 刨削平面；(e) 磨削外圆；(f) 磨削平面

Ⅰ—主运动；Ⅱ—进给运动

3）切削时工件上的三个表面（见图 1－1 和图 1－3）

（1）待加工表面：待加工表面指即将被切除多余金属的表面。

（2）过渡表面：过渡表面指切削刃正在切削的表面。

（3）已加工表面：已加工表面指经切削形成的新表面。

2. 切削用量三要素

切削用量是指切削加工过程中切削速度 v_c、进给量 f 和背吃刀量 a_p 三个要素的总称。它表示主运动和进给运动量，用于调整机床的工艺参数。

1）切削速度 v_c

切削速度 v_c 是指切削刃上选定点相对于工件主运动的瞬时速度。当主运动为旋转运动时，其切削速度为：

$$v_c = \frac{\pi d_w n}{1\ 000} \qquad (1-1)$$

式中，d_w——完成主运动的工件或刀具的最大直径，单位为 mm；

n——主运动的转速，单位为 r/min。

2）进给量 f

进给量 f 是指当工件或刀具的主运动旋转一周（或一个行程）时，刀具（或工件）沿进给方向上的位移量。

进给速度是指切削刃上选定点相对工件进给运动的瞬时速度，单位为 mm/s 或 m/min。车削时的进给运动速度为

$$v_f = nf \qquad (1-2)$$

3）背吃刀量 a_p

背吃刀量 a_p（单位为 mm）是指工件上待加工表面与已加工表面间的垂直距离：

$$a_p = \frac{d_v - d_m}{2} \qquad (1-3)$$

式中，d_v——工件待加工表面的直径，单位为 mm；

d_m——工件已加工表面的直径，单位为 mm。

常见的车削、铣削和刨削加工切削用量如图 1－3 所示。

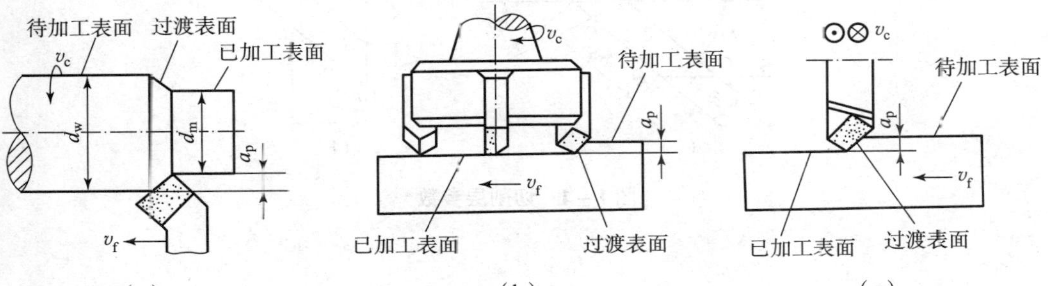

图 1－3　切削用量

（a）车削；（b）铣削；（c）刨削

4）合成切削速度 $\boldsymbol{v}_e$

在主运动与进给运动同时进行的情况下，切削刃上任一点的实际切削速度是它们的合成速度 $\boldsymbol{v}_e$，见公式（1－4）。

$$\boldsymbol{v}_e = \boldsymbol{v}_c + \boldsymbol{v}_f \qquad (1-4)$$

3. 切削层横剖面参数

切削层是指刀具切过工件的一个单程所切除的工件材料层。切削层的金属被刀具切削后直接转变为切屑。切削层参数包括切削层公称横截面积、切削层公称宽度及切削层公称厚度。

1）切削层公称横截面积 A_D

切削层公称横截面积 A_D 简称切削面积，是在切削层尺寸平面里度量的横截面积。如图 1－1 所示，工件旋转一周，刀具从位置Ⅰ移到Ⅱ，切下Ⅰ与Ⅱ之间的工件材料层 *ABCD*，即切削层公称横截面积。

2）切削层公称宽度 b_D

切削层公称宽度 b_D 简称切削宽度，是平行于过渡表面度量的切削层尺寸。

3）切削层公称厚度 h_D

切削层公称厚度 h_D 简称切削厚度，是垂直于过渡表面度量的切削层尺寸。

如图 1－4 所示，A_D、b_D 和 h_D 的计算公式如下：

$$h_D = f \sin \kappa_r \tag{1-5}$$

$$b_D = \frac{a_p}{\sin \kappa_r} \tag{1-6}$$

$$A_D = a_p f = h_D b_D \tag{1-7}$$

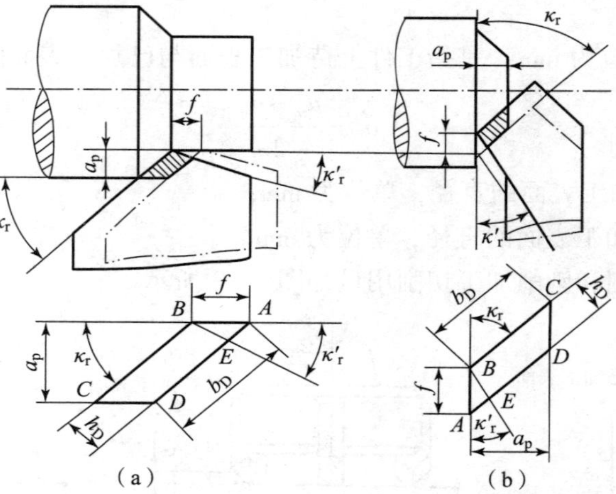

图 1－4　切削层参数

1.2　刀具几何参数

1.2.1　刀具的组成

以车刀为例，车刀由刀头、刀体两部分组成，如图 1－5 所示。刀头用于切削，刀体用于装夹。

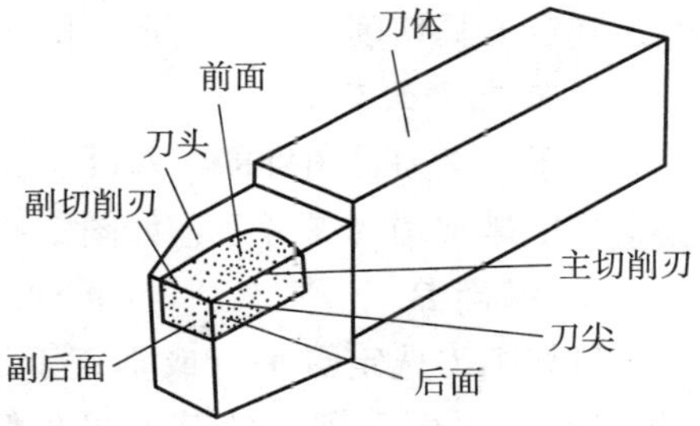

图1-5 车刀组成

1. 刀面

1）前面（前刀面）A_γ

前面是指刀具上切屑流过的表面。

2）后面（后刀面）A_α

后面是指刀具上与过渡表面相对的表面。

3）副后面（副后刀面）A'_α

副后面是指刀具上与已加工表面相对的表面。

前面与后面之间所包含的刀具实体部分称刀楔。

2. 切削刃

1）主切削刃 S

主切削刃是指前、后面汇交的边缘，它完成主要的切削工作。

2）副切削刃 S'

副切削刃是指切削刃上除主切削刃以外的刀刃。它配合主切削刃完成切削工作，并最终形成已加工表面。

3. 刀尖

主、副切削刃汇交的一小段切削刃称为刀尖。由于切削刃不可能刃磨得很锋利，总有一些刃口圆弧，为了改善刀尖的切削性能，常将刀尖做成修圆刀尖或倒角刀尖，如图1-6所示。

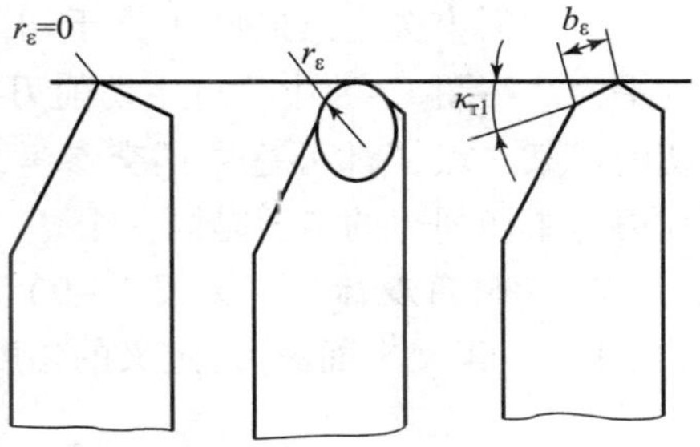

图1-6 刀尖形状

其他各类刀具，如刨刀、钻头、铣刀等，都可看作是车刀的演变和组合。刨刀切削部分的形状与车刀相同［见图1-7（a）］；钻头可看作是两把一正一反并在一起同时车削孔壁的车刀，因而有两个主切削刃、两个副切削刃，还增加了一个横刃［见图1-7（b）］；铣刀可看作由多把车刀组合而成的复合刀具，其每一个刀齿相当于一把车刀［见图1-7（c）］。

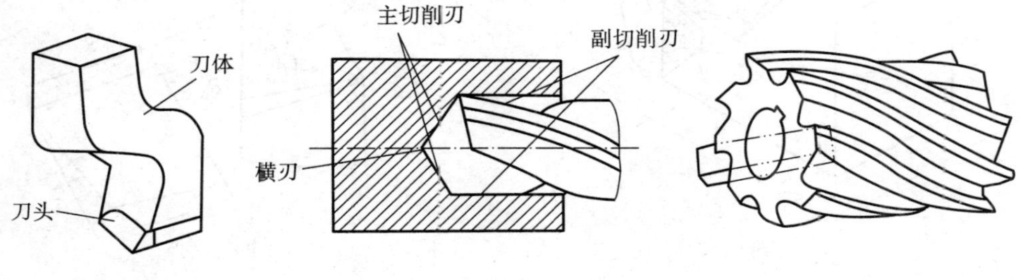

图1-7 刨刀、钻头、铣刀的结构

(a) 刨刀；(b) 钻头；(c) 铣刀

1.2.2 刀具的角度

刀具要达到良好的切削加工效果和寿命，其切削部分必须具有正确的几何形状。刀具角度是确定刀具切削部分几何形状的重要参数。

1. 正交平面参考系

用于定义刀具角度的各基准坐标平面称为参考系。正交平面参考系是刀具设计、刃磨和测量角度最常用的参考系，如图1－8所示。

1）基面 P_r

过切削刃选定点平行或垂直于刀具上安装面（轴线）的平面，车刀的基面可理解为平行刀具底面的平面。

2）切削平面 P_s

过切削刃选定点与切削刃相切并垂直于基面的平面。

3）正交平面 P_o

过切削刃选定点同时垂直于切削平面与基面的平面。在图1－8中，过主切削刃某一点 x 或副切削刃某一点 x' 都可建立正交参考系平面，副切削刃与主切削刃的基面是同一个。

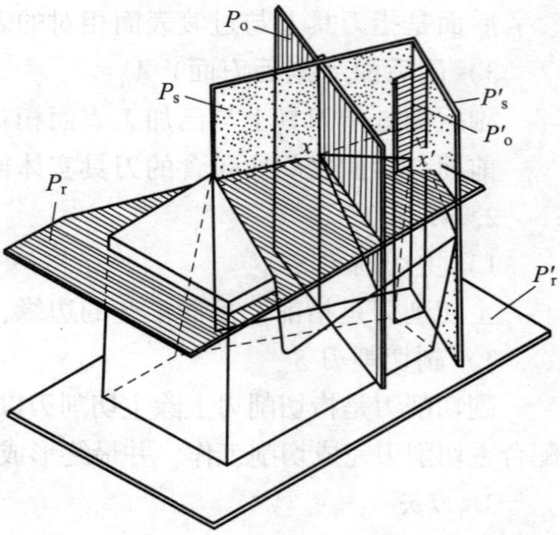

图1－8　正交平面参考系

2. 几何角度标注（见图1－9）

1）在正交平面 P_o 内定义的角度

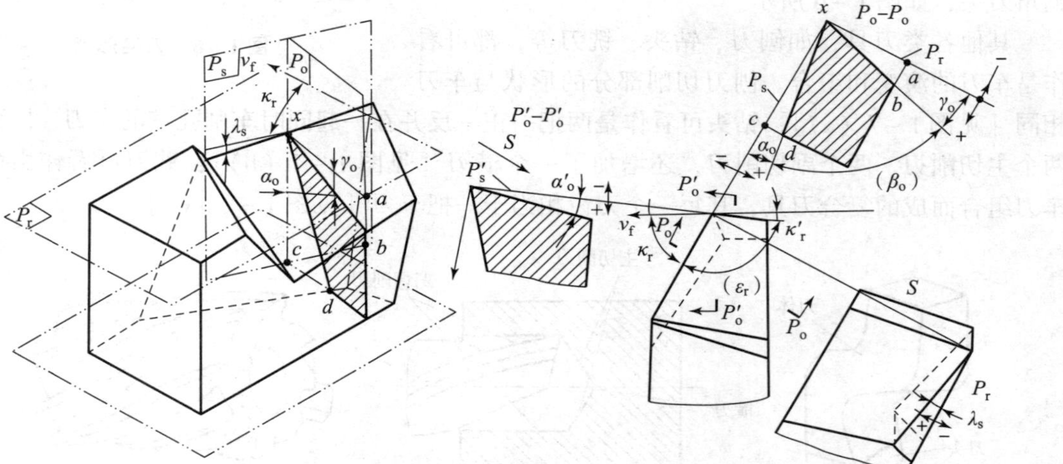

（a）　（b）

图1－9　刀具几何角度标注

（1）前角 γ_o：前刀面与基面之间的夹角。前角表示前刀面的倾斜程度。

（2）后角 α_o：后刀面与切削平面之间的夹角。后角表示后刀面的倾斜程度。

2）在基面 P_r 内定义的角度

（1）主偏角 κ_r：主切削刃在基面投影与假定进给方向的夹角。

（2）副偏角 κ_r'：副切削刃在基面投影与假定进给反方向的夹角。

3）在切削平面 P_s 内定义的角度

刃倾角 λ_s：主切削刃与基面之间的夹角。

4）在副正交平面 P'_o（过副切削刃上选定点垂直于副切削刃在基面上投影的平面）内定义的角度

副后角 α'_o：副后角指副后刀面与副切削平面 P'_s（过副切削刃上选定点的切线垂直于基面的平面）之间的夹角。副后角表示副后刀面的倾斜程度，一般情况下为正值，且 $\alpha'_o = \alpha_o$。

5）其他常月的刀具角度

如刀尖角 ε_r、楔角 β_o 等为派生角。

3. 前、后角及刃倾角正负的判定（见图 1－10）

1）前、后角正负的判定［见图 1－10（a）］

若前、后刀面都位于 P_r、P_s 组成的直角平面系之内，则前、后角都为正值；反之，则为负值。前刀面与 P_r 重合时，前角为零；后刀面与 P_s 重合时，后角为零。

2）刃倾角正负的判定［见图 1－10（b）］

刀尖相对车刀的底平面处于最高点时，刃倾角为正；刀尖相对车刀的底平面处于最低点时，刃倾角为负；切削刃与基面平行时，刃倾角为零。

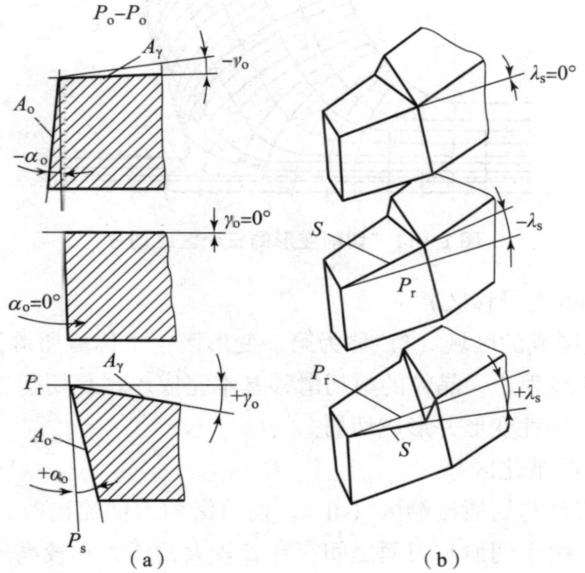

图 1－10　前、后角及刃倾角正负的判定

1.3　金属切削过程

金属切削过程是指在刀具和切削力的作用下形成切屑的过程，在这一过程中会出现许多物理现象，如切削力、切削热、积屑瘤、刀具磨损和加工硬化等。因此，研究切削过程对切削加工的发展和进步、保证切削加工质量、提高生产效率及降低生产成本等，都有着十分重要的意义。

1.3.1 金属切削的变形过程

金属切削过程的实质是通过切削运动，使刀具从工件表面切下多余金属层，形成切屑和已加工表面的过程。金属切削的变形过程实际上就是切屑的形成过程。研究金属切削过程中的变形规律，对于切削加工技术的发展和指导实际生产都非常重要。

1. 变形区的划分

在金属切削过程中，被切削金属层经受刀具的挤压作用，发生弹性及塑性变形，直至切离工件形成切屑沿刀具前刀面排出，图 1－11 所示为金属切削过程中的滑移线和流线示意图。所谓滑移线即等剪切应力曲线（图 1－11 中的 *OA*、*OM* 线等），流线表示被切削金属的某一点在切削过程中流动的轨迹。如图 1－11 所示，通常将这个过程分为三个变形区。

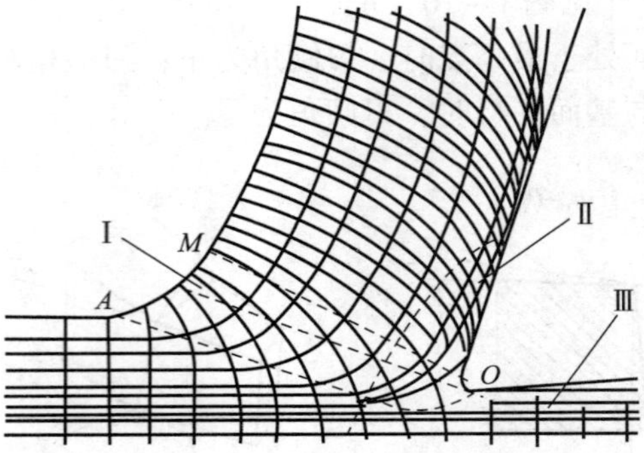

图 1－11　切削变形的三个区域划分

1）第Ⅰ变形区（剪切滑移区）

由 *OA* 线和 *OM* 线围成的区域（Ⅰ）称为第一变形区，也称剪切滑移区。金属从 *OA* 线开始发生塑性变形到 *OM* 线为止，晶粒的剪切滑移基本完成。这是切削过程中产生变形的主要区域，在此区域内产生塑性变形并形成切屑。

2）第Ⅱ变形区（纤维化区）

第二变形区是指刀具与切屑接触区（Ⅱ）。切屑沿前刀面流出时，切屑底层受到前刀面的进一步挤压和摩擦，由于切屑与刀面之间存在着较大的压力和较高的温度，使靠近前刀面处的金属晶粒沿前刀面方向产生纤维化。

3）第Ⅲ变形区（加工表面硬化区）

第三变形区是刀具与已加工表面接触区（Ⅲ）。已加工表面受到切削刃钝圆部分及后刀面的挤压和摩擦产生变形，造成晶粒纤维化与表面加工硬化。

三个变形区汇集在切削刃附近，相互关联，相互影响，称为切削区域。在该区域内，应力集中而复杂，被切金属层在此与工件本体分离。

2. 切屑的形成

切屑是被切材料受到刀具前刀面的推挤，沿着某一斜面剪切滑移而形成的。金属切削过程是切削层金属受到刀具前刀面的挤压后，产生以剪切滑移为主的塑性变形而形成切屑的过程。如图 1－12 所示，切屑形成是在第一变形区完成的，当切削层移近 *OA* 面时，切削层金

属在正压力 $\boldsymbol{F}_N$ 与摩擦力 $\boldsymbol{F}_f$ 的合力 $\boldsymbol{F}_r$ 作用下产生弹性变形；进入 OA 面后，其内应力达到屈服点，开始产生塑性变形，金属内部发生剪切滑移，随着被切金属继续向前刀面逼近，塑性变形加剧，内应力进一步增加，到达 OM 面时，内应力达到金属断裂极限而使被切金属与工件本体分离，分离后的变形金属沿前刀面流出形成切屑。其中 OA 面称为始滑移面，OM 称为终滑移面。两个滑移面间很窄，仅为 0.02～0.2mm，故剪切滑移时间很短、切屑形成过程极快。

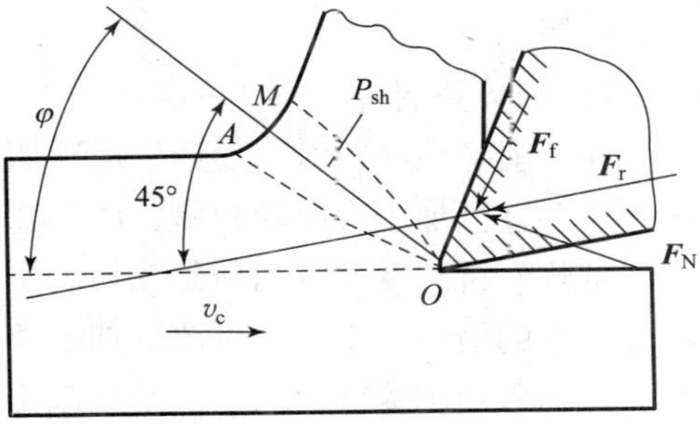

图 1－12　切屑的形成

3. 切屑的变形

在切削过程中，刀具切下的切屑厚度 h_{ch} 通常大于工件上切削层的厚度 h_D，而切屑的长度 l_{ch} 却小于切削层长度 l_D，这种现象称为切屑收缩现象，如图 1－13 所示。切屑收缩的程度用变形系数 ξ 表示，它是大于 1 的有理数，能直观地反映切屑的变形程度，且容易测量。ξ 值越大，说明切出的切屑越厚、越短，切削变形越大，工件的表面质量越差，切削过程中所消耗的能量越多。

$$\xi=\frac{h_{ch}}{h_D}=\frac{l_D}{l_{ch}}>1 \qquad (1-8)$$

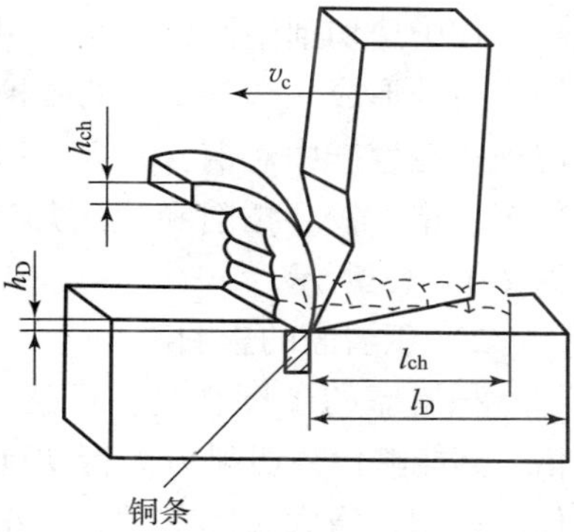

图 1－13　切屑收缩

4. 切屑的类型

根据工件材料及切削过程中变形程度的不同，切屑可分为四种类型，如图 1－14 所示。

1）带状切屑［见图 1－14（a）］

这是最常见的一种切屑，它的内表面光滑，外表面为毛茸状。在加工塑性金属材料时，一般常得到这类切屑。它的切削过程平稳，切削力波动小，已加工表面粗糙度较小。

2）挤裂切屑［见图 1－14（b）］

这类切屑与带状切屑不同之处在于其外表面呈锯齿形，内表面有时有裂纹。挤裂切屑大多在切削速度较低、切削厚度较大、刀具前角较小的塑性材料时产生。

3）粒状切屑［见图 1－14（c）］

如果在挤裂切屑的剪切面上，裂纹扩展到整个面，则整个单元被切离，称为粒状切屑或

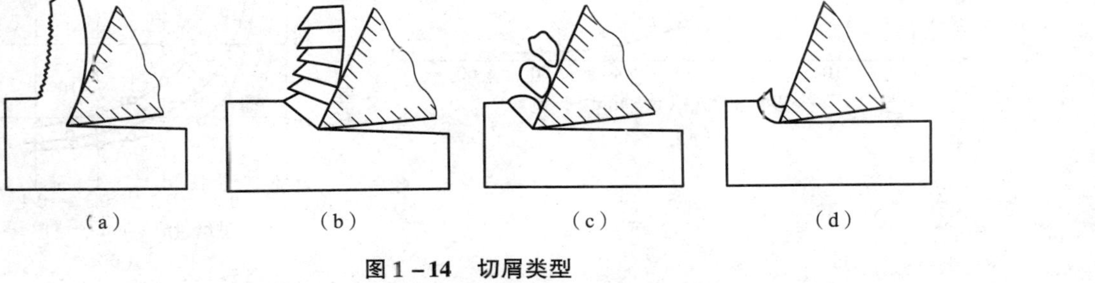

图 1－14　切屑类型

（a）带状切屑；（b）挤裂切屑；（c）粒状切屑；（d）崩碎切屑

单元切屑。

4）崩碎切屑［见图 1－14（d）］

在切削脆性材料时，易产生崩碎切屑。它的切削过程很不平稳，容易破坏刀具，也有损于机床，且已加工表面较粗糙，因此在生产中应尽量避免。

带状、挤裂及粒状切屑是在切削塑性材料时产生的不同屑形；崩碎切屑是在切削脆性材料时产生的屑形。生产中可改变加工条件，使得切屑形状向有利的方面转化。例如切削塑性金属，随着切削速度提高、进给量减小和前角增大，可由挤裂或粒状切屑转化为带状切屑。切削铸铁时，采用大前角、高速切削也可形成长度较短的带状切屑。

5. *积屑瘤*

1）积屑瘤现象

在中速切削塑性金属时，切屑很容易在前刀面近切削刃处形成一个三角形的硬楔块，这个楔块称为积屑瘤。在生产中对钢、铝合金和铜等塑性金属进行中速车、钻、铰、拉削和螺纹加工等常会出现积屑瘤，如图 1－15 所示。

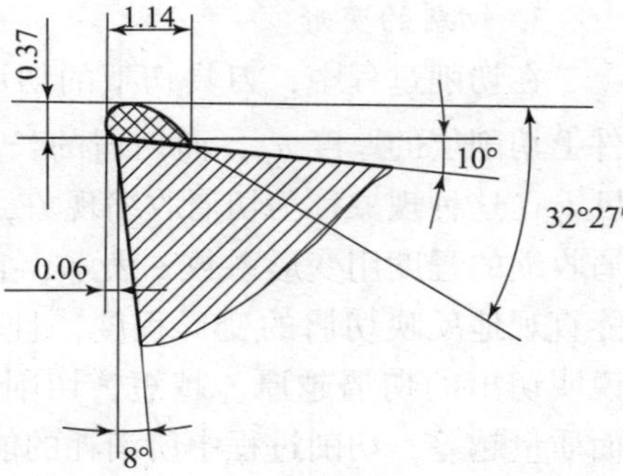

图 1－15　积屑瘤

2）积屑瘤的影响

积屑瘤的硬度很高，可达工件材料硬度的 2～3 倍，其能够代替切削刃进行切削，对切削刃有一定的保护作用；增大实际前角，减小切削变形；由它堆积成的钝圆弧刃口会造成挤压和过切现象，使加工精度降低；积屑瘤脱落后粘附在已加工表面上会恶化表面质量。所以精加工时应避免积屑瘤产生。

3）消除积屑瘤的措施

切削实验和生产实践表明，在中温情况下，例如切削中碳钢，温度在 300℃～380℃时积屑瘤的高度最大，温度超过 500℃～600℃时积屑瘤消失。根据这一特性，生产中常采取以下措施来抑制或消除积屑瘤。

（1）采用低速或高速切削，避开易产生积屑瘤的切削速度区域。如图 1－16（a）所示，

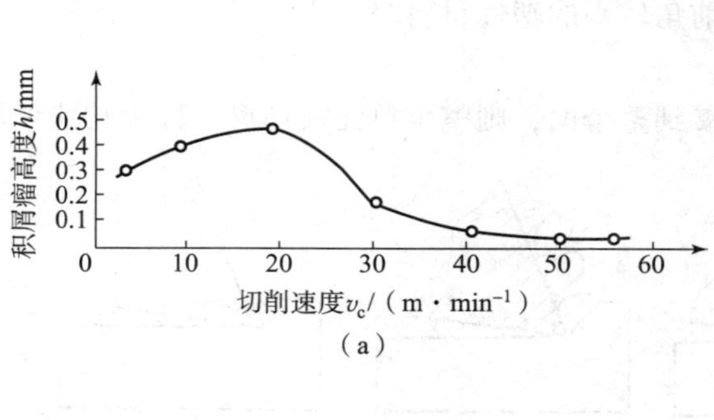

（a）

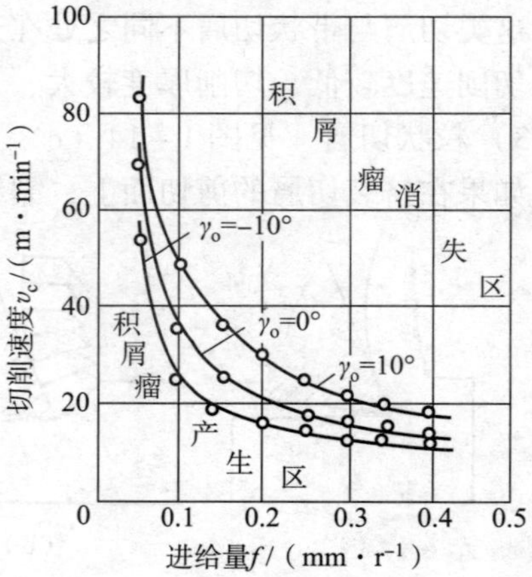

（b）

图 1－16　切削参数对积屑瘤的影响

切削 45 钢时，在 $v_c < 3m/min$ 的低速和 $v_c \geqslant 60m/min$ 的高速范围内，摩擦系数较小，不易形成积屑瘤。

（2）减小进给量 f、增大刀具前角 γ_o、提高刀具刃磨质量、合理选用切削液，以使摩擦和粘结减小，从而达到抑制积屑瘤的作用［见图 1 – 16（b）］。

（3）合理调节各切削参数间的关系，以防止形成中温区。

6. 影响切屑变形的主要因素

影响切屑变形的主要因素有工件材料、刀具前角、切削速度和进给量。

1）工件材料

工件材料的塑性越大，强度、硬度越低，屈服极限越低，越容易变形，切屑变形就越大；反之，切削强度、硬度高的材料不易产生变形，若需达到一定变形量，则应施较大的作用力和消耗较多的功率（见图 1 – 17）。

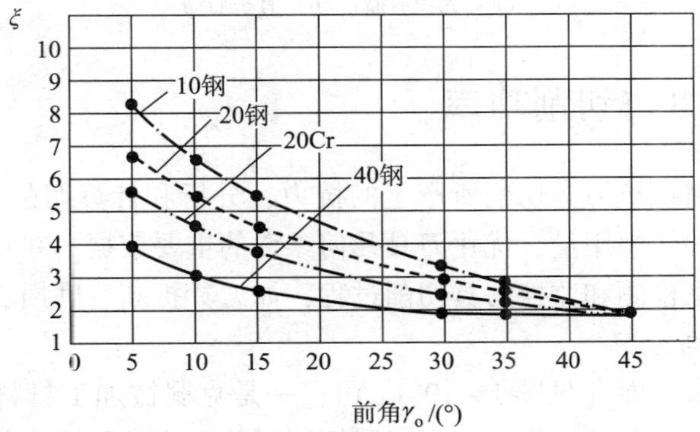

图 1 – 17　加工材料对变形的影响

2）前角

前角越大，切削刃越锋利，刀具前面对切削层的挤压作用越小，则切屑变形就越小（见图 1 – 17）。

3）切削速度

切削速度 v_c 是通过切削温度和积屑瘤影响切削变形的，如图 1 – 18 所示。

（1）如图 1 – 18（a）所示，在无积屑瘤的切削速度范围内，切削速度 v_c 越高，变形系数越小。

（2）如图 1 – 18（b）所示，在能形成积屑瘤的速度范围内，主要是通过积屑瘤形成实际工作前角的变化来影响切屑变形的。在积屑瘤生长区（$v_c < 22m/min$），随着切削速度 v_c 的提高，积屑瘤逐渐长大，使得积屑瘤前角 γ_b（即刀具实际工作前角）增大、变形系数 ξ 减小，当切削速度 v_c 达到 20m/min 左右时，积屑瘤高度达到最大值，变形系数 ξ 最小；在积屑瘤消退区（$22m/min < v_c < 84m/min$），若切削速度 v_c 再提高，则积屑瘤逐渐脱落，积屑瘤前角逐渐减小，直至积屑瘤完全消失，当切削速度 v_c 达到 84m/min 时，$\gamma_o = \gamma_b$，变形系数 ξ 最大；在积屑瘤无瘤区（$v_c > 84m/min$），切削速度 v_c 提高，剪切屈服强度减小，摩擦系数减小，变形系数 ξ 减小。

7. 进给量

进给量增加使切削层厚度增加，摩擦系数减小，故变形系数减小。

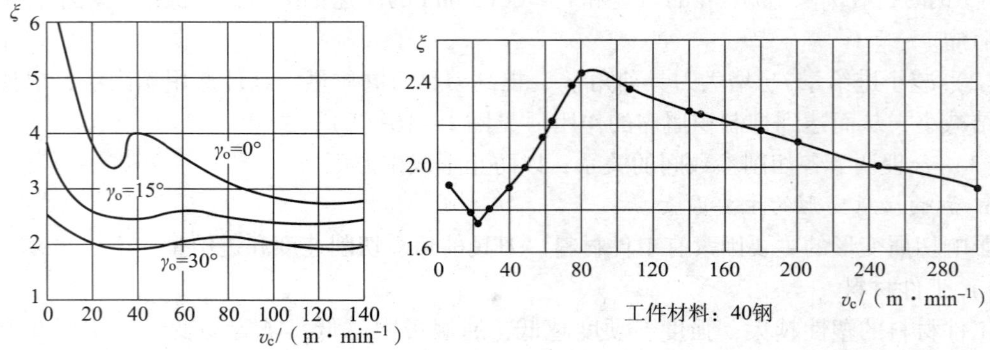

（a） （b）

图1-18 切削速度对切削变形的影响

（a）无积屑瘤；（b）有积屑瘤

1.3.2 切削力与切削功率

切削力是工件材料抵抗刀具切削所产生的抗力，分析和计算切削力是进行机床、刀具、夹具设计，制定合理的切削用量，优化刀具几何参数的重要依据。在自动化生产和精密加工中，也常利用切削力来检测和监控刀具切削过程，如刀具折断、磨损、破损等。

1. 切削力的来源与分解

切削力来源于三个方面［见图1-19（a）］：一是克服被加工材料弹性变形的抗力；二是克服被加工材料塑性变形的抗力；三是克服切屑对前刀面的摩擦力与刀具后刀面对过渡表面和已加工表面之间的摩擦力。上述各力的总和即形成作用在刀具上的合力 $\boldsymbol{F}$。

在实际加工中，前、后刀面上的切削力都不易测定，也没有必要测定它，而是应根据设计和工艺分析的需要将切削合力分解在相互垂直的三个方向进行研究，图1-19（b）所示为切外圆时切削力的分解。

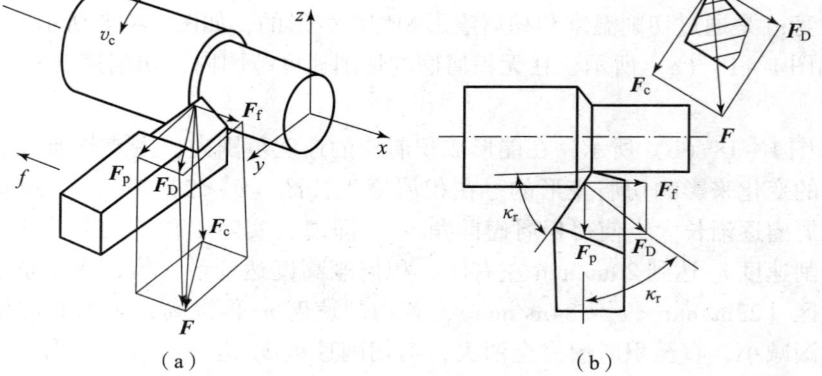

（a） （b）

图1-19 切削合力及其分力

1）主切削力 $\boldsymbol{F}_c$

在主运动方向上的分力，亦称为切向力。主切削力占总切削力的80%～90%，是计算机床动力以及主传动链传动零件强度、刚度的依据，也是用于选用刀杆、刀片尺寸的依据。切削力过大时，可能使刀具崩刃甚至发生“闷车”现象。

2）进给力 $\boldsymbol{F}_f$

在进给运动方向上的分力，亦称为轴向力或走刀抗力。由于在切削加工中进给运动的速度低，故 $\boldsymbol{F}_f$ 所消耗的功率小，只占总功率的 1% ~5%。进给力是设计和验算机床进给机构必需的数据。

3）背向力 $\boldsymbol{F}_p$

垂直于假定工作平面上的分力，称为切深抗力或径向分力。背向力与吃刀方向一致，它能使工件产生变形，是校验机床主轴在水平面内刚度、强度以及车刀强度的依据。

合力 $\boldsymbol{F}$ 与主切削力 $\boldsymbol{F}_c$、进给力 $\boldsymbol{F}_f$ 及背向力 $\boldsymbol{F}_p$ 的关系如下：

$$F=\sqrt{F_D^2+F_c^2}=\sqrt{F_c^2+F_f^2+F_p^2} \tag{1-9}$$

$$\boldsymbol{F}_p=\boldsymbol{F}_D\cos\kappa_r;\ \boldsymbol{F}_f=\boldsymbol{F}_D\sin\kappa_r \tag{1-10}$$

式中，$\boldsymbol{F}_D$——作用于基面内 $\boldsymbol{F}_f$ 和 $\boldsymbol{F}_p$ 的合力，亦称为推力，单位为 N。

式（1-10）表明，主偏角 κ_r 大小影响各分力间比例，且不同刀具 κ_r 的情况复杂多样，一般在计算进给力和背向力时取经验值，即：

$$F_p=(0.15\sim0.7)F_c \tag{1-11}$$

$$F_f=(0.1\sim0.6)F_c \tag{1-12}$$

2. 切削功率

在切削过程中主运动消耗的功率约占 95%，因此，常用它核算加工成本、计算能量消耗和选择机床主电动机功率。

主运动消耗的功率 P_c（单位为 kW）应为

$$P_c=\frac{F_c v_c\times10^{-3}}{60} \tag{1-13}$$

式中，F_c——切削力，单位为 N；

v_c——切削速度，单位为 m/min；

P_c——切削功率，单位为 kW。

由式（1-13）可知，切削功率与切削速度和主切削力有关，而主切削力又与背吃刀量和进给量有关，因此，直接影响切削功率的是切削用量三要素，即背吃刀量 a_p、进给量 f 和切削速度 v_c。

用式（1-14）还可确定机床输出功率 P_e 为

$$P_e=\frac{P_c}{\eta_c} \tag{1-14}$$

式中，η_c——机床传动效率，一般 $\eta_c=0.75\sim0.85$，其中大值用于新机床，小值用于旧机床。

3. 影响切削力的主要因素

1）工件材料的影响

工件材料的硬度和强度越高，变形抗力越大，切削力就越大；当材料的强度相同时，塑性和韧性大的材料，加工时切削力大。钢的强度与塑性变形大于铸铁，因此，同样情况下切钢时产生的切削力大于切铸铁时产生的切削力。

2）切削用量的影响

进给量f、背吃刀量a_p增大时，切削力也随之增大。但二者的影响程度不同，a_p与F_c成正比，而f与F_c不成正比，即a_p增大1倍，F_c也增大1倍，而f增大1倍时F_c增大70%～80%。切削速度v_c对切削力的影响如图1－20所示，加工脆性金属时，v_c对切削力的影响不大。

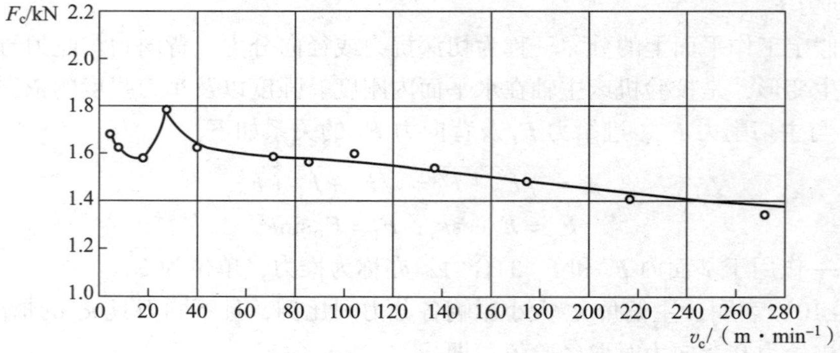

图1－20　切削速度v_c对切削力的影响

3）刀具几何参数的影响

前角γ_o对切削力影响较大，当γ_o增大时，排屑阻力减小，切削变形减小，故切削力减小（见图1－21）。主偏角κ_r对进给力F_f、背向力F_p影响较大（见图1－22），当κ_r增大时，进给力F_f增大，而背向力F_p则减小。此外，刃倾角λ_s、刀尖圆弧半径、刀具磨损程度及切削液润滑性能等因素对切削力也有一定的影响。

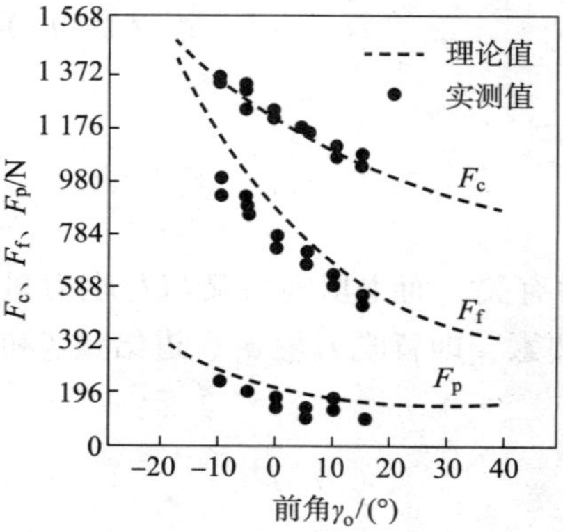

图1－21　前角对切削力的影响

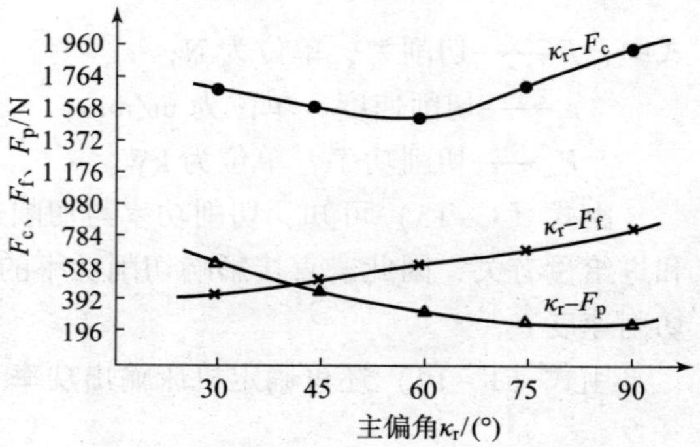

图1－22　主偏角对切削力的影响

1.3.3　切削热、切削温度

1. 切削热

切削过程中消耗的能量，除了极少部分以形态能存在于工件表面和切屑中，其余都要转化成热能，所以要产生大量的热，这些热称为切削热。切削热产生于切削加工的三个变形区，即切削变形所消耗的功、切屑与前刀面摩擦消耗的功、工件与后刀面之间的摩擦消耗的功三个方面。三个变形区与三个发热区相对应。

切削塑性材料时，切削变形量大，切屑底部与前刀面摩擦大，消耗的功多，产生的热量多，因此，第一变形区产生的切削热所占的比例大。切削脆性金属时，被切削金属变形小，形成的崩碎切屑与前刀面摩擦小，产生的热量少，而工件与后刀面摩擦产生的热量所占的比例大。

切削热产生以后，由切屑、刀具、工件及周围介质传出，各部分传出的比例取决于工件的材料、切削速度、刀具材料及刀具几何形状等因素。例如车削加工时，$Q_{屑}$ 占 50% ~ 86%、$Q_{刀}$ 占 10% ~40%，$Q_{工}$ 占 9% ~3%，$Q_{介}$ 占 1%。切削速度越高或切削厚度越大，则切屑带走的热量越多。传入切屑和介质的热量越多，对切削加工越有利，因为传入刀具的热量虽不多，但由于刀具切削部分的体积很小，故刀具在切削过程中温度可能很高，从而加剧刀具磨损，缩短刀具的使用寿命；而传入工件的热会使工件发生变形，从而影响加工精度和表面质量。

2. 切削温度

切削温度一般是指切削区的平均温度。切削温度的高低取决于切削热的产生和传出情况。如图 1 - 23（a）所示，切屑带走热量最多，它的平均温度高于刀具和工件上的平均温度，因此切屑塑性变形严重。切削区域的最高温度在前刀面距离切削刃大约 1mm 处［见图 1 - 23（b）］。

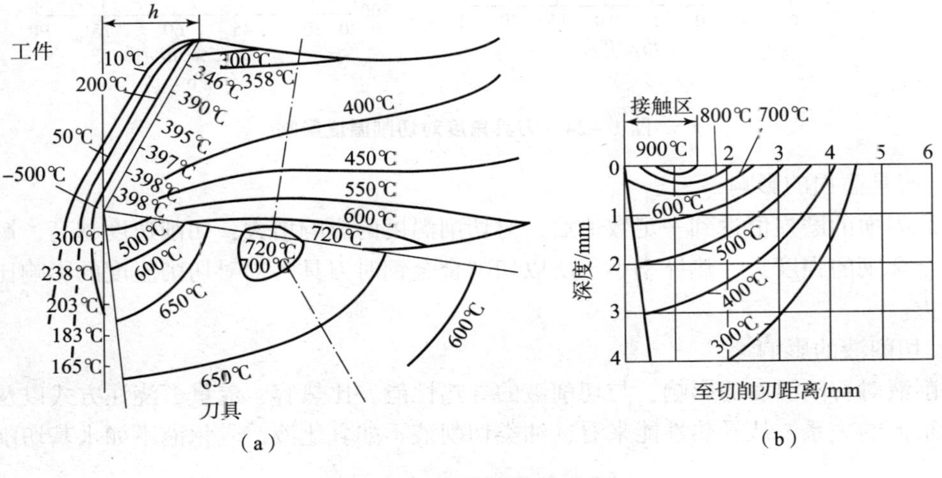

（a）　　　　（b）

图 1 - 23　切削温度的分布

在切削加工过程中应设法减少切削热的产生，改善散热条件，降低切削温度，减少切削热与切削温度对刀具和工件产生的不良影响。

3. 影响切削温度的主要因素

根据理论分析和大量的实验研究可知，切削温度主要受切削用量、刀具几何参数、工件材料、刀具磨损和切削液的影响。以下对这几个主要因素加以分析。

1）切削用量的影响

在切削用量对切削温度的影响中，切削速度增高，切削温度明显增高，但不成正比。例如切削速度增加 1 倍时，切削温度增高 30% ~45%；进给量增加 1 倍时，切削温度增高 15% ~20%；背吃刀量增加 1 倍时，切削温度只增高 5% ~8%。

2）工件材料影响

工件材料的强度和硬度越高，消耗的切削功就越多，切削温度也越高；工件材料的导热系数越低，切削区的热量传出越少，切削温度就越高。脆性材料的强度一般都较低，切削时塑性变形很小，切屑呈崩碎或脆性带状，与前刀面摩擦也小，其切削温度一般比塑性材料低。

3）刀具角度的影响

如图 1－24 所示，前角和主偏角对切削温度影响较大。前角加大，变形和摩擦减小，因而切削热少。但前角不能过大，否则刀头部分散热体积将减小，不利于切削温度的降低。主偏角减小可使切削刃工作长度增加，令散热条件得以改善，因而使切削温度降低。

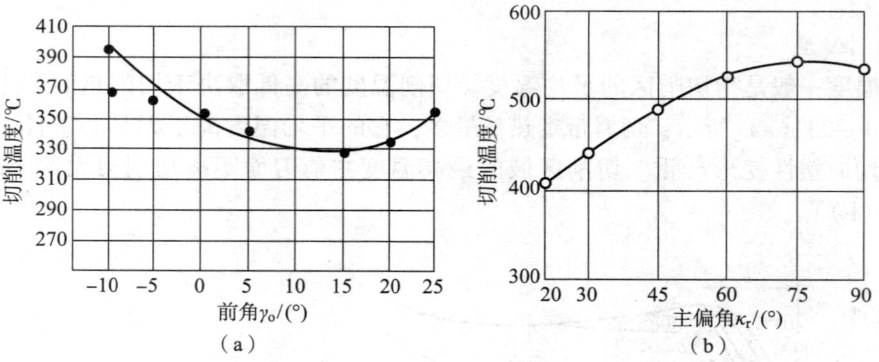

图 1－24　刀具角度对切削温度影响

4）刀具磨损的影响

在后刀面的磨损值达到一定数值后，对切削温度的影响增大；切削速度越高，影响就越显著。合金钢的强度大，热导率小，所以切削合金钢时刀具磨损对切削温度的影响比切削碳素钢时大。

5）切削液的影响

切削液对切削温度的影响，与切削液的导热性能、比热容、流量、浇注方式以及本身的温度有很大的关系。从导热性能来看，油类切削液不如乳化液，乳化液不如水基切削液。

1.3.4　刀具磨损与刀具寿命

1. 刀具磨损

1）刀具磨损的形式

在切削过程中，刀具的前、后面始终与切屑、工件接触，在接触区内发生着强烈的摩擦并伴随着很高的温度和压力，因此，刀具的前、后面都会产生磨损，如图 1－25 所示。

刀具前面磨损的形式是月牙洼磨损。用较高的切削速度和较大的切削厚度切削塑性金属时，前刀面上会磨出一道沟，这条沟称为月牙洼磨损，其深度为 KT、宽度为 KB，如图1－25（a）所示。后刀面磨损的形式如图1－25（b）所示，磨损分为三个区域：刀尖磨损C区（磨损量 VC）、中间磨损B区（磨损量 VB）和边界磨损N区（磨损量 VN）。切削脆性金属时，后刀面易磨损；切削塑性金属时，前、后刀面同时磨损。

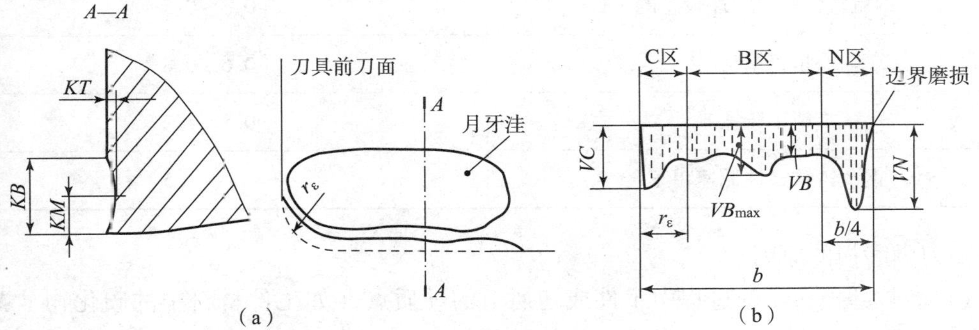

图1－25 刀具磨损的测量位置

2）刀具磨损过程和刀具磨损标准

刀具磨损过程可分为三个阶段，如图1－26所示。

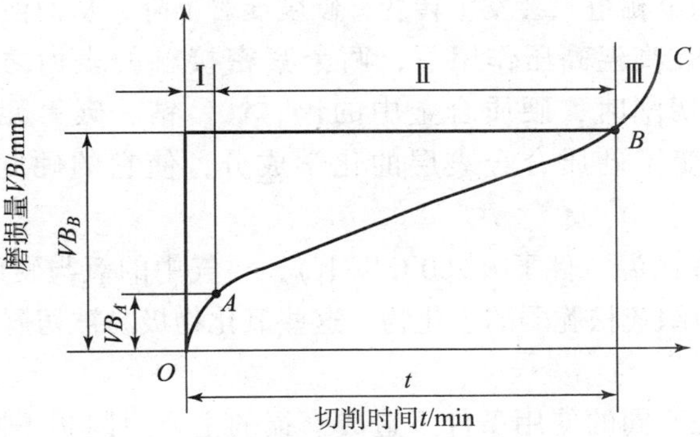

图1－26 刀具磨损曲线

（1）初期磨损阶段（OA 段）：在开始切削的短时间内，将刀具表面的不平度磨掉。

（2）正常磨损阶段（AB 段）：随着切削时间增长，磨损量以较均匀的速度加大，AB 线基本上呈直线。

（3）急剧磨损阶段（BC 段）：磨损量达到一定数值后，磨损急剧加速继而使刀具损坏。生产中为合理使用刀具、保证加工质量，应避免达到该阶段。在生产中通过磨损过程或磨损曲线来控制刀具的使用时间及衡量、比较刀具切削性能的好坏和刀具寿命的高低。

磨损标准：刀具磨损到一定限度后就不能继续使用，这个磨损限度称为磨损标准。

如表1－1所示，在国标中规定的磨损标准通常以后刀面中间磨损量 VB 来表示磨损的程度。由于切削过程比较复杂，影响加工因素很多，因此，刀具磨损量的测定必须考虑生产实际的具体情况。

表 1-1　硬质合金车刀的磨钝标准

加工条件	磨钝标准 VB/mm
精车	0.1~0.3
合金钢粗车、粗车刚性较差的工件	0.4~0.5
粗车钢料	0.6~0.8
精车铸铁	0.8~1.2
钢及铸铁大件低速粗车	1.0~1.5

3）刀具磨损的原因

（1）磨粒磨损：切削过程中工件或切屑上的硬质点（如工件材料中的碳化物、剥落的积屑瘤碎片等）在刀具表面上刻划出沟痕而造成的磨损，也称机械磨损。

（2）粘结磨损：在高温高压的作用下，切屑与前刀面、工件表面与后刀面之间接触与摩擦，使两者粘结在一起，造成刀具的粘结磨损。

（3）相变磨损：高速钢材料有一定的相变温度（550℃~600℃），当切削温度超过了相变温度时，刀具材料的金相组织会发生转变，硬度显著下降，从而使刀具迅速磨损。

（4）扩散磨损：在高温高压作用下，两个紧密接触的表面之间金属元素将产生扩散。用硬质合金刀具切削时，硬质合金中的钨、钛、钴、碳等元素扩散到切屑和工件材料中去，这样即改变了硬质合金表层的化学成分，使它的硬度和强度下降，加快了刀具磨损。

（5）氧化磨损：在高温条件下（700℃以上），空气中的氧与硬质合金中的钴和碳化钨发生氧化作用，产生组织疏松脆弱的氧化物，这些氧化物极易被切屑和工件带走，从而造成刀具磨损。

不同的刀具材料在不同的使用条件下造成磨损的主要原因是不同的。对高速钢刀具来说，磨粒磨损和粘结磨损是使它产生正常磨损的主要原因，相变磨损是使它产生急剧磨损的主要原因。对硬质合金刀具来说，在中、低速时，磨粒磨损和粘结磨损是使它产生正常磨损的主要原因；在高速切削时刀具磨损的主要原因是磨粒磨损、扩散磨损和氧化磨损。而扩散磨损是使硬质合金刀具产生急剧磨损的主要原因。

2. *刀具寿命 T*

刀具耐用度是指刀具从开始切削至达到磨钝标准为止所用的切削时间（min）。有时也可用达到磨钝标准所加工零件的数量或切削路程来表示。刀具耐用度是判断刀具磨损量是否已达到磨钝标准的间接控制量。

生产中一般根据最低加工成本的原则来确定刀具寿命，而在紧急情况下可根据最高生产率的原则来确定刀具寿命。刀具寿命推荐的合理数值可在有关手册中查到。下列数据可供参考：

高速钢车刀：30~90min；

硬质合金焊接车刀：60min；

高速钢钻头：80～120min；

硬质合金铣刀：120～180min；

齿轮刀具：200～300min；

组合机床、自动机床及自动线用刀具：240～480min。

可转位车刀的推广和应用，使换刀时间和刀具成本大大降低，从而可降低刀具寿命至 15～30min，这就大大提高了切削用量，也进一步提高了生产率。

3. 影响刀具寿命 T 的因素

若磨钝标准相同，刀具寿命大，则表示刀具磨损慢。因此，影响刀具磨损的因素也就是影响刀具寿命的因素。

1）工件材料的影响

工件材料的强度、硬度越高，导热性越差，刀具磨损越快，刀具寿命也就越低。

2）切削用量的影响

切削用量 v_c、f、a_p 增加时，刀具磨损加剧，刀具寿命降低。其中影响最大的是切削速度 v_c，其次是进给量 f，影响最小的是背吃刀量 a_p。切削速度对刀具寿命的影响如图 1－27 所示。由图 1－27可知，在一定的切削速度范围内，刀具寿命最高，提高或降低切削速度都会使刀具寿命下降。

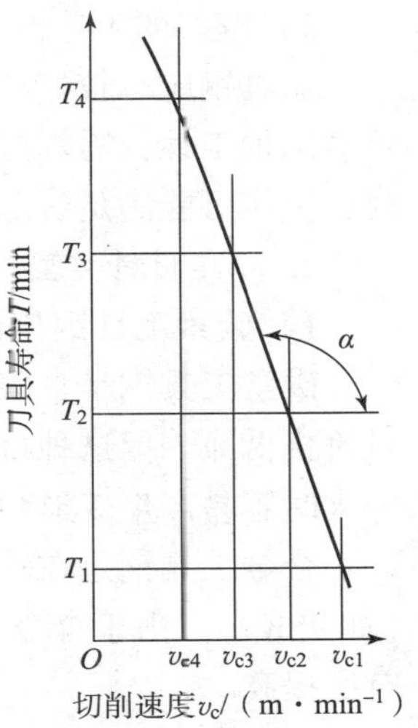

图 1－27　切削速度对刀具寿命的影响

3）刀具的影响

刀具材料的耐磨性、耐热性越好，刀具寿命就越高。前角 γ_o 增大，能减少切削变形、切削力及功率的消耗，因而切削温度下降，刀具寿命增加。但是如果前角过大，则楔角 β_0 就会相应较小，且刃口强度和散热条件不好，反而会使刀具寿命降低。刀尖圆弧半径增大或主偏角减小，都会使刀刃的工作长度增加、散热条件得到改善，从而降低切削温度。

4）切削液的影响

切削液对刀具寿命的影响与切削温度有很大的关系，切削温度越高，刀具寿命越短。切削液本身的温度越低，就能越明显地降低切削温度，如果将切削液由室温（20℃）降至 5℃，则刀具寿命可提高 50%。

1.3.5　刀具材料

1. 刀具材料应具备的性能

刀具材料应满足以下基本要求：

1）高的硬度和耐磨性

刀具材料的硬度必须高于工件的硬度才能切削工件，在常温下，刀具材料的硬度一般应该在 60HRC 以上；刀具材料应具有高耐磨性即抵抗磨损的能力，一般情况下，刀具材料硬度越高，耐磨性越好。

2）足够的强度和韧性

强度是指抵抗切削力的作用而不致刀刃崩碎与刀杆折断所应具备的性能，一般用抗弯强度来表示。冲击韧性是指刀具材料在间断切削或有冲击的工作条件下保证不崩刃的能力，一般硬度越高，冲击韧性越低，材料越脆。只有具备足够的强度和韧性，刀具才能承受切削力和切削时产生的振动，以防脆性断裂和崩刃。

3）高的耐热性（红硬性）

红硬性指刀具材料在高温下仍能保持高的硬度和高的强度基本不变的能力，一般用保持刀具切削性的最高温度来表示。

4）良好的热物理性能和化学稳定性

刀具应具备良好的导热性、导电性及抗腐蚀和抗氧化能力。

5）较好的工艺性与经济性

工具钢应有较好的热处理工艺性；淬火变形小，淬透层深、脱碳层浅；高硬度材料需有可磨削加工性；需焊接的材料宜有较好的导热性与焊接工艺性。此外，在满足以上性能要求时，宜尽可能满足资源丰富、价格低廉的要求。

2. 刀具材料类型

1）碳素工具钢与合金工具钢

碳素工具钢是含碳量最高的钢，如 T8、T10A。碳素工具钢淬火后具有较高的硬度，而且价格低廉。但这种材料的耐热性较差，当温度达到 200℃时，即失去它原有的硬度，并且淬火时容易产生变形和裂纹。

合金工具钢是在碳素工具钢中加入少量的 Cr、W、Mn、Si 等合金元素形成的刀具材料（如 9SiCr）。由于合金元素的加入，与碳素工具钢相比，其热处理变形有所减小，耐热性也有所提高。

以上两种刀具材料因其耐热性都比较差，所以常用于制造手工工具和一些形状较简单的低速刀具，如锉刀、锯条、铰刀等。

2）高速钢

高速钢又称为锋钢或风钢，它是含有较多 W、Cr、Mo、V 合金元素的高合金工具钢，如 W18Cr4V。与工具钢相比，高速钢具有较高的耐热性，温度达 600℃时，仍能正常切削，其许用切削速度为 30～50m/min，是碳素工具钢的 5～6 倍，而且它的强度、韧性和工艺性都较好，可广泛用于制造中速切削及形状复杂的刀具，如麻花钻、铣刀、拉刀及各种齿轮加工工具。表 1－2 中列出了常用高速钢的牌号与性能。

表 1－2　常用高速钢的牌号与性能

类别	牌　号	硬度/HRC	抗弯强度/GPa	冲击韧度	高温硬度（600℃）/HRC	磨削性能
普通高速钢	W18Cr4V	62～66	≈3.34	0.294	48.5	好，普通刚玉砂轮能磨
	W6Mo5Cr4V2	62～66	≈4.6	≈0.5	47～48	较 W18Cr4 差一些，普通刚玉砂轮能磨
	W14Cr4VMn－RE	64～66	≈4	≈0.25	48.5	好，与 W18Cr4V 相近

续表

类别		牌　号	硬度/HRC	抗弯强度/GPa	冲击韧度	高温硬度（600℃）/HRC	磨削性能
高性能高速钢	高碳	9W18Cr4V	67～68	≈3	≈0.2	51	好，普通刚玉砂轮能磨
	高钒	W12Cr4V4 Mo	63～66	≈3.2	≈0.25	51	差
	超硬高速钢	W6Mo5Cr4V2Al	68～69	≈3.43	≈0.3	55	较 W18Cr4 差一些
		W10Mo4Cr4V3Al	68～69	≈3	≈0.25	54	较差
		W6Mo5Cr4V5SiNbAl	66～68	≈3.6	≈0.27	51	差
		W12Cr4V3Mo3Co5Si	69～70	≈2.5	≈0.11	54	差
		W2Mo9Cr4VCo8（M42）	66～70	≈2.75	≈0.25	55	好，普通刚三砂轮能磨

3）硬质合金

硬质合金是由高硬度的难熔金属碳化物（如 WC、TiC、TaC、NbC 等）和金属粘结剂（如 Co、Ni 等）经粉末冶金方法制成的。由于硬质合金中所含难熔金属碳化物远远超过了高速钢，因此，其硬度特别是高温硬度、耐磨性、耐热性都高于高速钢，硬质合金的常温硬度可达 89～93HRA（高速钢为 83～86HRA），耐热温度可达 800℃～1 000℃。在相同耐用度下，硬质合金刀具的切削速度比高速钢刀具提高 4～10 倍，它是高速切削的主要刀具材料。但硬质合金较脆，抗弯强度低（仅是高速钢的 1/3 左右），韧性也很低（仅是高速钢的十分之一至几十分之一）。目前，硬质合金大量应用在刚性好、刃形简单的高速切削刀具上，随着技术的进步，复杂刀具也在逐步扩大其应用。

常用硬质合金的牌号、成分及性能见表 1－3。其中，钨钴类（YG）硬质合金一般用来加工铸铁和有色金属，也适于加工不锈钢、高温合金、钛合金等难加工材料，此类硬质合金有较好的抗弯强度和冲击韧性以及较高的导热系数；钨钛钴类（YT）硬质合金一般用于钢料的连续切削，此类硬质合金的硬度、耐磨性、耐热性及抗粘结性能好，而抗弯强度及韧性较差；添加（钽、铌）类硬质合金一般用于加工耐热钢、不锈钢等难加工材料，也可代替 YG 和 YT 类使用，此类硬质合金有良好的综合性能。

从表 1－3 中可以看出，硬质合金中随含钴（Co）类量增多，其强度和韧性增高，故含钴量高的硬质合金一般用于粗加工；随含钴量减少，其硬度高、耐磨性好，故含钴量低的硬质合金一般用于精加工。成分相同、颗粒细小的硬质合金，其硬度及耐磨性有所提高，但抗弯强度有所下降，故细颗粒的硬质合金一般也用于精加工。

除上述三类硬质合金之外，近年来我国又研制了一些新型硬质合金，如表面涂层硬质合金和超细晶粒硬质合金等。

4）其他刀具材料

（1）陶瓷。陶瓷的硬度可达到 91～95HRA，耐磨性好，耐热温度可达 1 200℃（此时硬度为 80HRA），它的化学稳定性好，抗粘结能力强，但它的抗弯强度很低，仅有 0.7～0.9GPa，故陶瓷刀具一般用于高硬度材料的精加工。

表 1－3　常用硬质合金牌号与性能

类型	牌号	成分/%					物理力学性能				使用性能					对应 GB/T 2075—1998		
		w(WC)	w(TiC)	w(TaC)、w(NbC)	w(Co)	w（其他）	密度 g/cm^3	热导率 k/（W·m^{-1}·K^{-1}）	硬度 /HRA（HRC）	抗弯强度 /GPa	加工材料类别	耐磨性	韧性	切削速度	进给量	颜色	代号	牌号
钨钴类	YG3	97	—	—	3	—	14.9～15.3	87	91(78)	1.2	短切屑的黑色金属；非铁金属；非金属材料	↑	↓	↑	↓	红	K类	K01
	YG6X	93.5	—	0.5	6	—	14.6～15	75.55	91(78)	1.4								K10
	YG6	94	—	—	6	—	14.6～15	75.55	89.5(75)	1.42								K20
	YG8	92	—	—	8	—	14.5～14.9	75.36	89(74)	1.5								K3
钨钛钴类	YT30	66	30	—	4	—	9.3～9.7	20.93	92.5(80.5)	0.9	长切屑的黑色金属	↑	↓	↑	↓	蓝	P类	P01
	YT15	79	15	—	6	—	11～11.7	33.49	91(78)	1.15								P10
	YT14	78	14	—	8	—	11.2～12	33.49	90.5(77)	1.2								P20
	YT5	85	5	—	10	—	12.5～13.2	62.8	89(74)	1.4								P30
添加（钽、铌）类	YG6A	91	—	3	6	—	14.6～15	—	91.5(79)	1.4	长或短切屑的黑色金属；有色金属	—				红	K类	K10
	YG8N	91	—	1	8	—	14.5～14.9	—	89.5(75)	1.5								K20
	YW1	84	6	4	6	—	12.8～13.3	—	91.5(79)	1.2						黄	M类	M10
	YW2	82	6	4	8	—	12.6～13	—	90.5(77)	1.35								M20
碳化钛基类	YN05	—	79	—	—	Ni17 Mo14	5.56	—	93.3(82)	0.9	长切屑的黑色金属	—				蓝	P类	P01
	YN15	15	62	1	—	Ni12 Mo10	6.3	—	92(80)	1.1								P01

（2）人造金刚石。人造金刚石的硬度很高，其显微硬度可达10 000HV，是除天然金刚石之外最硬的物质，它的耐磨性极好，与金属的摩擦系数很小；但它的耐热温度较低，在700℃～800℃时易脱碳而失去硬度；它与铁族金属亲和作用大，故人造金刚石多用于对有色金属及非金属材料的超精加工以及作磨具磨料用。

1.4　切削条件的合理选择

切削参数包括刀具几何角度参数与切削用量参数。切削参数的合理选择必须依据一些原则和方法，且要根据具体的加工条件做一些适当调整，以满足实际的加工要求。

1.4.1　刀具几何角度的选择

刀具几何角度直接影响切削效率、刀具寿命、表面质量和加工成本。因此，必须对刀具几何参数进行合理选择，以充分发挥刀具的切削性能。

1. 前角 γ_o 选择

前角是刀具上重要的几何参数之一，前角的大小决定着刀刃的锋利程度。前角增大，可使切削变形减小，切削力、切削温度降低，还可抑制积屑瘤等现象的产生，提高表面加工质量。但是前角过大，会使刀具楔角变小、刀头强度降低、散热条件变差、切削温度升高、刀具磨损加剧、刀具寿命降低。

前角大小选择总的原则是：在保证刀具耐用度满足要求的条件下，尽量取较大值。具体选择应根据以下几个方面考虑：

1）根据工件材料选择

加工塑性金属时选较大前角，而加工脆性材料时选较小前角；材料的强度和硬度越高，前角越小，甚至取负值。

2）根据刀具材料选择

高速钢的强度、韧性好，可选较大前角；硬质合金的强度、韧性较高速钢低，故前角较小；陶瓷刀具前角应更小。

3）根据加工要求选择

粗加工和断续切削时选小值；精加工时选较大值。具体数值参照表1－4选取。

表1－4　硬质合金刀具前角值

工件材料	碳钢 σ_b/GPa				40Cr	调质40Cr	不锈钢	高锰钢	钛和钛合金
	≤0.445	≤0.558	≤0.784	≤0.98					
前角	25°	15°	12°	10°	13°～18°	10°	15°	3°	5°

工件材料	淬硬钢					灰铸铁		铜			铝及铝合金
	38～41 HRC	44～47 HRC	50～52 HRC	54～58 HRC	60～65 HRC	≤220 HBS	>220 HBS	纯铜	黄铜	青铜	
前角	0°	－3°	－5°	－7°	－10°	12°	8°	25°～30°	15°～25°	5°～15°	25°～30°

2. 主后角 α_o、副后角 α_o' 选择

主后角 α_o 的主要作用是减小刀具后刀面与工件表面之间的摩擦，所以主后角不能太小。主后角也不能过大，主后角过大虽然刃口锋利，但会使刃口强度降低，从而降低刀具耐用度。主后角大小选择总的原则是：在不产生较大摩擦的条件下，尽量取较小主后角。具体选择 α_o 大小时，应根据以下几个因素考虑。

1）根据加工要求选择

粗加工时，后角应选小些（6°~8°）；精加工时，切削用量较小，工件表面质量要求高，主后角应选得大些（8°~12°）

2）根据加工工件材料选择

加工塑性金属材料时，主后角适当选大值；加工脆性金属材料时，主后角应适当减小；加工高强度、高硬度钢时，应取较小主后角。

副后角 α_o' 选择原则与主后角 α_o 基本相同，对于有些焊接刀具为便于制造和刃磨，取 $\alpha_o=\alpha_o'$。有的刀具，例如切槽刀和三面刃盘铣刀取副后角 $\alpha_o'=1°\sim2°$。

3. 主偏角 κ_r 和副偏角 κ_r' 的选择

主偏角较小时，刀尖角增大，提高了刀尖强度，改善了刀刃散热条件，对提高刀具耐用度有利。但是，当主偏角较小时，背向切削力 F_p 大，容易使工件或刀杆（孔加工刀）产生挠度变形而引起“让刀”现象，以及引起工艺系统振动，影响加工质量。因此，工艺系统刚性好时，常采用较小的主偏角；工艺系统刚性差时，要取较大主偏角。

副偏角的大小主要影响已加工表面的表面粗糙度，为了降低工件表面的表面粗糙度，通常取较小的副偏角。具体选择见表 1－5。

表 1－5　主偏角 κ_r 和副偏角 κ_r' 选用值

适用范围及加工条件	加工系统刚性差的台阶轴、细长轴、多刀车和仿形车	加工系统刚性差，粗车、强力车削	加工系统刚性较好，加工外圆、端面、倒角	加工系统刚性足够的淬硬钢、冷硬铸铁	加工不锈钢	加工高锰钢	加工钛合金
主偏角 κ_r	75°~93°	60°~70°	45°	10°~30°	45°~75°	25°~45°	30°~45°
副偏角 κ_r'	10°~6°	15°~10°		10°~5°	8°~15°	10°~20°	10°~15°

4. 刃倾角 λ_s 的选择

刃倾角的主要作用是其可以控制切屑流出方向，增加刀刃的锋利程度；增加刀刃参加工作的长度，使切削过程平稳并保护刀尖。刃倾角的选择原则如下：

1）根据加工要求选择

粗加工时，为提高刀具的强度，选择 $\lambda_s=0°\sim-5°$；精加工时取 $\lambda_s=0°\sim+5°$。

2）根据加工条件选择

加工断续表面、余量不均匀表面及有冲击载荷时，取负刃倾角。

1.4.2　切削用量的选择

切削用量的选择，对加工质量、生产率和刀具的使用寿命有着重要的意义。合理的组合

切削用量对提高产品的技术经济效益有着十分重要的影响。

在切削用量中，切削速度对刀具寿命影响最大，其次为进给量，影响最小的是背吃刀量，因此选择切削用量的步骤是：先确定 a_p，再选 f，最后确定 v_c。必要时应校验机床功率是否允许。

1. 选择背吃刀量 a_p

背吃刀量 a_p 一般是根据加工余量确定的。

粗加工（表面粗糙度 Ra 为 50 ~ 12.5μm）时，一次走刀应尽可能切除全部余量，在中等功率机床上，取 $a_p = 8 \sim 10$mm；如果余量太大或不均匀、工艺系统刚性不足、断续切削，则可分几次走刀。

半精加工（表面粗糙度 Ra 为 3.2 ~ 6.3μm）时，取 $a_p = 0.5 \sim 2$mm。

精加工（表面粗糙度 Ra 为 0.8 ~ 1.6μm）时，取 $a_p = 0.1 \sim 0.4$mm。

2. 选择进给量 f

粗加工时，对表面质量没有太高的要求，但其切削力往往较大，合理的进给量应是工艺系统（包括机床进给机构强度、刀杆强度和刚度、刀片的强度、工件装夹刚度等）所能承受的最大进给量。生产中进给量常根据工件材料材质、形状尺寸、刀杆截面尺寸和已定的背吃刀量从切削用量手册中查得。一般情况下，当刀杆尺寸、工件直径增大时，f 可选较大值；若 a_p 增大，因切削力增大，则 f 选择较小值；由于加工铸铁时的切削力较小，所以 f 可大些。具体值可查表 1 – 6。

表 1 – 6　硬质合金车刀粗车外圆及端面进给量

工件材料	车刀刀杆尺寸/mm	工件直径/mm	背吃刀量 a_p/mm				
			≤3	>3 ~ 5	>5 ~ 5	>8 ~ 12	>12
			进给量 $f/(\mathrm{mm \cdot r^{-1}})$				
碳素结构钢、合金结构钢及耐热钢	16 × 25	20	0.3 ~ 0.4	—	—	—	—
		40	0.4 ~ 0.5	0.3 ~ 0.4	—	—	—
		60	0.5 ~ 0.7	0.4 ~ 0.6	0.3 ~ 0.5	—	—
		100	0.6 ~ 0.9	0.5 ~ 0.7	0.5 ~ 0.6	0.4 ~ 05	—
		400	0.8 ~ 1.2	0.7 ~ 1.0	0.6 ~ 0.8	0.5 ~ 0.6	—
	20 × 30 25 × 25	20	0.3 ~ 0.4	—	—	—	—
		40	0.4 ~ 0.5	0.3 ~ 0.4	—	—	—
		60	0.6 ~ 0.7	0.5 ~ 0.7	0.4 ~ 0.6	—	—
		100	0.8 ~ 1.0	0.7 ~ 0.9	0.5 ~ 0.7	0.4 ~ 0.7	—
		400	1.2 ~ 1.4	1.0 ~ 1.2	0.8 ~ 1.0	0.6 ~ 0.9	0.4 ~ 0.6
铸铁及铜合金	16 × 25	40	0.4 ~ 0.5	—	—	—	—
		60	0.6 ~ 0.8	0.5 ~ 0.8	0.4 ~ 0.6	—	—
		100	0.8 ~ 1.2	0.7 ~ 1.0	0.6 ~ 0.8	0.5 ~ 0.7	—
		400	1.0 ~ 1.4	1.0 ~ 1.2	0.8 ~ 1.0	0.6 ~ 0.8	0.4 ~ 0.6
	20 × 30 25 × 25	40	0.4 ~ 0.5	—	—	—	—
		60	0.6 ~ 0.9	0.5 ~ 0.8	0.4 ~ 0.7	—	—
		100	0.9 ~ 1.3	0.8 ~ 1.2	0.7 ~ 1.0	0.5 ~ 0.8	—
		400	1.2 ~ 1.8	1.2 ~ 1.6	1.0 ~ 1.3	0.9 ~ 1.1	0.7 ~ 0.9

注：（1）加工断续表面及有冲击的工件时，表内进给量应乘系数 $k = 0.75 \sim 0.85$；
（2）在无外皮加工时，表内进给量应乘系数 $k = 1.1$；

精加工或半精加工时，进给量主要受加工表面的表面粗糙度限制，一般取较小值。但进给量过小、背吃刀量过小、刀尖处应力集中、散热不良等会使刀具磨损加快，反而使表面粗糙度加大，所以进给量也不宜过小，具体值查表1-7。

表1-7　按加工表面的表面粗糙度选择进给量的参考值

工件材料	表面粗糙度 $Ra/\mu m$	切削速度范围 $v/(m\cdot min^{-1})$	刀尖圆弧半径 r_ε/mm		
			0.5	1.0	2.0
			进给量 $f/(mm\cdot r^{-1})$		
铸铁、青铜、铝合金	10~5	不限	0.25~0.40	0.40~0.50	0.50~0.60
	5~2.5		0.15~0.25	0.25~0.40	0.40~060
	2.5~1.25		0.10~0.15	0.15~0.20	0.20~0.35
碳钢、合金钢	10~5	<50	0.30~0.50	0.45~0.60	0.55~0.70
		>50	0.40~0.55	0.55~0.65	0.65~0.70
	5~2.5	<50	0.18~0.25	0.25~0.30	0.30~0.40
		>50	0.25~0.30	0.30~0.35	0.35~0.50
	2.5~1.25	<50	0.1	0.11~0.55	0.15~0.22
		50~100	0.11~0.16	0.16~0.25	0.25~0.35
		>100	0.16~0.20	0.20~0.25	0.25~0.35

3. 选择切削速度 v_c

1）选择切削速度的一般原则

（1）粗车时，a_p、f 均较大，故 v_c 宜取较小值；精车时，a_p、f 均较小，故 v_c 宜取较大值。

（2）工件材料强度、硬度较高时，应选较小的 v_c 值；反之，则宜选较大的 v_c 值。材料加工性较差时，选较小的 v_c 值；反之，选较大的 v_c 值。在同等条件下，易切钢的 v_c 值高于普通碳钢的 v_c 值；加工灰铸铁的 v_c 值低于碳钢的 v_c 值；加工铝合金、铜合金的 v_c 值高于加工钢的 v_c 值。

（3）刀具材料的性能越好，v_c 值也选得越高。

此外，在选择 v_c 时，还应注意以下几点：

（1）加工时，应尽量避开容易产生积屑瘤和鳞刺的速度值域。精加工时，一般硬质合金车刀采用高速切削，其速度为80~100m/min；高速钢车刀一般采用低速切削，其速度为3~8m/min。

（2）断续切削时，为减小冲击和热应力，应适当降低 v_c；

（3）在易发生振动的情况下，v_c 应避开自激振动的临界速度；

（4）加工大件、细长件、薄壁件及带硬皮的工件时，应选较低的 v_c。

2）选择切削速度 v_c

（1）根据切削速度选择的原则并查表1-8选取一个切削速度 v_c。

（2）根据切削速度 v_c 计算机床转速 n_1。

表1-8 国产焊接和可转位车刀切削速度选用参考表

工件材料	热处理状态	刀具材料	$a_p=0.3\sim0.5$mm $f=0.08\sim0.3$mm/r	$a_p=2\sim6$mm $f=0.3\sim0.6$mm/r	$a_p=6\sim10$mm $f=0.6\sim1$mm/r
			v_c/(m·min^{-1})		
碳素钢	正火	YT15 YT30 YT5R YC35 YC45	160~130	110~90	80~60
	调质		130~100	90~70	70~50
合金钢	正火	YT30 YT5R YM10	130~110	90~70	70~50
	调质	YW1 YW2 YW3 YC45	110~80	70~50	60~40
不锈钢	正火	YG8 YG6A YG8N YW3 YM051 YM10	80~70	70~60	60~50
淬火钢	>45HRC	YT510 YM051 YM052	(>40HRC) 50~30	(60HRC) 30~20	—
高锰钢	w(Mn)= 13%	YT5R YW3 YC35 YS30 YM052	30~20	20~10	—
高温合金	(GH135)	YM051 YM052 YD15	50	—	
	(K14)	YS2T YD15	40~30	—	
钛合金	—	YS2T YD15	($a_p=1.1$mm; $f=0.1\sim0.3$mm/r) 65~36	($a_p=2.0$mm; $f=0.1\sim0.3$mm/r) 49~28	($a_p=3.0$mm; $f=0.1\sim0.3$mm/r) 44~26
灰铸铁	(<190HBS)	YG8 YG8N	120~90	80~60	70~50
	(190~ 225HBS)	YG3X YG6X YG6A	110~80	70~50	60~40
冷硬铸铁	≥45HRC	YG6X YG8M YM053 YD15 YS2 YDS15	($a_p=3\sim6$mm; $f=0.15\sim0.3$mm/r) 15~17		

$$n_1=\frac{1\,000v_c}{\pi d_w}$$

式中，d_w——待加工表面直径。

由于一般机床主轴转速为有限的不连续间断值，故选用与 n_1 接近或相等的机床时，有转速 n_c。

(3) 实际的切削速度 v_c 是通过机床实有转速 n_c 实现的，其计算式为

$$v_c=\frac{\pi d_w n_c}{1\,000}$$

(4) 校验其切削功率是否小于机床许用功率，若切削功率超过了机床许用功率，则首先应降低切削逗度。

总之选择切削用量时，可参照有关手册的推荐数据或凭经验根据选择原则确定。

1.4.3 切屑的控制

在生产实践中我们可以看到，排出的切屑常常打卷，到一定长度自行折断；但也有切屑成带状直窜而出，特别在高速切削时切屑很烫，很不安全，故应设法使之折断。

1. 切屑的卷曲和形状

切屑的卷曲是由于切屑内部变形或碰到断屑槽等障碍物造成的。切屑的形状是多种多样的，如带形、螺旋形、弧形、C 字形、6 字形和针形切屑等，其中较为理想、便于清理的屑形为 100mm 以下长度的螺旋状切屑和不飞溅定向落下的 C、6 字形切屑，如图 1－28 所示。

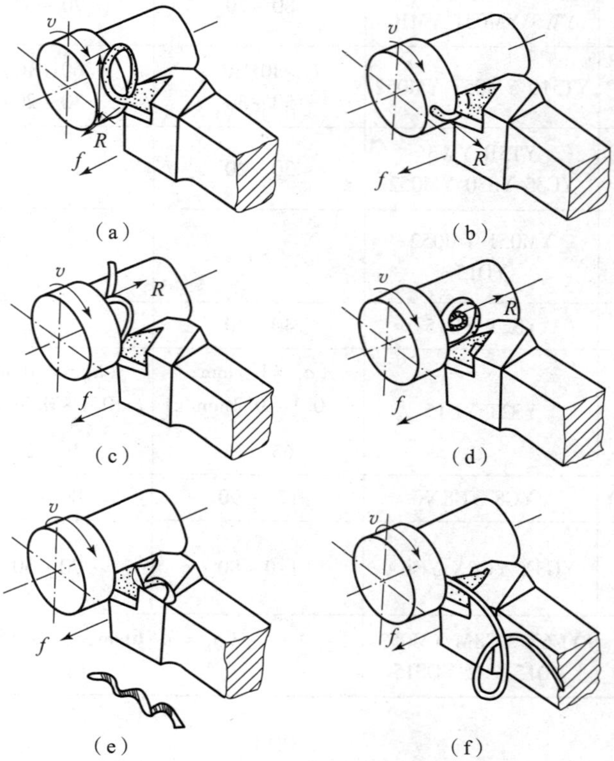

图 1－28 外圆车削的几种屑形

(a) C 或 6 字形；(b) C 字形；(c) 弧形；(d) 盘形螺旋；(e) 螺旋形；(f) 带形

2. 切屑的折断

切屑经第Ⅰ、第Ⅱ变形区的严重变形后，硬度增加，塑性大大降低，性能变脆，从而为断屑创造了先决条件。切屑经变形自然卷曲或经断屑槽等障碍物强制卷曲产生的拉应变超过切屑材料的极限应变值时，切屑即会折断。

3. 断屑措施

生产中常用的断屑措施有以下几种：

(1) 磨制断屑槽，如图 1－29 所示，其中折线形和直线圆弧形适用于加工碳钢、合金钢、工具钢和不锈钢；全圆弧形适用于加工塑性大的材料及用于重型刀具。断屑槽尺寸 L_{Bn}

（槽宽）、C_{Bn}（槽深）或 r_{Bn} 应根据切屑厚度取大些，以防产生堵屑现象。

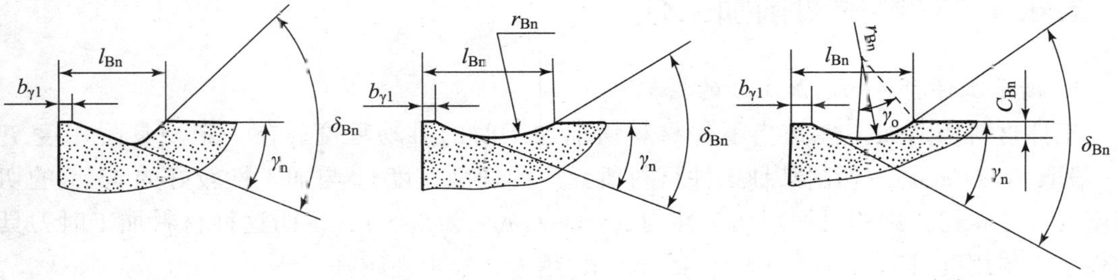

（a）　（b）　（c）

图 1－29　断屑槽的形式

（a）折线形；（b）直线圆弧形；（c）全圆弧形

如图 1－30 所示，断屑槽在前刀面上的位置有外斜式、平行式（适用粗加工）和内斜式（适于半精加工和精加工）。改变切削用量，主要是增大进给量，使切屑厚度增大，从而使切屑易折断；改变刀具角度，主要是增大主偏角 k_r，使切屑厚度增大，以使切屑易折断。

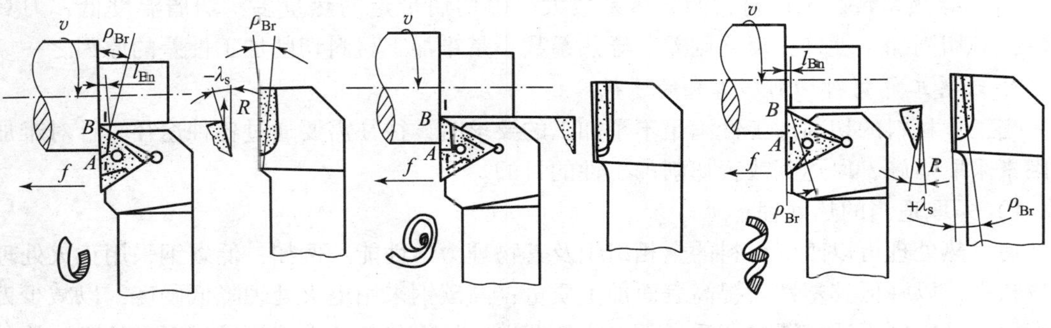

（a）　（b）　（c）

图 1－30　断屑槽的斜角

（a）外斜式；（b）平行式；（c）内斜式

（2）还可通过改变刃倾角 λ_s 的正、负值及控制切屑流向以达到断屑的目的。对于塑性很高的工件材料，还可采用振动切削装置来达到断屑的目的。如图 1－31 所示。

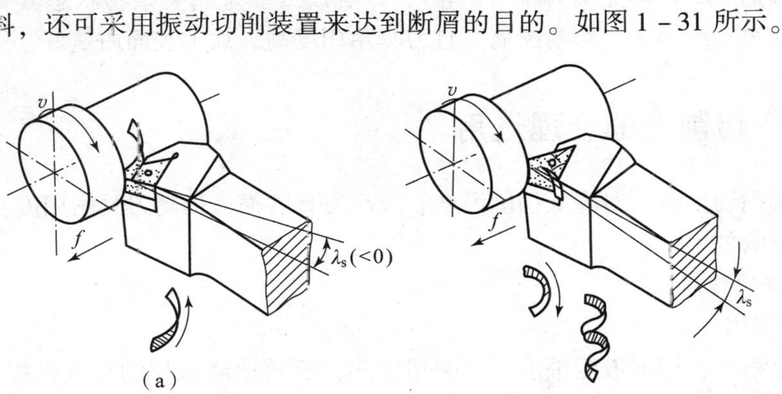

（a）　（b）

图 1－31　刃倾角 λ_s 控制断屑

（a）$\lambda_s<0°$；（b）$\lambda_s>0°$

1.4.4　材料的切削加工性

1. 衡量工件材料切削加工性的指标

工件材料切削加工性是指工件材料切削加工时的难易程度。在一定刀具耐用度 T 下（一般取 $T=60\text{min}$），切削某种工件材料所允许的切削速度 v_T 与加工性较好的45钢的切削速度 $(v_T)_i$ 相比，则相对切削加工性为 $K_r=v_T/(v_T)_i$，$K_r>1$，说明这种材料加工时刀具磨损较小，耐用度较高，加工性好于45钢。K_r 越大，加工性越好。

常用工件材料的相对切削加工性 K_r 见表1-9。

2. 工件材料的物理力学性能对切削加工性的影响

（1）硬度。工件材料的硬度越高，加工性越差。如不锈钢难加工就是这个原因。

（2）强度。工件材料的强度越高，加工性越差。如合金钢与不锈钢加工性低于碳素钢就是此原因（常温强度相差不大）。

（3）塑性。在工件材料的硬度、强度大致相同时，塑性越大，加工性越差。

（4）导热系数。工件材料的导热系数大，由切屑带走的热量多，切屑温度低，刀具磨损慢，其切削加工性好；反之则差。导热系数小是难加工材料切削加工性差的原因之一。

3. 改善工件材料切削加工性的途径

当工件材料的切削加工性满足不了加工的要求时，往往需要通过各种途径，针对难加工的因素采取措施，以达到改善切削加工性的目的。

1）采取适当的热处理

通过热处理可以改变材料的金相组织及其物理力学性能。例如，低碳钢采用正火处理或冷拔状态，以降低其塑性、提高表面加工质量；高碳钢采用退火处理降低硬度，以减少刀具的磨损；马氏体不锈钢通过调质处理以降低塑性；热轧状态的中碳钢通过正火处理，使其组织和硬度均匀；铸铁件一般在切削前都要进行退火，以降低表层硬度、消除应力。

2）调整工件材料的化学成分

在大批量生产中，应通过调整工件材料的化学成分来改善切削加工性。例如易切钢就是在钢中适当添加一些化学元素（S、Pb等），以金属或非金属夹杂物状态分布，不与钢基体固溶，从而使得切削力小、容易断屑，且刀具耐用度高、加工表面质量好。

1.4.5　切削液的合理选用

合理的选用切削液，对降低切削温度、减小刀具磨损、提高刀具耐用度及改善加工质量等，都有很好的效果。

1. 切削液的作用

1）冷却作用

在切削过程中，切削液能带走大量的切削热，有效地降低切削温度，提高刀具耐用度。切削液冷却性能的好坏，主要取决于它的导热系数、比热、汽化热及流量的大小。一般说来，水溶液冷却效果最好，乳化液次之，油类最差。

表1－9 相对切削加工性及其分级

切削加工性		易切削			较易切削		较难切削			难切削			
等级代号		0	1	2	3	4	5	6	7	8	9	9a	9b
硬度	HBS	≤50	>50 ~100	>100 ~150	>150 ~200	>200 ~250	>250 ~300	>300 ~350	>350 ~400	>400 ~480	>480 ~635	>635	—
	HRC	—	—	—	—	>14 ~ 24.8	>24.8 ~32.3	>32.3 ~38.1	>38.1 ~43	>43 ~50	>50 ~60	>60	—
抗拉强度 σ_b/GPa		≤0.196	>0.196 ~0.441	>0.441 ~ 0.588	>0.588 ~0.784	>0.784 ~0.98	>0.98 ~1.176	>1.176 ~1.372	>1.372 ~1.568	>1.568 ~1.764	>1.764 ~1.96	>1.96 ~2.45	—
伸长率 δ / %		≤10	>10 ~15	>15 ~20	>20 ~25	>25 ~30	>30 ~35	>35 ~40	>40 ~50	>50 ~60	>60 ~100	>100	>2.45
冲击韧性 α_k/(kJ·m^{-2})		≤196	>196 ~392	>392 ~588	>588 ~784	>784 ~980	>980 ~1 372	>1 372 ~1 764	>1 764 ~1 962	>1 962 ~2 450	>2 450 ~2 940	>2 940 ~3 920	—
热导率/ [W·(m·K)$^{-1}$]		418.68 ~293.08	<293.08 ~167.47	<167.47 ~83.74	<83.74 ~62.80	<62.80 ~41.87	<41.87 ~33.5	<33.5 ~25.12	<25.12 ~16.75	<16.75 ~8.37	<8.37	—	—

2）润滑作用

润滑作用是通过切削液渗透到刀具、切屑及工件表面之间形成润滑油膜而实现的。

作为一种性能优良的切削液，除了具有良好的冷却、润滑性能外，还应具有防锈作用，且不污染环境，稳定性好，价格低廉。

2. 切削液的种类和选用

（1）水溶液主要成分是水，其中加有一定的防锈剂。它的冷却性能好，润滑性能差，呈透明状，常在磨削中使用。

（2）乳化液是将乳化油用水稀释而成，呈乳白色，一般水占95% ~98%，故冷却性能好，并有一定的润滑性能。若乳化油占的比例大些，则其润滑性能会有所提高。乳化液中常加入极压添加剂来提高油膜强度，以起到良好的润滑作用。

一般材料的粗加工常使用乳化液，难加工材料的切削常使用极压乳化液。

（3）切削油主要是矿物油（机油、煤油、柴油），有时采用少量的动、植物油及它们的复合油。切削油的润滑性能好，但冷却性能差。为了提高切削油在高温高压下的润滑性能，常在切削油中加入极压添加剂以形成极压切削油。

一般材料的精加工常使用切削油，难加工材料的精加工常使用极压切削油。

总之，切削液的品种很多，性能各异，通常应根据加工性质、工件材料和刀具材料等来选择合适的切削液，才能收到良好的效果。其具体选择原则如下：

粗加工时，主要需要冷却作用，一般应选用冷却作用较好的切削液，如低浓度的乳化液等；精加工时，主要希望提高工件的表面质量和减少刀具磨损，一般应选用润滑作用较好的切削液，如高浓度的乳化液或切削油等。

加工一般钢材时，通常选用乳化液或硫化切削油；加工铜合金和有色金属时，一般不宜采用含硫化油的切削液，以免腐蚀工件；加工铸铁、青铜、黄铜等脆性材料时，一般不使用切削液；在低速精加工（如宽刀精刨、精铰、攻螺纹）时，可用煤油作为切削液。

高速钢刀具一般要根据加工性质和工件材料选用合适的切削液。硬质合金刀具一般不用切削液。

【思考与训练】

1. 已知条件：工件材料45钢（调质）；$\sigma_b = 637$MPa，锻件。

加工要求：如图1-32所示，分粗、精两道工步完成，单边余量为4mm。

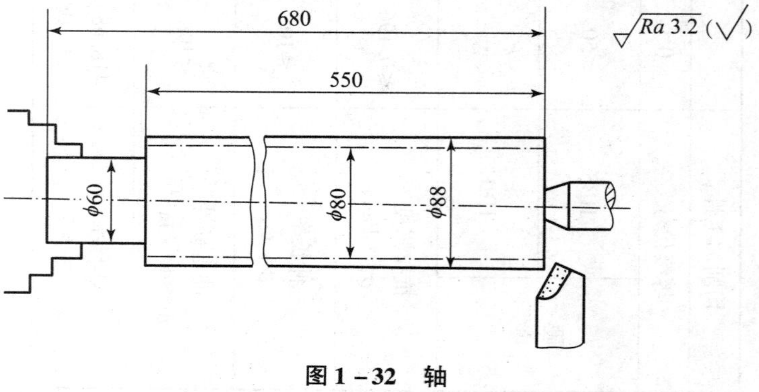

图1-32 轴

使用机床：CA6140 型卧式车床。

试选用车刀的类型、材料并选择合理的切削用量参数。

2. 精车 $d=20\text{mm}$、$L=500\text{mm}$ 的轴，材料是 45 钢，请选择合理的车刀角度。

3. 45°车刀立体图如图 1－33 所示，按序号写出图示加工时其各组成部分名称，并在相应的刀具角度图上标出前角 γ_o、后角 α_o、副后角 α_o'、主偏角 κ_r、副偏角 κ_r' 及刃倾角 λ_s。

1 ______

2 ______

3 ______

4 ______

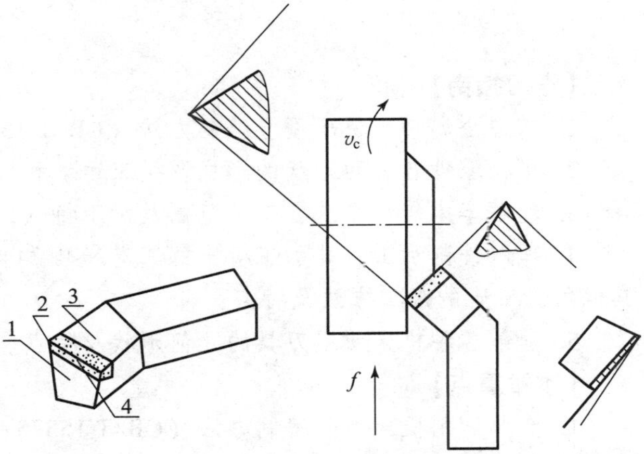

图 1－33　45°车刀立体图

4. 积屑瘤是怎样产生的？如何消除？

5. 乳化液是怎样配制的？试述乳化液的作用。

第2章 机械切削加工基础

【学习指南】

1. 掌握金属切削机床型号编制办法（GB/T 15375—2008）;
2. 机械零件各表面形状的形成及机床运动和机床精度等;
3. 理解车床传动系统、工艺范围及加工特点;
4. 理解铣削加工、孔加工机床的工艺范围和特点及磨削加工的工艺范围和特点；了解其他加工机床的加工方法及特点;
5. 理解各种机床使用刀具的几何形状及特点。

【本章重点】

1. 金属切削机床型号编制办法（GB/T 15375—2008）;
2. 机械零件各表面形状的形成;
3. CA6140型卧式车床传动系统主运动传动链及车削加工的特点;
4. 各种加工机床的工艺范围及特点;
5. 各种机床使用刀具的几何形状及特点。

【本章难点】

1. 机械零件各表面形状的形成;
2. CA6140型卧式车床传动系统主运动传动链及车削加工的特点;
3. 各种机床使用刀具的几何形状及特点。

2.1 金属切削机床基本知识

金属切削机床是通过金属切削刀具，采用切削的方法把金属毛坯（或半成品）表面多余的金属切除，让其变成切屑，从而形成零件图纸要求的形状、尺寸、精度及表面粗糙度的机械零件的机器。因为它是生产机器的机器，所以也称它为“工作母机”，通常把金属切削机床简称“机床”。

机床的类型及型号编制。

1. 机床的类型

机床的传统分类方法主要是指按加工性质和所用的刀具进行分类。根据我国制定的机床型号编制方法，目前将机床共分为11大类：车床、钻床、镗床、磨床、齿轮加工机床、螺纹加工机床、铣床、刨插床、拉床、锯床及其他机床。在每一类机床中，又按工艺范围、布局形式和结构等，分为10个组，每一组又细分为10系（系列）。

在上述基本分类方法的基础上，还可根据机床其他特征进一步区分。

（1）同类型机床按工艺范围又可分为通用机床、专门化机床和专用机床。

①通用机床。

通用机床可用于加工多种零件的不同工序，加工范围较广，通用性较大，但结构比较复杂。这种机床主要适用于单件小批生产，例如卧式车床、万能升降台铣床等。

②专门化机床。

专门化机床的工艺范围较窄，专门用于加工某一类或几类零件的某道（或几道）特定工序，如曲轴车床和凸轮轴车床等。

③专用机床。

专用机床的工艺范围最窄，只能用于加工某一种零件的某一道特定工序，适用于大批量生产。如机床主轴箱的专用镗床、车床导轨的专用磨床等，汽车、拖拉机制造中使用的各种组合机床也属于专用机床。

（2）同类型机床按精度等级又可分为普通精度机床、精密机床和高精度机床。

（3）机床还可按自动化程度分为手动、机动、半自动和自动机床，半自动和自动机床按机床控制方式不同又分为用机械方式控制的、电器控制的和计算机数字程序控制的机床。

（4）机床还可按重量与尺寸分为仪表机床、中型机床（一般机床）、大型机床（重量达10t）、重型机床（大于 30t）和超重型机床（大于 100t）。

（5）按机床主要工作部件的数目可分为单轴的、多轴的或单刀的、多刀的机床等。

（6）通常机床根据加工性质进行分类，再根据其某些特点进一步描述，如多刀半自动车床和高精度外圆磨床等。

随着机床的发展，其分类方法也将不断发展。现代机床正向数控化方向发展，数控机床的功能日趋多样化，工序更加集中。现在一台数控机床集中了越来越多传统机床的功能。例如，数控车床在卧式车床功能的基础上，又集中了转塔车床、仿形车床和自动车床等多种车床的功能；车削加工中心出现以后，在数控车床功能的基础上又加入了钻、铣、镗等类机床的功能。又如，具有自动换刀功能的镗铣加工中心机床（习惯上所称的“加工中心”）集中了钻、镗、铣等多种类型机床的功能；有的加工中心的主轴既能立式又能卧式，又集中了立式加工中心和卧式加工中心的功能。可见，机床数控化引起了机床传统分类方法的变化，这种变化主要表现在机床品种不是越分越细，而应是趋向综合。

2. 机床型号的编制

机床的型号是赋予每种机床的一个代号，用以简明地表示机床的类型、结构特性和主要技术参数等。我国目前的机床型号是按 2008 年颁布的标准 GB/T 15375—2008《金属切削机床型号编制方法》编制的。此标准规定，机床型号由大写汉语拼音字母和阿拉伯数字按一定的规律组合而成，其适用于各类通用机床和专用机床及自动线，不包括组合机床和特种加工机床。

1）通用机床型号

（1）通用机床型号的组成。

通用机床型号由基本部分和辅助部分组成，中间用“/”隔开，读作“之”。前者需统一管理，后者纳入型号与否由企业自定。其型号构成如图 2－1 所示。

型号表示法中有“（ ）”的代号或数字，当无内容时，则不表示；若有内容则不带括

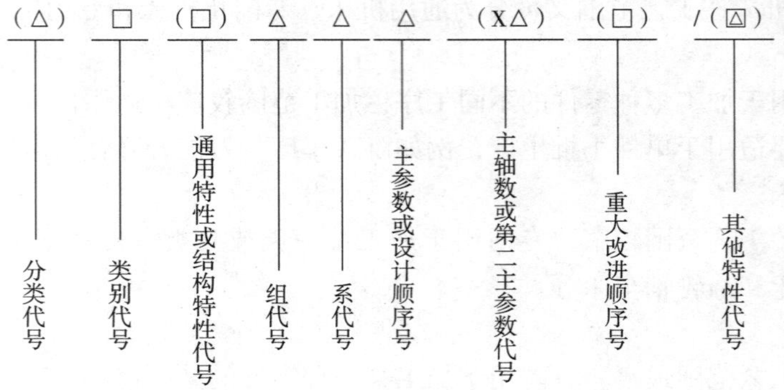

图 2－1　型号构成

号。有“□”符号者，为大写的汉语拼音字母。有“△”符号者，为阿拉伯数字。有“△⃞”符号者，为大写的汉语拼音字母或阿拉伯数字或两者兼有之。

例如：1 组 4 系最大磨削直径 320mm 经第一次重大改进的高精度磨床类机床型号为 MG1432A。

(2) 机床类代号。

机床的类别用汉语拼音大写字母表示。例如，“车床”的汉语拼音是“che chuang”，所以用“C”表示。当需要时，每类又可分为若干分类；分类代号用阿拉伯数字表示，在类代号之前，它居于型号的首位，但第一分类不予表示，例如，磨床类分为 M、2M、3M 三个分类。机床的类别代号及其读音见表 2－1。

表 2－1　机床的类别和分类代号

类别	车床	钻床	镗床	磨床			齿轮加工机床	螺纹加工机床	铣床	刨插床	拉床	锯床	其他机床
代号	C	Z	T	M	2M	3M	Y	S	X	B	L	G	Q
读音	车	钻	镗	磨	二磨	三磨	牙	丝	铣	刨	拉	割	其

(3) 机床的特性代号。

它表示机床所具有的特殊性能，包括通用特性和结构特性。当某类型机床除有普通型外，还具有如表 2－2 所列的某种通用特性时，则应在类别代号之后加上相应的特性代号，例如“CK”表示数控车床。如同时具有两种通用特性时，则可用两个代号同时表示，如“MBG”表示半自动高精度磨床。如某类型机床仅有某种通用特性，而无普通型者，则通用

表 2－2　机床的通用特性代号

通用特性	高精度	精密	自动	半自动	数控	加工中心自动换刀	仿形	轻型	加重型	柔性加工单元	数显	高速
代号	G	M	Z	B	K	H	F	Q	C	R	X	S
读音	高	密	自	半	控	换	仿	轻	重	柔	显	速

特性不必表示。如 C1312 型单轴转塔自动车床，由于这类自动车床没有“非自动”型，所以不必用“Z”表示通用特性。

为了区分主参数相同而结构不同的机床，在型号中常用结构特性代号表示（结构特性代号为汉语拼音字母）。例如，CA6140 型卧式车床型号中的“A”，可理解为这种型号车床在结构上区别于 C6140 型车床。结构特性的代号字母是根据各类机床的情况分别规定的，在不同型号中的意义并不一样。

（4）机床组、系的划分原则及其代号。

机床的组别和系别代号用两位阿拉伯数字表示，每类机床按其结构性能及使用范围划分为 10 个组，用数字 0 ~ 9 表示，每组机床又分 10 个系（系列），系的划分原则是：在同一类机床中，主要布局或使用范围基本相同的机床，即同一组。在同一组机床中，主参数、主要结构及布局形式相同的机床，即划为同一系。常用机床的组别和系别代号见表 2 – 3。

表 2 – 3　金属切削机床组系划分表（摘自 GB/T 15375—2008）

类别	代号	机床名称	组别	系别	主参数名称	折算系数
车床	C	单轴纵切自动车床	1	1	最大棒料直径	1
		单轴横切自动车床	1	2	最大棒料直径	1
		单轴转塔自动车床	1	3	最大棒料直径	1
		多轴棒料自动车床	2	1	最大棒料直径	1
		多轴卡盘自动车床	2	2	卡盘直径	1/10
		立式多轴半自动车床	2	6	最大车削直径	1/10
		回轮车床	3	0	最大棒料直径	1
		滑鞍转塔车床	3	1	卡盘直径	1/10
		滑枕转塔车床	3	3	卡盘直径	1/10
		曲轴车床	4	1	最大工件回转直径	1/10
		凸轮轴车床	4	6	最大工件回转直径	1/10
		单柱立式车床	5	1	最大车削直径	1/100
		双柱立式车床	5	2	最大车削直径	1/100
		落地车床	6	0	最大工件回转直径	1/100
		卧式车床	6	1	床身上最大回转直径	1/10
		马鞍车床	6	2	床身上最大回转直径	1/10
		卡盘车床	6	4	床身上最大回转直径	1/10
		球面车床	6	5	刀架上最大回转直径	1/10
		仿行车床	7	1	刀架上最大回转直径	1/10
		多刀车床	7	5	刀架上最大回转直径	1/10
		卡盘多刀车床	7	6	刀架上最大回转直径	1/10
		轧辊车床	8	4	最大工件直径	1/10
		铲齿车床	8	9	最大工件直径	1/10

续表

类别	代号	机床名称	组别	系别	主参数名称	折算系数
钻床	Z	立式坐标镗钻床	1	3	工作台面宽度	1/10
		深孔钻床	2	1	最大钻孔直径	1/10
		摇臂钻床	3	0	最大钻孔直径	1
		万向摇臂钻床	3	1	最大钻孔直径	1
		台式钻床	4	0	最大钻孔直径	1
		圆柱立式钻床	5	0	最大钻孔直径	1
		方柱立式钻床	5	1	最大钻孔直径	1
		可调多轴立式钻床	5	2	最大钻孔直径	1
		中心孔钻床	8	1	最大工件直径	1/10
		平端面中心孔钻床	8	2	最大工件直径	1/10
镗床	T	立式单柱坐标镗床	4	1	工作台面宽度	1/10
		立式双柱坐标镗床	4	2	工作台面宽度	1/10
		卧式坐标镗床	4	6	工作台面宽度	1/10
		卧式铣镗床	6	1	镗轴直径	1/10
		落地镗床	6	2	镗轴直径	1/10
		落地铣镗床	6	9	镗轴直径	1/10
		单面卧式精镗床	7	0	工作台面宽度	1/10
		双面卧式精镗床	7	1	工作台面宽度	1/10
		立式精镗床	7	2	最大镗孔直径	1/10
磨床	M	抛光机	0	4	—	—
		刀具磨床	0	6	—	—
		无心外圆磨床	1	0	最大磨削直径	1
		外圆磨床	1	3	最大磨削直径	1/10
		万能外圆磨床	1	4	最大磨削直径	1/10
		宽砂轮外圆磨床	1	5	最大磨削直径	1/10
		端面外圆磨床	1	6	最大回转直径	1/10
		内圆磨床	2	1	最大磨削孔径	1/10
		立式行星内圆磨床	2	5	最大磨削孔径	1/10
		落地砂轮机	3	0	最大砂轮直径	1/10
		落地导轨磨床	5	0	最大磨削宽度	1/100
		龙门导轨磨床	5	2	最大磨削宽度	1/100
		万能工具磨床	6	0	最大回转直径	1/10
		钻头刃磨床	6	3	最大刃磨钻头直径	1
		卧轴矩台平面磨床	7	1	工作台面宽度	1/10

续表

类别	代号	机床名称	组别	系别	主参数名称	折算系数
磨床	M	卧轴圆台平面磨床	7	3	工作台面直径	1/10
		立式圆台平面磨床	7	4	工作台面直径	1/10
		曲轴磨床	8	2	最大回转直径	1/10
		凸轮轴磨床	8	3	最大回转直径	1/10
		花键轴磨床	8	6	最大磨削直径	1/10
		曲线磨床	9	0	最大磨削长度	1/10
齿轮加工机床	Y	弧齿锥齿轮磨齿机	2	0	最大工件直径	1/10
		弧齿锥齿轮铣齿机	2	2	最大工件直径	1/10
		直齿锥齿轮刨齿机	2	3	最大工件直径	1/10
		滚齿机	3	1	最大工件直径	1/10
		卧式滚齿机	3	6	最大工件直径	1/10
		剃齿机	4	2	最大工件直径	1/10
		珩齿机	4	6	最大工件直径	1/10
		插齿机	5	1	最大工件直径	1/10
		花键轴铣床	6	0	最大铣削直径	1/10
		碟形砂轮磨齿机	7	0	最大工件直径	1/10
		锥形砂轮磨齿机	7	1	最大工件直径	1/10
		蜗杆砂轮磨齿机	7	2	最大工件直径	1/10
		车齿机	8	0	最大工件直径	1/10
		齿轮倒角机	9	3	最大工件直径	1/10
		齿轮噪声检查机	9	9	最大工件直径	1/10
螺纹加工机床	S	套丝机	3	0	最大套丝直径	1
		卧式攻丝机	4	8	最大攻丝直径	1/10
		丝杠铣床	6	0	最大工件直径	1/10
		短螺纹铣床	6	2	最大铣削直径	1/10
		丝杠磨床	7	4	最大工件直径	1/10
		万能螺纹磨床	7	5	最大工件直径	1/10
		丝杠车床	8	6	最大工件长度	1/100
		多头螺纹车床	8	9	最大车削直径	1/10
铣床	X	龙门铣床	2	0	工作台面宽度	1/100
		圆台铣床	3	0	工作台面直径	1/100
		平面仿形铣床	4	3	最大铣削宽度	1/10
		立体仿形铣床	4	4	最大铣削宽度	1/10
		立式升降台铣床	5	0	工作台面宽度	1/10

续表

类别	代号	机床名称	组别	系别	主参数名称	折算系数
铣床	X	卧式升降台铣床	6	0	工作台面宽度	1/10
		万能升降台铣床	6	1	工作台面宽度	1/10
		床身铣床	7	1	工作台面宽度	1/100
		万能工具铣床	8	1	工作台面宽度	1/10
		键槽铣床	9	2	最大键槽宽度	1
刨插床	B	悬臂刨床	1	0	最大刨削宽度	1/100
		龙门刨床	2	0	最大刨削宽度	1/100
		龙门铣磨刨床	2	2	最大刨削宽度	1/100
		插床	5	0	最大插削宽度	1/10
		牛头刨床	6	0	最大刨削宽度	1/10
		模具刨床	8	8	最大刨削宽度	1/10
拉床	L	卧式外拉床	3	1	额定拉力	1/10
		连续拉床	4	3	额定拉力	1/10
		立式内拉床	5	1	额定拉力	1/10
		卧式内拉床	6	1	额定拉力	1/10
		立式外拉床	7	1	额定拉力	1/10
		气缸体平面拉床	9	1	额定拉力	1/10
锯床	G	立式带锯床	5	1	最大锯削厚度	1/10
		卧式圆锯床	6	0	最大圆锯片直径	1/100
		平板卧式弓锯床	7	1	最大锯削直径	1/10
其他机床	Q	管接头车丝机	1	6	最大加工直径	1/10
		木螺钉螺纹加工机	2	1	最大工件直径	1
		圆刻线机	4	0	最大加工长度	1/100
		长刻线机	4	1	最大加工长度	1/100

（5）机床主参数、第二主参数和设计顺序号。

机床主参数代表机床规格的大小，用折算值表示。

某些通用机床，当无法用一个主参数表示时，则在型号中用设计顺序号表示。设计顺序号由 1 起始，当设计顺序号小于 10 时，则在设计顺序号之前加“0”，即由 01 开始编号。

（6）机床主轴数和第二主参数的表示方法。

对于多轴车床、多轴钻床和排式钻床等机床，其主轴数应以实际数值列入型号，置于主参数之后，用“×”分开，读作“乘”。单轴可省略，不予表示。

第二主参数（多轴机床的主轴数除外）一般不予表示，如有特殊情况，则需在型号中表示。在型号中表示的第二主参数一般以折算成两位数为宜，最多不超过三位数。以长度、深度值等表示的，其折算系数为 1/100；以直径和宽度值等表示的，其折算系数为 1/10；以厚度和最大模数值等表示的，其折算系数为 1。当折算值大于 1 时，则取整数；当折算值小于 1 时，则取小数点后第一位数，并在前面加“0”。

（7）机床的重大改进顺序号。

当机床的性能及结构布局有重大改进，并按新产品重新设计、试制和鉴定时，在原机床型号的尾部加重大改进顺序号，以区别于原机床型号。序号按 A、B、C、…（I、O 除外）的顺序选用。

重大改进设计不同于完全的新设计，它是在原有机床的基础上进行改进设计。但对原机床的结构性能没有做重大的改变，则不属于重大改进，其型号不变。

（8）其他特性代号及其表示方法。

其他特性代号置于辅助部分之首，其中同一型号机床的变形代号也应放在其他特性代号的首位。

其他特性代号主要用以反映各类机床的特性，如：对于数控机床，可用以反映不同的控制系统等；对于加工中心，可用以反映控制系统自动交换主轴头和自动交换工作台等；对于柔性加工单元，可用以反映自动交换主轴箱；对于一机多能机床，可用以补充表示某些功能；对于一般机床，可以反映同一机床的变形等。

其他特性代号可用汉语拼音字母（I、O 除外）表示，当单个字母不够用时，可将两个字母组合起来使用，如 AB、AC、AD、…，BA、CA、DA、…。此外，其他特性代号还可以用阿拉伯数字表示，也可以用阿拉伯数字和汉语拼音字母组合表示。

（9）通用机床型号示例。

工作台最大宽度为 500mm 的精密卧式加工中心，其型号为 THM6350。最大棒料直径为 16mm 的数控精密单轴纵切自动车床，其型号为 CKM1116。经过第一次重大改进、最大钻孔直径为 25mm 的四轴立式排钻床，其型号为 Z5625 ×4A。

2）专用机床型号

专用机床型号表示方法：专用机床型号一般由设计单位代号和设计顺序号组成，其型号构成如图 2－2 所示。

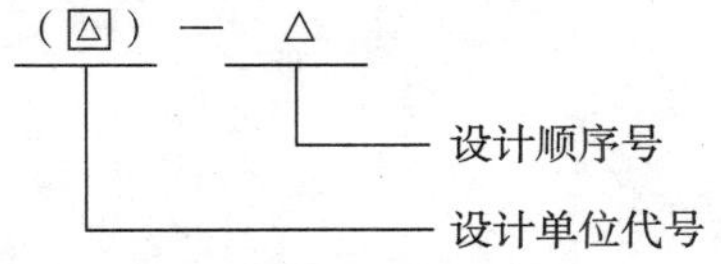

图 2－2　专用机床型号构成

专用机床设计单位代号包括机床生产厂和机床研究单位代号（位于型号之首）。专用机床设计顺序号按该单位的设计顺序号排列，由 001 起始，位于设计单位之后，并用“—”隔开，读作“之”。

例如，沈阳第一机床厂设计制造的第一种专用机床，其型号为 SI—001；北京第一机床厂设计制造的第 100 种专用机床，其型号为 BI—100。

3）机床自动线型号

机床自动线代号：由通用机床或专用机床组成的机床自动线，其代号为“ZX”（读作“自线”），位于设计代号之后，并用“—”分开，读作“之”。

机床自动线设计顺序号的排列与专用机床设计顺序号相同，位于机床自动线代号之后。机床自动线型号构成如图 2 －3 所示。

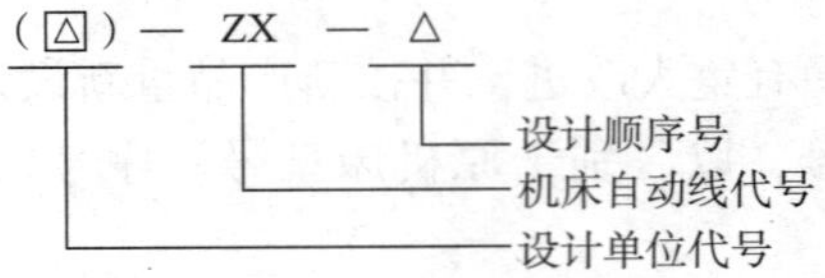

图 2 －3　机床自动线型号构成

机床自动线型号示例：

如北京机床研究所设计的第一条机床自动线，其型号为 JCS—ZX001。

3. 机床的运动

由金属切削机床的概念可知，各种类型的机床在进行切削加工时，应使刀具和工件做一系列的运动，这些运动的最终目的是保证刀具与工件之间具有正确的相对运动，以便刀具按一定规律切除毛坯上多余金属，而获得具有一定几何形状、尺寸、精度和表面粗糙度的工件。以车床车削圆柱表面为例（见图 2 －4），在工件安装于三爪自定心卡盘并启动之后，首先手动将车刀在纵、横向靠近工件（运动Ⅱ和Ⅲ）；然后根据所要求的加工直径 d，将车刀横向切入一定深度（运动Ⅳ）；接着通过工件旋转（运动Ⅰ）和车刀的纵向直线运动（运动Ⅴ），车削出圆柱表面；当车刀纵向移动所需长度 l 时，横向退离工件（运动Ⅵ），并纵向退回至起始位置（运动Ⅶ）。除了上述运动外，尚需完成开车、停车和变速等动作。

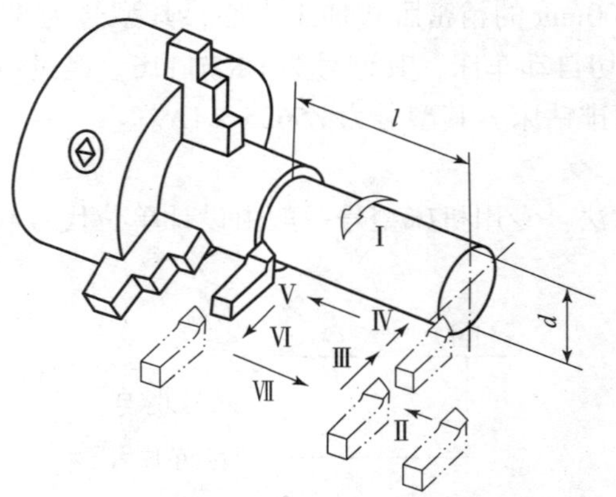

图 2 －4　车削圆柱面过程中的运动

Ⅰ，Ⅴ—成形运动；Ⅱ，Ⅲ—快速趋近运动；Ⅳ—切入运动；Ⅵ，Ⅶ—快速退回运动

机床在加工过程中所需的运动，可按其功用不同而分为表面成形运动和辅助运动两类。

1）表面成形运动

机床在切削过程中，使工件获得一定表面形状所必需的刀具和工件间的相对运动（直接参与切削的运动）称为表面成形运动。如图 2 －4 所示，工件的旋转运动Ⅰ和车刀的纵向运动Ⅴ是形成圆柱表面的成形运动。机床加工时所需表面成形运动的形式、数目与被加工表面形状、所采用的加工方法和刀具结构有关。如图 2 －5（a）所示，采用单刃刨刀刨削成形面，所需的成形运动为工件纵向直线移动 v、刨刀的横向运动 s_1 及垂向运动 s_2；如采用成形刨刀加工，则成形运动只需纵向直线移动 v［见图 2－5（b）］。

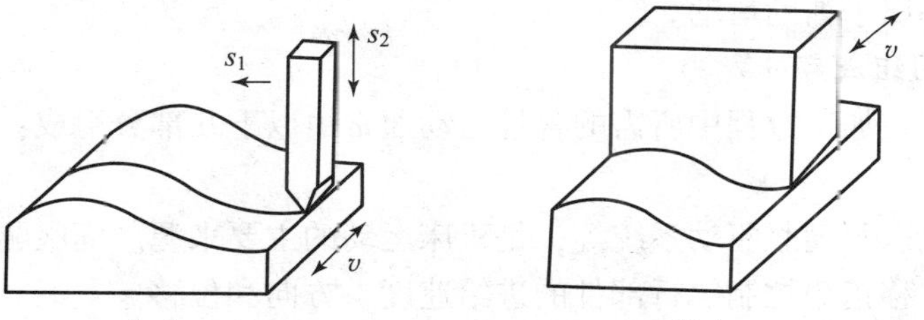

图 2－5　刨削成形面

（a）单刃刨刀刨削成形面；（b）成形刨刀刨削成形面

根据切削过程中所起的作用不同，表面成形运动又可分为主运动和进给运动。直接切除毛坯上的被切削层，使之变为切屑的运动（形成切削速度的运动）称为主运动。例如，车床上工件的旋转、钻及镗床上刀具的旋转、牛头刨床上刨刀的直线运动等都是主运动。主运动速度高将消耗大部分机床动力。进给运动是保证将被切削层不断地投入切削，以逐渐加工出整个工件表面的运动。如车削外圆柱表面时，车刀的纵向直线运动、钻床上钻孔时刀具的轴向运动、卧式铣床工作台带动工件的纵向或横向直线移动等都是进给运动。进给运动速度较低，消耗机床动力很少，如卧式车床的进给功率仅为主电动机功率的 1/30～1/25。

机床在进行切削加工时，至少有一个主运动，但进给运动可能有一个或几个，也可能没有，如图 2－5（b）所示成形刨刀刨削成形面的加工中就只有主运动 v 而没有进给运动。

机床运动按运动的组成情况不同，可分为简单运动和复合运动两种。

（1）简单运动：如果一个独立的成形运动是由单独的旋转运动或直线运动构成的，则称此成形运动为简单成形运动，简称简单运动。例如，在车床上车外圆柱面时，工件的旋转运动和刀具的直线运动就是两个简单运动；用砂轮磨外圆柱面时，砂轮和工件的旋转运动及工件的直线运动也都是简单运动。

（2）复合运动：如果一个独立的成形运动是由两个或两个以上的旋转运动和直线运动按某种确定的运动关系组合而成的，则称此成形运动为复合成形运动，简称复合运动。例如，在车床上车削螺纹时，形成螺旋线的刀具和工件之间的相对螺旋运动是由工件的匀速旋转运动和刀具的匀速直线运动形成的，彼此之间不能独立，它们之间必须保持严格的运动关系，即工件每转 1r 时，刀具匀速直线移动的距离应等于螺纹的导程，从而使工件和刀具的这两个单元运动组成一个复合运动。

4. 辅助运动

除了表面成形运动以外，机床在加工过程中还需完成一系列其他的运动，即辅助运动。如图 2－4 所示，除了工件旋转和刀具直线移动这两个成形运动外，还有车刀快速靠近工件、径向切入以及快速退离工件、退回起始位置等运动，这些运动与外圆柱表面形成无直接关系，但也是整个加工过程中必不可少的。上述这些运动均属于辅助运动。辅助运动的种类很多，主要包括刀具接近、切入、退离工件及快速返回原点的运动；为使刀具与工件保持相对正确位置的对刀运动；多工位工作台和多工位刀架的周期换位以及逐一加工多个相同局部表面时，工件周期换位所需的分度运动等。另外，机床的启动、停车、变速、换向以及部件和工件的夹紧、松开等的操纵控制运动也属于辅助运动。总之，除了表面成形运动外，机床上其他所需的运动都属于辅助运动。

5. 机床运动的组成部分

金属切削机床在加工过程中所需的各种运动通常由以下几部分组成：

1）动源

如各种电动机以及伺服驱动系统等，是机床运动的主要来源。伺服驱动系统根据数控装置发来的速度和位移指令控制执行部件的进给速度、方向和位移。

2）执行件

如主轴、刀架和工作台等，用来直接执行某一运动或用来安装刀具、工件。

3）传动装置

如带传动、齿轮、齿条、丝杠螺母、链传动、液压、电器、气压传动等，用来传递运动和速度。

使动源和执行件（或执行件和执行件）保持运动联系的一系列顺序排列的传动件，称为该运动的传动链。

4）运动控制装置

如离合器、按钮、操纵机构、行程开关及数控装置等零部件，用来控制运动的开、关、换向和变速等。若运动控制装置是数控装置，则用其输出的各种信号和指令控制机床的各个部分进行规定、有序的动作。

5）润滑装置

如液压泵、管路系统和分油器等，用于润滑运动副，以减小摩擦、提高机械效率、延长机构使用寿命。

6）电气系统零部件

如控制柜、接触器和线路等，用于电源与信息的传递和控制。

7）支撑零部件

如床身、立柱、横梁、底座、工作台和拖板等，用于支撑和连接其他零部件。此外，一些支撑件上常常备有导轨表面，对运动部件起导向作用。

8）其他机构

如冷却系统、分度系统、读数系统、保险系统及数控机床存放刀具的刀库、交换刀具的机械手和安全低电压照明装置等。

6. 机床的基本组成

机床由本体、传动系统及操纵、控制机构等几个基本部分组成。

（1）机床本体：包括主轴、刀架、工作台等执行件，床身、导轨等基础件。执行件是安装刀具和工件并带动它们做规定运动、直接执行切削任务的部件。

（2）传动系统：驱动执行件及其他运动部件做各种规定运动的传动装置。由各种传动机构组成，一般安装在机床本体内部。

（3）操纵、控制机构：使机床各运动部件启动、停止、改变速度、改变运动方向的机构。

其他还有一些使加工能正常、顺利进行，减轻工人劳动强度等辅助装置，如安全装置及冷却、润滑装置等。

根据切削方式及运动形式不同确定各执行件应具有的相对位置，并按照有利于操作、调整、美观的原则将组成机床的其他部件及操作手柄等加以合理的配置和布局，便形成了具有一定外形特征的各种类型的机床。

7. 机床的精度

机床的精度包括几何精度、传动精度和定位精度。不同类型和不同加工要求的机床，对这些方面的要求是不相同的。

（1）几何精度是指机床某些基础零件工作面的几何形状精度，其决定着机床加工运动部件的运动精度，并决定着机床加工的零、部件之间及其运动轨迹之间的相对位置精度等。例如，床身导轨的直线度、工作台台面的平面度、主轴的旋转精度、刀架和工作台等移动的直线度、车床刀架移动方向与主轴轴线的平行度等，这些都决定着刀具和工件之间相对运动轨迹的准确性，从而也就决定了被加工表面的形状精度以及表面之间的相对位置精度，如图 2－6 所示列举了这方面的几个例子。图 2－6（a）所示为由于车床主轴轴向窜动而使车出的端面产生平面度误差；图 2－6（b）所示为由于垂直平面内车床刀架移动方向与主轴轴线的平行度误差，使车出的圆柱面成为中凹的回转双曲面；图 2－6（c）所示为由于卧式升降台铣床的主轴旋转轴线对工作台的平行度误差，使铣出的平面与底部的定位基准平面产生平行度误差。

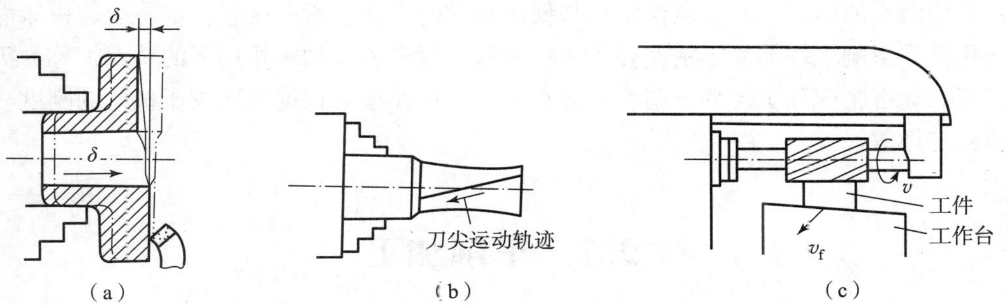

图 2－6　机床加工误差

（2）传动精度是指机床内联系传动链两端件之间运动关系的准确性，它决定着复合运动轨迹的精度，从而直接影响被加工表面的形状精度。例如，卧式车床的螺纹进给传动链，应保证主轴每转 1r 时，刀架均匀准确地移动被加工螺纹的一个导程，否则工件螺纹将会产生螺距误差（相邻螺距误差和一定长度上的螺距累积误差）。

（3）定位精度是指机床运动部件，如工作台、刀架和主轴箱等，从某一起始位置运动到预期的另一位置时所到达的实际位置的准确程度。例如，在车床上车削外圆时，为了获得一定的直径尺寸 d，要求刀架横向移动 L（单位 mm）使车刀刀尖从位置Ⅰ移动到位置Ⅱ［见图 2－7（a）］。

如果刀尖到达的实际位置与预期的位置Ⅱ不一致，则车出的工件直径 d 将产生误差。又如图 2－7（b）所示车床液压刀架，由定位螺钉顶住死挡铁实现横向定位，以获得一定的工件直径尺寸 d；在加工一批工件时，如果每次刀架定位时的实际位置不相同，即刀尖与主轴轴线之间的距离在一定范围内变动，则车出的各个工件的直径尺寸 d 也不一致。上述这种机床运动部件在某一给定位置上做多次重复定位时实际位置的一致程度，称为重复定位精度。

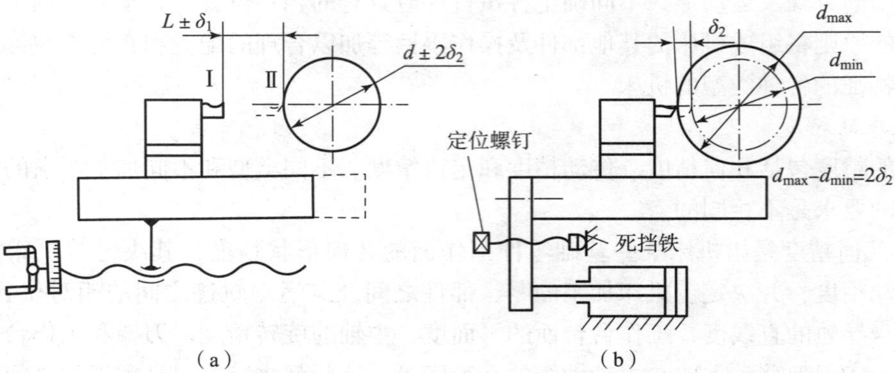

图 2－7　车床刀架的定位误差

静态精度只能在一定程度上反映机床的加工精度，因为机床在实际工作状态下还有一系列因素会影响加工精度。例如，由于切削力、夹紧力等的作用，机床的零、部件会产生弹性变形；在机床内部热源（如电动机、液压传动装置的发热，齿轮、轴承、导轨等的摩擦发热）以及环境温度变化的影响下，机床零、部件将产生热变形；由于切削力和运动速度的影响，机床会产生振动；机床运动部件以工作状态的速度运动时，由于相对滑动面之间的油膜以及其他因素的影响，其运动精度也与低速运动时不同。所有这些，都将引起机床静态精度的变化，并影响工件的加工精度。机床在载荷、温升和振动等作用下的精度，称为机床的动态精度。动态精度除了与静态精度密切有关外，还在很大程度上取决于机床的刚度、抗振性和热稳定性等。

2.2　车削加工

2.2.1　车削加工

车削的工艺范围很宽，用于加工机械零件上的各种回转表面，它特别适用于加工各种轴类、套筒类和盘类零件上的回转表面，如内圆柱面、圆锥面、环槽、成形回转表面、端面及各种常用螺纹；还可以进行钻孔、扩孔、铰孔和滚花等工艺（见图 2－8）。车削中工件旋转，形成主切削运动。刀具沿平行旋转轴线运动时，就形成内、外圆柱面。刀具沿与轴线相交的斜线运动，就形成锥面。在仿形车床或数控车床上，可以控制刀具沿着一条曲线进给，形成一特定的旋转曲面。采用成形车刀横向进给时，也可加工出旋转曲面来。车削还可以加工螺纹面、端平面及偏心轴等。车削加工精度一般为 IT8～IT7，表面粗糙度为 6.3～1.6μm；精车时，可达 IT6，表面粗糙度可达 0.8μm 以上。车削的生产率较高，切削过程比较平稳，刀具较简单。

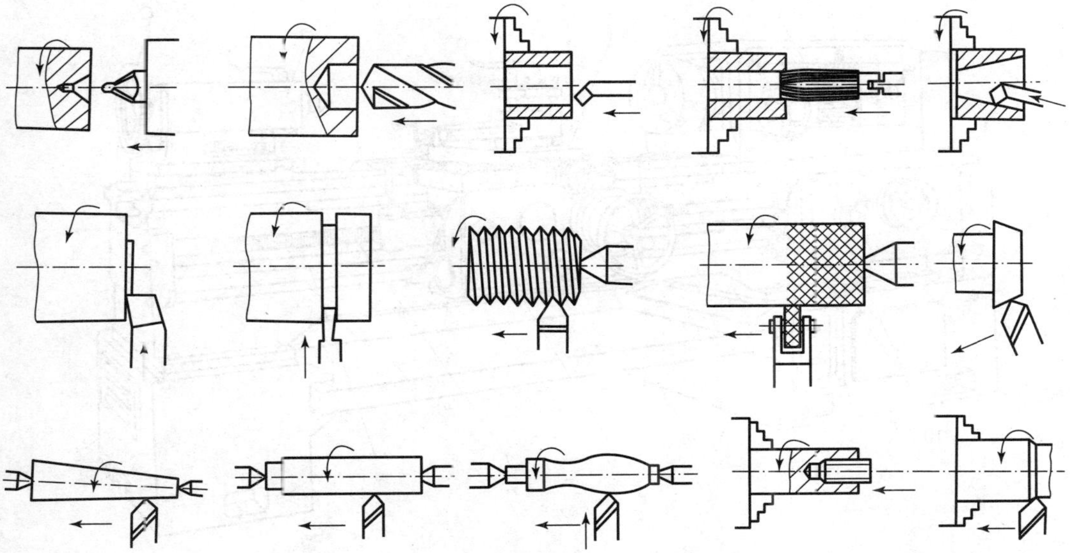

图 2-8　卧式车床所能加工的典型表面

2.2.2　CA6140 型卧式车床

1. 组成及主要功用（见图 2-9）

1）主轴箱

主轴箱 1 固定在床身 4 的左上部，其功用是支承并传动主轴，使主轴带动工件按照规定的转速旋转，以实现主运动。

2）刀架

刀架 2 装在床身 4 的刀架导轨上。刀架可通过机动或手动使夹持在方刀架上的刀具做纵向、横向或斜向进给。

3）进给箱

进给箱 10 固定在床身 4 的左前侧，内部装有进给运动的变换机构，用于改变机动进给的进给量或改变被加工螺纹的导程。

4）溜板箱

溜板箱 8 固定在刀架 2 的底部。溜板箱的功用是把进给箱传来的运动传递给刀架，使刀架实现纵向进给、横向进给、快速移动或车螺纹。

5）尾座

尾座 3 安装在床身 4 右端的尾座导轨上，尾座的功用是用后顶尖支撑长工件，还可以安装钻头等孔加工刀具以进行孔加工，尾座可沿床身导轨纵向调整位置并锁定在床身上的任何位置，以适应不同长度的工件加工。

6）床身

床身 4 通过螺栓固定在左右床腿上，它是车床的基本支撑件，用以支撑其他部件，并使它们保持准确的相对位置或运动轨迹。

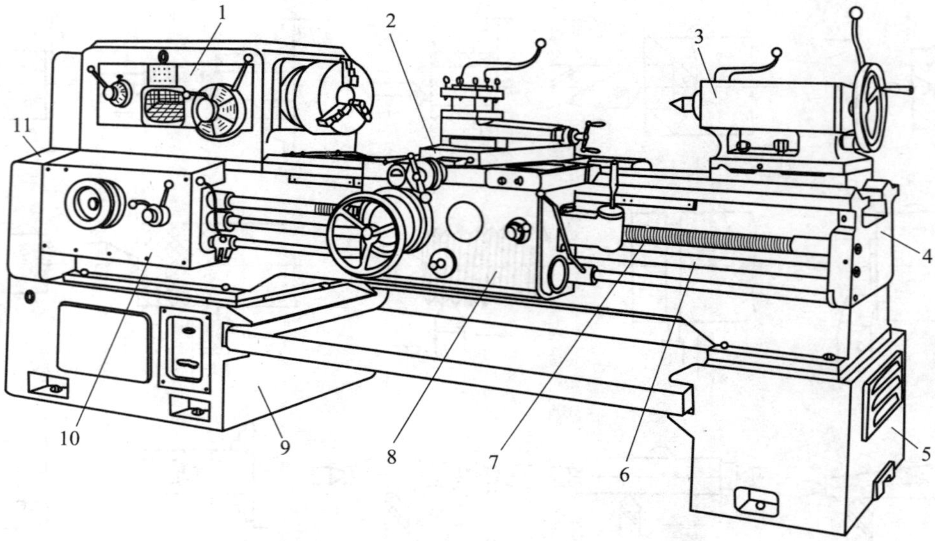

图 2-9　卧式车床外形

1—主轴箱；2—刀架；3—尾座；4—床身；5，9—床腿；6—光杠；7—丝杠；8—溜板箱；10—进给箱；11—挂轮变速机构

2. 机床的主要技术性能

（1）床身上最大工件回转直径：400mm。

（2）最大工件长度：750mm；1 000mm；1 500mm；2 000mm。

（3）刀架上最大工件回转直径：210mm。

（4）主轴转速：正转 24 级，10～1 400r/min；反转 12 级，14～1 580r/min。

（5）进给量：纵向 64 级，0. 028～6. 33mm/r；横向 64 级，0. 014～3. 16mm/r。

（6）车削螺纹范围：米制螺纹 44 种，$P=1\sim192$mm；英制螺纹 20 种，$\alpha=2\sim24$ 牙/in①；模数螺纹 39 种，$m=0.25\sim48$mm；径节螺纹 37 种，$DP=1\sim96$ 牙/in；主电动机功率为 7. 5kW。

2. 2. 3　其他车床

1. 立式车床（分单柱式和双柱式）

一般用于加工直径大、长度短且质量较大的工件。

立式车床工作台的台面是水平面，主轴的轴心线垂直于台面，工件的矫正、装夹比较方便，工件和工作台的重量均匀地作用在工作台下面的圆导轨上，如图 2-10 所示。

2. 转塔车床

和 CA6140 车床相比，转塔车床除了有前刀架外，还有一个转塔刀架。转塔刀架有六个装刀位置，可以沿床身导轨做纵向进给，每一个刀位加工完毕后，转塔刀架快速返回，转动 60°，更换到下一个刀位进行加工，如图 2-11 所示。

① 1in=0. 025 4m。

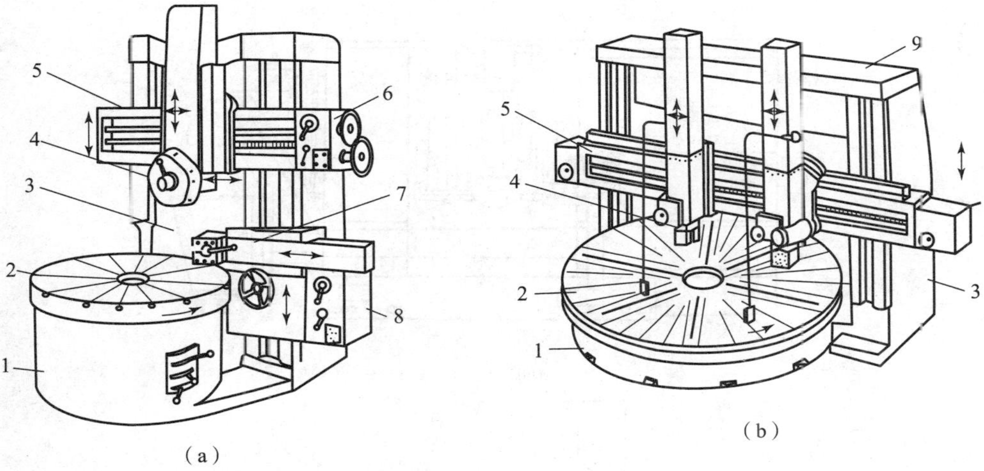

图 2－10　立式车床外形

1—底座；2—工作台；3—立柱；4—垂直刀架；5—横梁；6—垂直刀架进给箱；7—侧刀架；8—侧刀架进给箱；9—顶梁

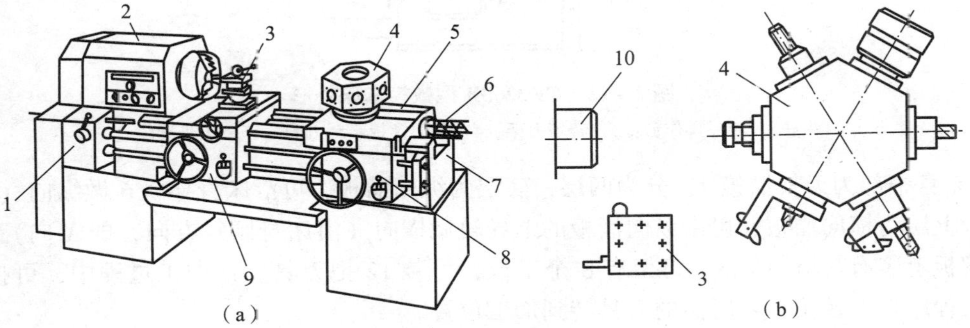

图 2－11　滑鞍转塔车床

1—进给箱；2—主轴箱；3—前刀架；4—转塔刀架；5—纵向溜板；6—定程装置；7—床身；8—转塔刀架溜板箱；9—前刀架溜板箱；10—主轴

3. 数控车床

数控车床用于加工回转体零件，它集中了卧式车床、转塔车床、多刀车床、仿形车床、自动和半自动车床的功能，是数控机床中产量最大的品种之一。图 2－12 所示为 CK3263B 型数控车床的外形，数控车床多采用这种布局形式。

数控机床不需要人工操作，也没有机械操作元件及手柄、摇把等。机床在防护罩的保护下工作，只能通过防护罩上的玻璃窗观察工作情况。因此，数控机床的布局有其特点。

底座 1 上装有后斜床身 5；床身导轨 6 与水平面的夹角为 75°；刀架溜板 4 装在主轴的右上方。这显然是只有不需人工操作时才能采用的布局。刀架的位置决定了主轴的转向应与卧式车床相反。数控车床不用担心切屑飞溅伤人，故切削速度可以很高，以充分发挥刀具的切削性能。数控车床又集中了粗、精加工工序，所以切屑多、切削力大。倾斜床身可使切屑方便地排除，又可以采用箱式结构，刚度比卧式车床身高。床身导轨 6 一般需经镶钢、淬硬、磨削加工，因此比较耐磨。床身左端固定有主轴箱（图 2－12 中被盖板挡住，未示

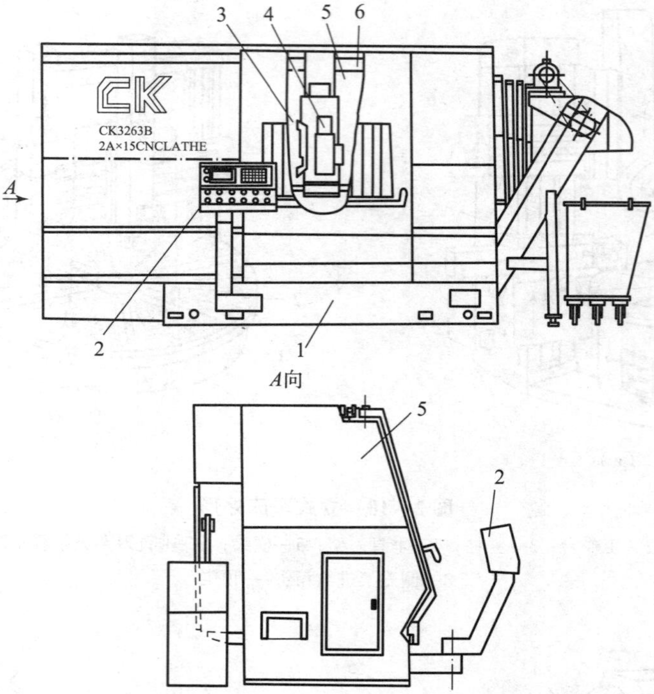

图 2-12　CK3263B 型数控车床外形

1—底座；2—操作台；3—转塔刀架；4—刀架溜板；5—床身；6—床身导轨

出）。床身中部为刀架溜板 4，分为两层，底层为纵向溜板，可沿床身导轨 6 做纵向（Z 向）移动；上层为横向溜板，可沿纵向溜板的上导轨做横向（沿床身倾斜方向，即 X 向）移动。刀架溜板上装有转塔刀架 3，刀架有 8 个工位，可装 12 把刀具。在加工过程中，可按照零件加工程序自动转位，将所需的刀具转到加工位置。

图 2-13 所示为 CK3263B 型数控车床的传动系统图。主电动机 M_1 是直流电动机（也可有交流变频调速电动机），额定功率为 37kW，额定转速为 1 150r/min，最高转速为 2 660r/min，在此条件下（约 1∶2.3）为恒功率调速。从最高转速起，最大输出转矩随转速的下降而提高，维持额定输出功率不变；最低转速为 252r/min。在额定转速与最低转速之间为恒转矩调速。最大输出转矩维持额定转速时的转矩不变，最大输出功率则随转速的下降而下降。到最低转速时，最大输出功率为 $37\times\dfrac{252}{1\ 150}\approx 8(\mathrm{kW})$。

主电动机经带轮副和四速变速机构驱动主轴，使主轴得到 20～90～210r/min、37～170～395r/min、76～350～807r/min、140～650～1 500r/min 四段转速，每段转速中的第一个和第二个数字之间为恒转矩调速；第二和第三个数字之间为恒功率调速。在切削端面和阶梯轴时，应保证随着切削直径的变化主轴转速也随之变化，以维持切削速度不变，而此时切削不能中断，滑移齿轮不能移动，故在任意一段转速内其可由电动机无级变速来实现。

数控车床切削螺纹时，主轴与刀架间为内联系传动链。数控车床一般是用电脉冲实现的，即主轴经一对 $z=79$、$m=2.5$mm 的齿轮驱动主轴脉冲发生器 G，每转发 1 024 个脉冲，经数控系统加工程序处理后，输出一定数量的脉冲，再通过伺服系统的伺服电动机 M_2（Z

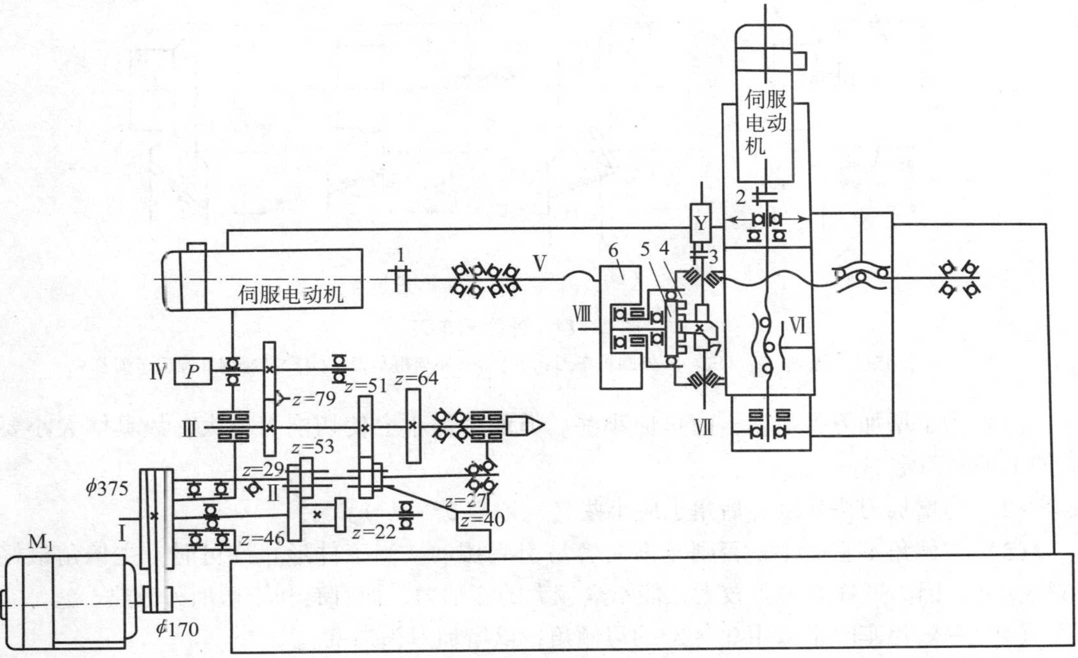

图 2－13　CK3263B 型数控车床传动系统

1，5，6—联轴节；2—转塔；3—回转轮；4—柱销

轴）或 M_3（X 轴）、联轴节 1 或 6 以及滚珠丝杠Ⅴ或Ⅵ驱动刀架纵向或横向运动。这样可切削任意导程的螺纹或进行进给量以 mm/min 计的车削。如果根据加工程序，主轴每转 1r，数控系统输出的脉冲数都是变动的，则可切削变导程螺纹。如果脉冲同时输往 X 和 Z 轴，且脉冲频率根据加工程序是变化的，则可加工任意回转曲面。螺纹往往需多次车削，一刀切完后刀架退回原处，下一刀必须在上次的起点处开始，这样才不会乱扣。因此，脉冲发生器还需发出另一组脉冲，即每转一个脉冲，显示工件旋转的相位，以避免乱扣。

8 工位转塔刀架的转位由液压电动机 Y 经联轴节 5 驱动凸轮轴Ⅶ，轴上装有圆柱凸轮 7，凸轮转动时，拨动回转轮 3 上的柱销 4，使回转轮 3、轴Ⅷ和转塔 2 旋转。

CK3263B 型数控车床与其他 CNC 机床相同，其全部工作循环均是在微机数控系统控制下实现的；许多功能通过软件实现；车削对象改变后，只需改变相应的软件，即可适应新的需要。

2.2.4 车床刀具

1. 普通外圆车刀

1）外圆粗车刀

外圆粗车刀应能适应粗车外圆时切削深、进给快的特点，主要要求车刀有足够的强度，能在一次进给中切去较多的余量。常用的外圆粗车刀其主偏角有 45°、75°和 90°等几种（见图 2－14）。

选择粗车刀几何角度的一般原则如下：

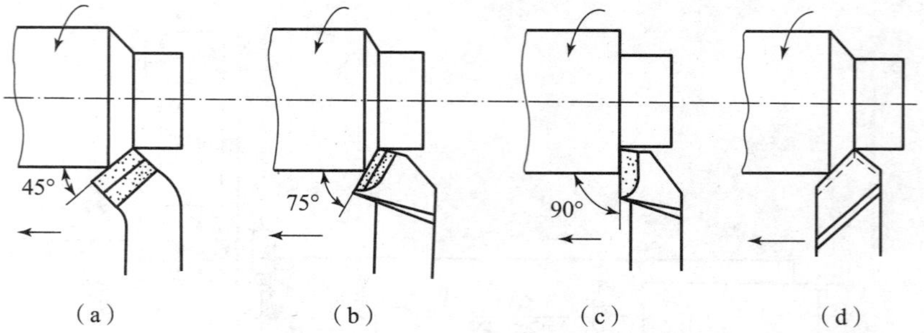

图 2 – 14　外圆粗车刀

(a) 45°外圆粗车刀；(b) 75°外圆粗车刀；(c) 90°外圆粗车刀；(d) 高速钢外圆粗车刀

(1) 为了增加刀头强度，前角应小些。但前角太小会使切削力增大，故具体大小要根据加工条件而定。

(2) 为增加刀头强度，后角也应小些（一般取5°～7°）。

(3) 主偏角不宜过小，否则车削时容易引起振动。当工件形状许可时，主偏角最好取75°或45°，因为这样刀尖角较大，能承受较大的切削力，而且有利于切削刃散热。

(4) 一般粗车时常采用0°～3°的刃倾角，以增加刀头强度。

(5) 主切削刃上应磨有负倒棱，其宽度为（0.5～0.8）f，以增加切削刃强度。

(6) 为了增加刀尖强度、改善散热条件，刀尖处应磨有过渡刃。

(7) 粗车塑性材料时，为使切削能自行折断，车刀前刀面上应磨有断屑槽。图 2 – 15 所示为车削钢件用的75°硬质合金粗车刀。

2) 外圆精车刀

精车外圆时，切去的金属较少，即背吃量、进给量较小，切削力小，所以要求车刀锋利，切削刃平直，前刀面和后刀面表面粗糙度值小。刀尖处可以修磨出修光部分，切削时必须使切屑排向工件待加工表面方向。

选择精车刀几何角度的一般原则如下：

①前角一般应取大些，使车刀锋利，以减小切削变形，并使切削速度变快。

②后角取得大些，以减少车刀和工件之间的摩擦。精车时切削力较小，对车刀强度要求不太高，因此允许取较大的后角（6°～8°）。

③取较小的副偏角或刀尖处磨出修光刃，以减小加工表面的表面粗糙度。修光刃的长度一般为（1.2～1.5）f；取较大的主偏角，以减小径向切削力，避免工件变形，一般90°偏刀应用最为广泛。

④采用正值的刃倾角（3°～8°），以控制切削排向工件待加工表面方向。

⑤精车塑性材料时，车刀前刀面应磨出较窄的断屑槽。

图 2 – 16 所示为车削钢件用的90°精车刀。

2. 内孔镗刀

根据不同的加工情况，车孔刀可分为通孔镗刀和盲孔镗刀两种。

1) 通孔镗刀

其切削部分的几何形状基本上跟外圆车刀相同，如图 2 – 17（a）所示。为了减小径向切

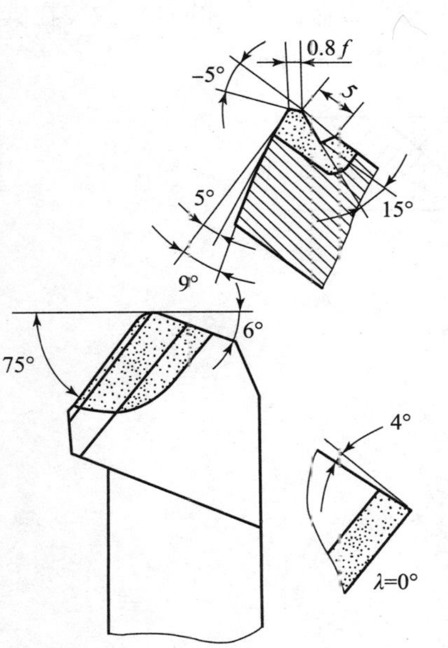

图 2－15　车削塑性材料月的 75°硬质合金粗车刀

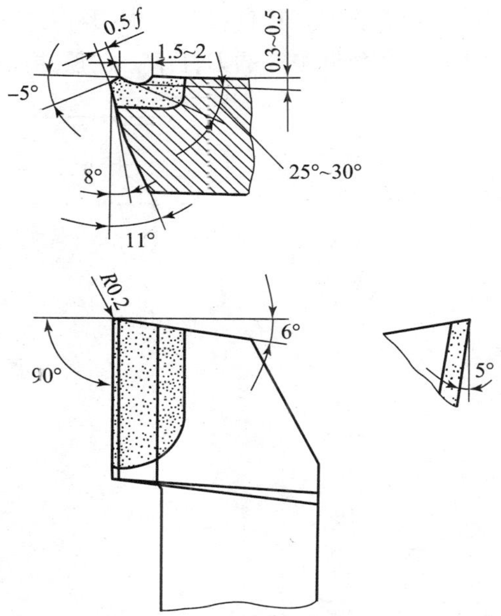

图 2－16　车削钢件用的 90°精车刀

削力，防止振动，其主偏角一般取 60°～75°，副偏角取 15°～30°。为了防止通孔镗刀后刀面和孔壁产生摩擦，以及不使镗孔刀的后角磨得太大，一般磨成两个后角，如图 2－17（c）所示。

2）盲孔镗刀

车台阶孔和不通孔时使用，其特点为：主偏角大于 90°（一般取 92°～95°）；刀尖在刀杆的最前端；刀尖到刀杆的距离 a 应小于内孔半径 R，否则孔的底平面就无法车平。如图 2－17（b）所示。

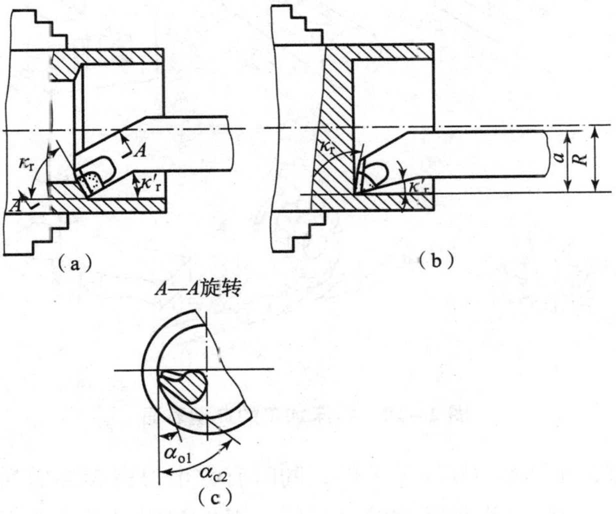

图 2－17　通孔镗刀

为了节省刀具材料和增加刀杆强度，可以把高速钢或硬质合金做成很小的刀头，装在碳素钢或合金钢制成的刀杆中，在顶端或上面用螺钉紧固，如图 2－18 所示。

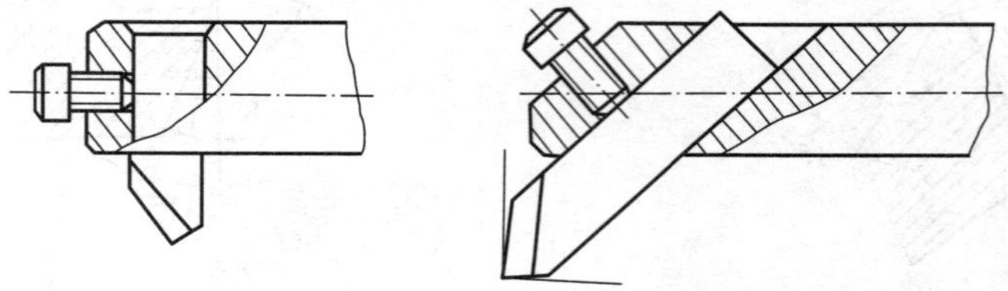

(a)　　(b)

图 2－18　镗刀刀杆

(a) 通孔镗刀；(b) 盲孔镗刀

2.3　铣削加工

2.3.1　铣床

铣床是用铣刀进行加工的机床。由于铣床应用了多刃刀具切削，所以它的生产率较高，且可获得较好的表面加工质量。铣床的工艺范围很广，在铣床上可以加工平面（水平面、垂直面等）、沟槽（键槽、T 形槽、燕尾槽等）、多齿零件上的齿槽（齿轮链轮棘轮花键轴等）和螺旋形表面（螺纹和螺旋槽）等，如图 2－19 所示。因此，在机器制造业中，铣床得到了广泛的应用。

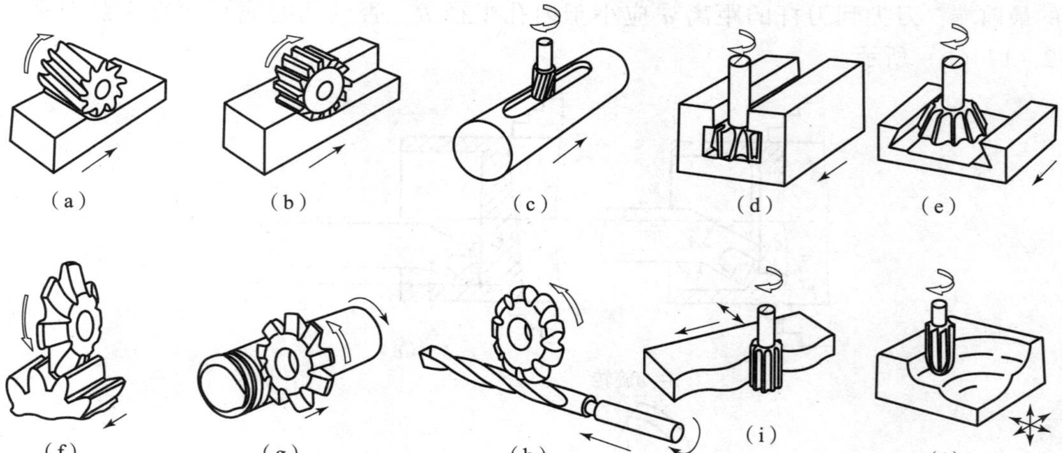

(a)　(b)　(c)　(d)　(e)

(f)　(g)　(h)　(i)　(j)

图 2－19　铣床加工的典型表面

由于铣床使用旋转的多齿刀具加工工件，同时有数个刀齿参加切削，所以生产率高。但是由于铣刀每个刀齿的切削过程是断续的，且每个刀齿的切削厚度是变化的，这就会使切削力相应的发生变化，容易引起机床振动，因此，铣床在结构上要求有较高的刚度和抗振性。

铣床的主要类型有：卧式铣床、立式铣床、工作台不升降铣床、龙门铣床及工具铣床等；此外，还有仿形铣床、仪表铣床和各种专门化铣床等。

1. 卧式铣床

卧式升降台铣床的主轴是水平布置的，所以习惯上称为“卧铣”。图 2－20 所示为卧式升降台铣床外形，其由底座 8、床身 1、铣刀轴（刀杆）3、悬梁 2 及悬梁支架 6、升降工作台 7、滑座 5 及工作台 4 等主要部件组成。床身 1 固定在底座 8 上，用于安装和支撑机床的各个部件。床身 1 内装有主轴部件、主传动装置和变速操纵机构等，其顶部的燕尾形导轨上装有悬梁 2，可以沿水平方向调整其位置。在悬梁的下面装有悬梁支架 6，用以支撑刀杆 3 的悬伸端，以提高刀杆的刚度。升降工作台 7 安装在床身的导轨上，可做竖直方向运动，其内部装有进给运动和快速移动装置及操纵机构等。升降台上面的水平导轨上装有滑座 5，滑座 5 可带着其上的工作台和工件做横向移动。工作台 4 装在滑座 5 的导轨上，可做纵向移动。固定在工作台上的工件通过工作台、滑座和升降台可以在互相垂直的三个方向实现任一方向的调整或进给。铣刀装在铣刀轴 3 上，做旋转主运动。

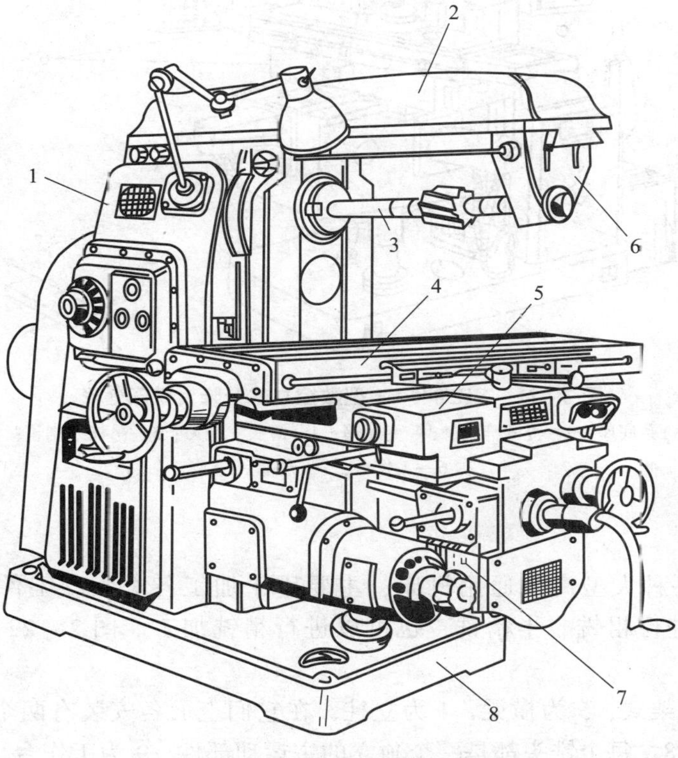

图 2－20　卧式升降台铣床

1—床身；2—悬梁；3—铣刀轴（刀杆）；4—工作台；5—滑座；6—悬梁支架；7—升降工作台；8—底座

万能卧式铣床与一般卧式铣床的区别仅在于万能卧式铣床有回转盘（位于工作台和滑座之间），回转盘可绕垂直轴线在 ±45°范围内转动，工作台能沿调整转角的方向在回转盘的导轨上进给，以便铣削不同角度的螺旋槽。

2. 立式铣床

图 2－21 所示为数控立式升降台铣床的外形。这类铣床与卧式升降台铣床的主要区别在于它的主轴是竖直安装的。立式床身 2 装在底座 1 上；床身上装有变速箱 3；滑动立铣头 4 可升降，它的工作台 6 安装在升降台 7 上，可做 X 轴方向的纵向运动和 Y 轴方向的横向运动；升降台还可做 Z 轴方向的垂直运动。数控机床的吊挂控制箱 5 装有常用的操作按钮和开关。立铣床上可加工平面、斜面、沟槽、台阶、齿轮、凸轮以及封闭轮廓表面等。卧式和立式铣床适用于单件及成批生产中。

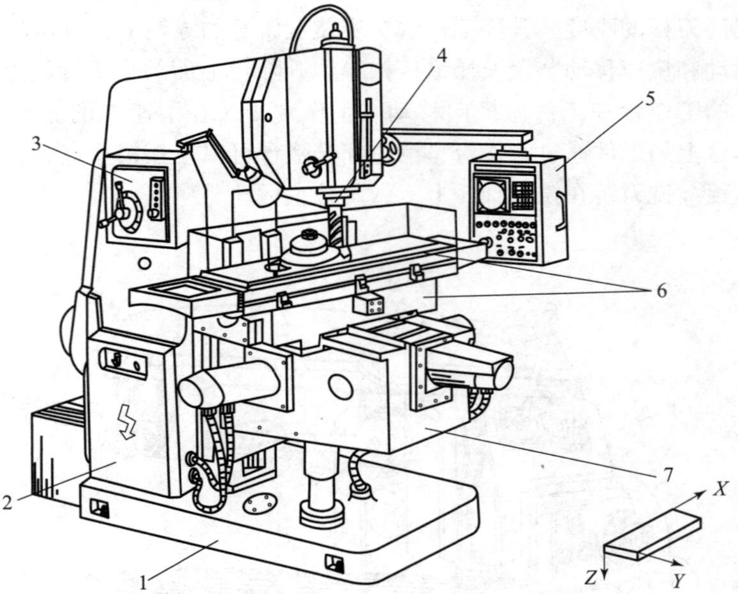

图 2－21　XK5040－1 型数控立式升降台铣床外形

1—底座；2—立式床身；3—变速箱；4—滑头立铣刀；5—吊挂控制箱；
6—工作台；7—升降台

3. 龙门铣床

龙门铣床是一种大型高效通用机床，主要用于加工各类大型工件上的平面、沟槽等，可以对工件进行粗铣、半精铣，也可以进行精铣加工。图 2－22 所示为龙门铣床的外形。

它的布局呈框架式，5 为横梁，4 为立柱，在它们上面各安装有两个铣削主轴箱（铣头）6 和 3 及 2 和 8。每个铣头都是一个独立的主运动部件。9 为工作台，其上安装被加工的工件。加工时，工作台 9 沿床身 1 上导轨做直线进给运动，四个铣头都可沿各自的轴线做轴向移动，实现铣刀的切深运动。为了调整工件与铣头间的相对位置，铣头 6 和 3 可沿横梁 5 在水平方向移位，铣头 8 和 2 可沿立柱在垂直方向移位。按钮站 7 的操作位置可以自由选择。由于在龙门铣床上可以用多把铣刀同时加工工件的几个平面，所以龙门铣床生产率很高，在成批和大量生产中得到了广泛应用。

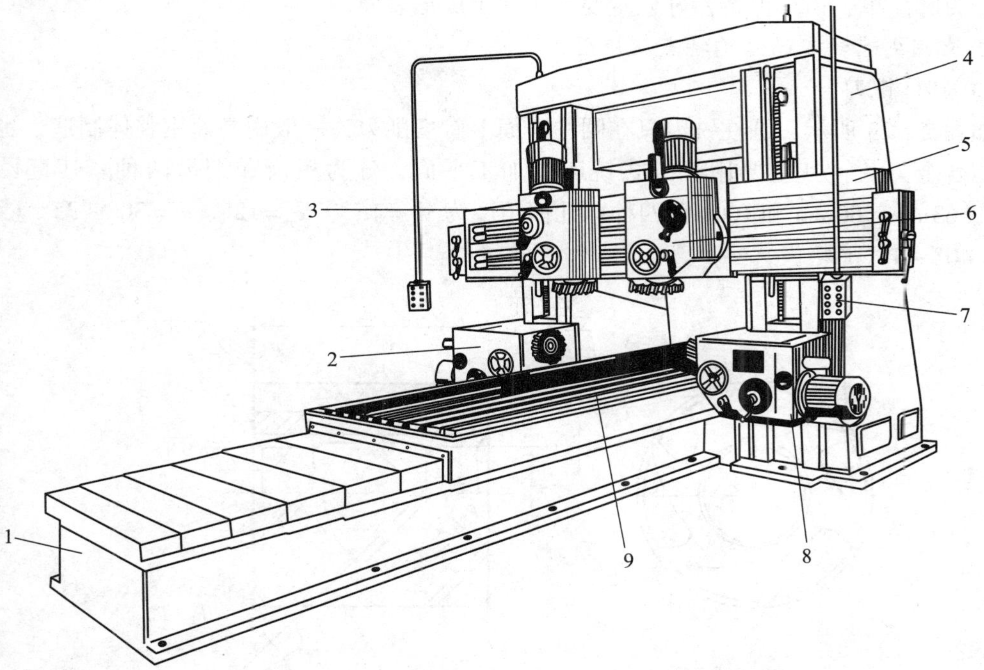

图 2－22 龙门铣床外形

1—床身；2，3，6，8—铣削主轴箱（铣头）；4—立柱；5—横梁；7—按钮站；9—工作台

2.3.2 铣床刀具

1. 铣刀的分类

为适应不同的铣削加工，铣刀的种类很多，其分类方法也很多，一般可按用途、结构和齿背形式等进行分类。

1）按用途分类

（1）加工平面用的铣刀，如圆柱铣刀、端面铣刀。

（2）加工沟槽和台阶面的铣刀，如槽铣刀、三面刃铣刀、立铣刀、模具铣刀、键槽铣刀和角度铣刀等。

（3）加工成形面用的铣刀，如凸半圆铣刀、凹半圆铣刀等。

2）按结构分类

按铣刀结构不同，可分为整体式铣刀、焊接式铣刀、装配式铣刀、焊接—装配式铣刀和可转位铣刀等。

3）按齿背形式分类

（1）尖齿铣刀。齿背经铣制而成，后刀面形状简单，并有一条窄棱边，重磨时刃磨后刀面。这种刀具加工质量好，切削效率高，应用广泛。大部分铣刀都属于尖齿铣刀。

（2）铲齿铣刀。铲齿铣刀的齿背经铲制而成，重磨时刃磨前刀面（通常不能刃磨后刀面），重磨后可保持切削刃形状不变。这种刀具制造困难，但当铣刀刃形复杂时，制造相对容易，刃磨简单，刃形保持性好，主要用于加工成形表面。

2. 常用尖齿铣刀的结构特点及应用

1）圆柱铣刀

如图 2－23 所示，圆柱铣刀只在圆柱表面上有切削刃，一般用高速钢整体制造，也可镶焊硬质合金刀片，其主要用于卧式铣床上加工平面，分为粗齿和细齿两种。其直径 d 有 50mm、63mm、80mm 和 100mm 四种；几何角度为 $\gamma_n = 15°$、$\alpha_o = 12°$、$\omega = 30° \sim 35°$（细齿）或 $\omega = 40° \sim 45°$（粗齿）。

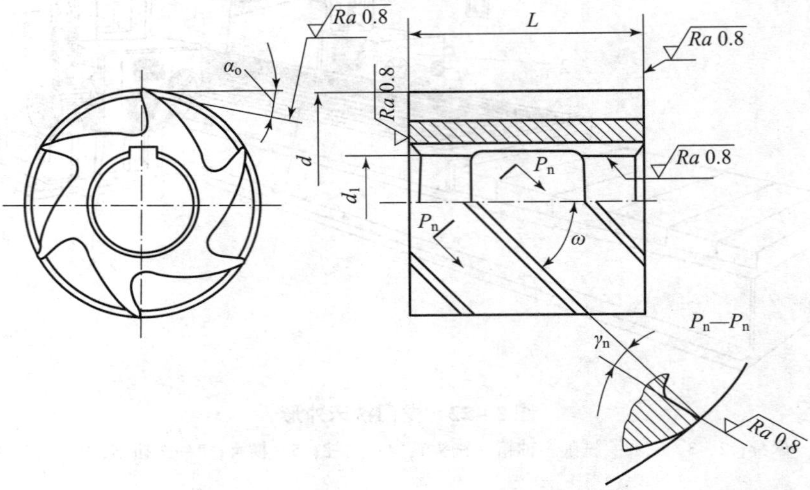

图 2－23　圆柱铣刀

根据等强度理论，应将齿背做成近似于抛物线的圆弧形。但圆弧形齿背需要专用成形铣刀加工，制造较复杂，故仅在大批大量生产中使用，一般情况下可将齿背做成直线形或双直线形。

选择铣刀直径时，应保证铣刀心轴具有足够的刚度和强度，刀齿具有足够的容屑空间以及能多次重磨。在满足这些条件下，应尽可能选择较小的数值，否则将增大铣削扭矩，增加动力消耗，容易发生振动，并且使铣刀切入时间加长，从而降低生产率。此外，小直径铣刀材料消耗少，可降低成本，故通常根据铣削用量和铣刀心轴来选择铣刀直径。

2）面铣刀

如图 2－24 所示，面铣刀的主切削刃分布在圆柱或圆锥表面端部，切削刃为副切削刃，用在立式或卧式铣床上加工台阶面和平面，特别适合较大平面的加工。面铣刀多制成套式镶齿结构，刀齿材料为高速钢或硬质合金，刀体材料为 40Cr。高速钢面铣刀按国家标准规定，直径 $d = 80 \sim 250$mm，$\beta = 10°$，$z = 10 \sim 26$。硬质合金面铣刀与高速钢铣刀相比，铣削速度较高，加工生产率高，加工表面质量也较好，并可加工带有硬皮和淬硬的工件，故得到广泛应用。硬质合金面铣刀按刀片和刀齿的安装方式不同，可分为整体焊接式、机夹—焊接式和可转位式三种。

3）立铣刀

立铣刀的圆柱表面和端面上都有切削刃，主要用于加工凹槽、台阶面、平面以及利用靠模加工成形表面。

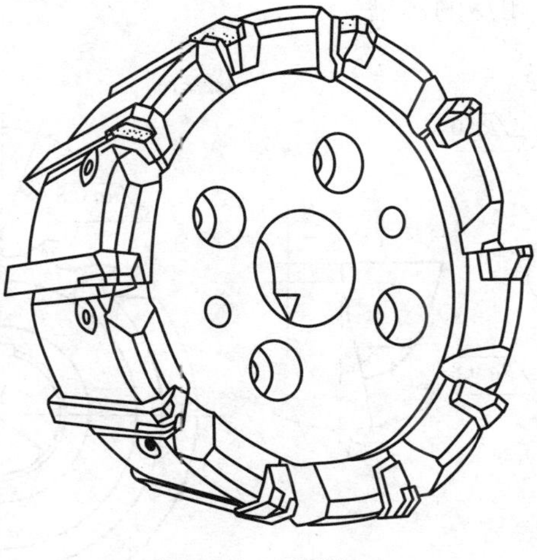

图 2－24 面铣刀

4）键槽铣刀

如图 2－25 所示，键槽铣刀主要用于加工圆头封闭键槽。它有两个刀齿，圆柱面和端面都有切削刃，端面刃延至中心，既像立铣刀又像钻头，加工时先轴向进给达到槽深，然后沿键槽方向铣出键槽全长。按国家标准规定，直柄键槽铣刀直径 $d=2\sim22$mm，锥柄键槽铣刀直径 $d=14\sim50$mm。键槽铣刀的直径偏差有 e8 和 d8 两种。键槽铣刀的圆周切削刃仅在靠近端面的一小段长度内发生磨损。重磨时，只需刃磨端面切削刃，因此，重磨后铣刀直径不变。

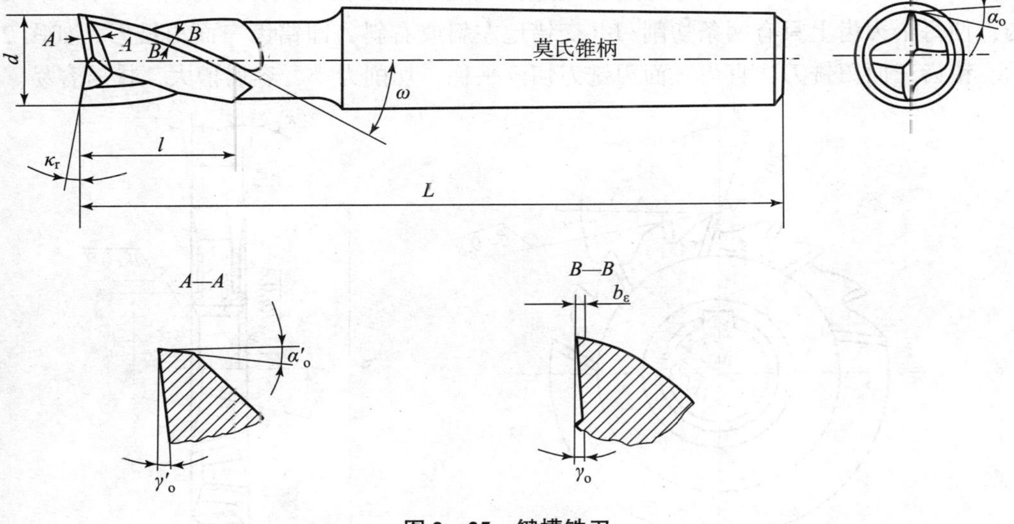

图 2－25 键槽铣刀

5）槽铣刀

如图 2－26 所示，槽铣刀的侧面无切削刃，仅在圆柱面上有切削刃。为了减少摩擦，两侧面磨出 1°的副偏角，并留有 0.5～1.2mm 的棱边，重磨后宽度变化很小。按国家标准规定，槽铣刀直径 $d=50\sim125$mm，宽度 $L=4\sim25$mm，宽度偏差为 K8，可用于加工凹槽和键槽，但不能用来加工圆头封闭型的键槽。

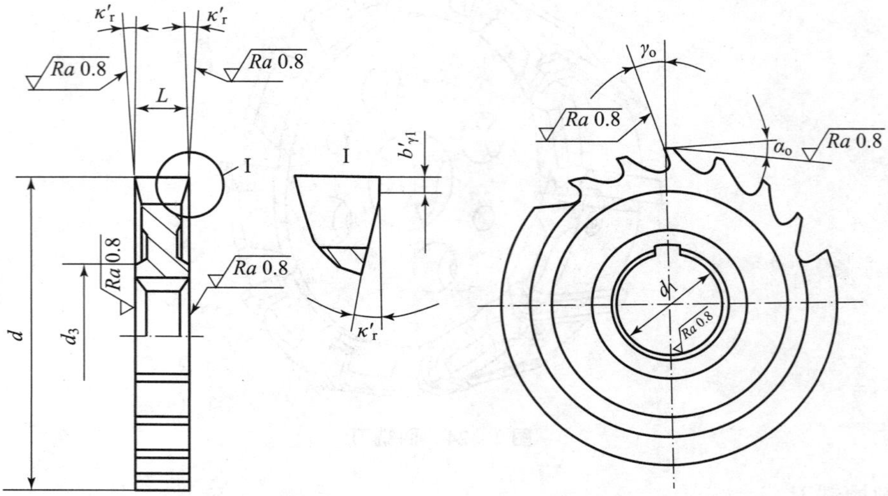

图 2－26　槽铣刀

6）三面刃铣刀

三面刃铣刀除圆周具有主切削刃外，两侧面也有副切削刃，从而改善了切削条件，提高了切削效率，减小了表面粗糙度，但重磨后宽度尺寸变化较大。三面刃铣刀可分为直齿三面刃铣刀和错齿三面刃铣刀，主要用于加工凹槽和台阶面。按国家标准规定，直齿三面刃铣刀直径 $d=50\sim200$mm，宽度 $L=4\sim40$mm，偏差为普通级 K11 和精密级 K8。直齿三面刃铣刀两侧面副切削刃的前角为 0°，切削条件较差。为了改善侧面切削刃的条件，可以采用斜齿结构，使每个刃齿上只有两条切削刃并交错地左斜或右斜，即错齿三面刃铣刀，如图 2－27 所示。错齿三面刃铣刀比直齿三面刃铣刀切削平稳，切削力小，容屑槽大，排屑容易。按国

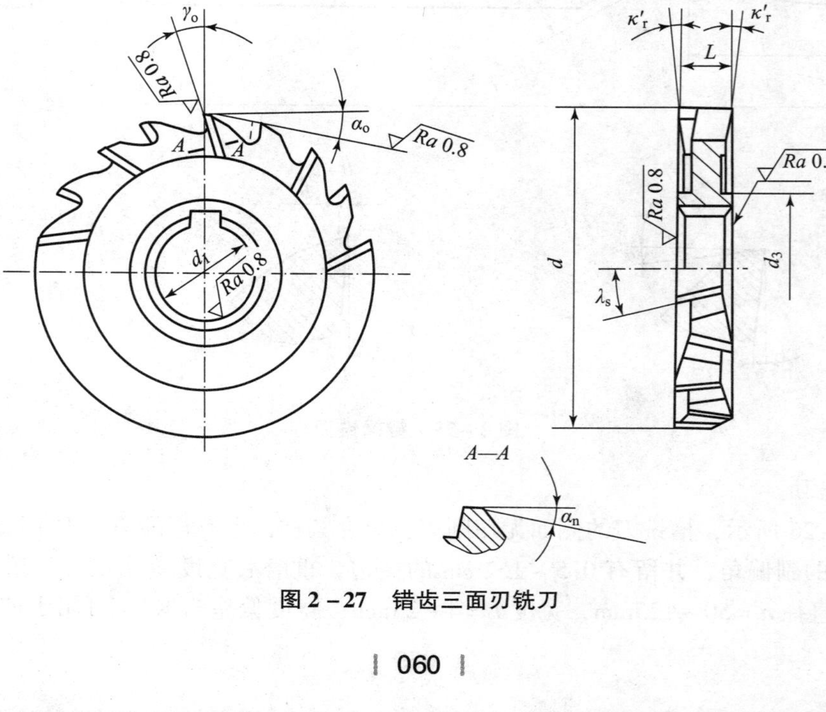

图 2－27　错齿三面刃铣刀

家标准规定，螺旋角 $\omega = 10^\circ \sim 15^\circ$，直径 $d = 50 \sim 200$mm，宽度 $L = 4 \sim 40$mm。当直径大于 80mm 时，可制成镶齿结构。国家标准规定，镶齿三面刃铣刀直径 $d = 80 \sim 350$mm，宽度 $L = 12 \sim 40$mm。

7）模具铣刀

如图 2－28 所示，模具铣刀用于加工模具型腔或凸模成形表面，它由立铣刀发展而成，可分为圆柱形球头立铣刀、圆锥形立铣刀 $\left(\text{圆锥半角}\frac{\alpha}{2} = 3^\circ、5^\circ、7^\circ、10^\circ\right)$ 和圆锥形球头立铣刀三种，其柄部有直柄、削平型直柄和莫氏锥柄，可以做径向和轴向进给。铣刀工作部分用高速钢制造，国家标准规定，其直径 $d = 4 \sim 63$mm。

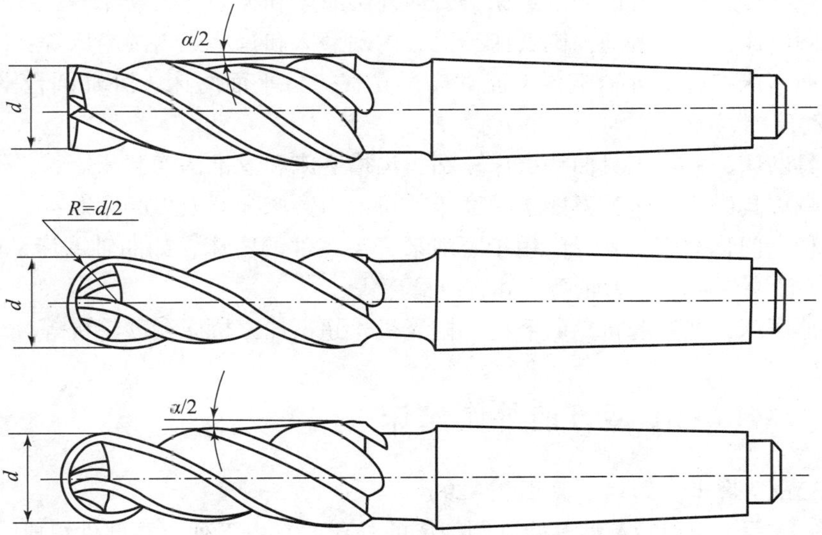

图 2－28　模具铣刀

目前我国已可批量生产硬质合金模具铣刀，它是实现钳工机械化的重要工具，用途极为广泛，可以取代金刚石锉刀和磨头来加工淬火后硬度小于 65HRC 的各种模具，清理铸、锻、焊工件的飞边和毛刺，加工各种叶轮成形表面等。硬质合金模具铣刀头部有圆球、圆柱、圆锥和凸凹形等各种形状，可根据不同加工对象选用，一般做成直柄。硬质合金模具铣刀可装在风动或电动工具上使用，其效率与耐用度比锉刀和砂轮提高了几十倍。

2.4　磨削加工

2.4.1　磨床的功用和类型

凡是用磨料磨具（砂轮、砂带、油石或研磨料等）作为工具对工件表面进行切削加工的机床，统称为磨床。其由精加工和硬表面加工的需要而发展起来的，目前也有不少用于粗加工的高效磨床。

磨床用于磨削各种表面，如内外圆柱面和圆锥面、平面、螺旋面、齿轮的轮齿表面以及各种成形面等；还可以刃磨刀具，其应用范围非常广泛。

由于磨削加工容易得到高的加工精度和好的表面质量，所以磨床主要应用于零件精加工，尤其是淬硬钢和高硬度特殊材料的精加工。近年来，由于科学技术的发展，人们对机械零件的精度和表面粗糙度要求越来越高，各种高硬度材料应用日益增多，且由于精密铸造和精密锻造工艺的发展，有可能将毛坯直接磨成成品；此外，随着高速磨削和强力磨削工艺的发展，进一步提高了磨削效率。因此，磨床的使用范围日益扩大，它在金属切削机床中所占的比重不断上升，目前在工业发达的国家中，磨床在机床总数中的比例已达到30% ~40%。

磨床的种类很多，其主要类型有以下几种：

（1）外圆磨床，包括万能外圆磨床、普通外圆磨床和无心外圆磨床等；

（2）内圆磨床，包括普通内圆磨床、无心内圆磨床和行星式内圆磨床等；

（3）平面磨床，包括卧轴矩台平面磨床、立轴矩台平面磨床、卧轴圆台平面磨床和立轴圆台平面磨床等；

（4）工具磨床，包括工具曲线磨床、钻头沟槽磨床和丝锥沟槽磨床等；

（5）刀具刃具磨床，包括万能工具磨床、拉刀刃磨床和滚刀刃磨床等；

（6）各种专门化磨床，其专门用于磨削某一类零件的磨床，如曲轴磨床、凸轮轴磨床、花键轴磨床、活塞环磨床、齿轮磨床和螺纹磨床等；

（7）其他磨床，如珩磨机、研磨机、抛光机、超精加工机床和砂轮机等。

2.4.2 M1432A 型万能外圆磨床

1. M1432A 型磨床的结构（见图 2－29）

图 2－29 所示为 M1432A 型万能外圆磨床的外形，它由下列主要部件组成：

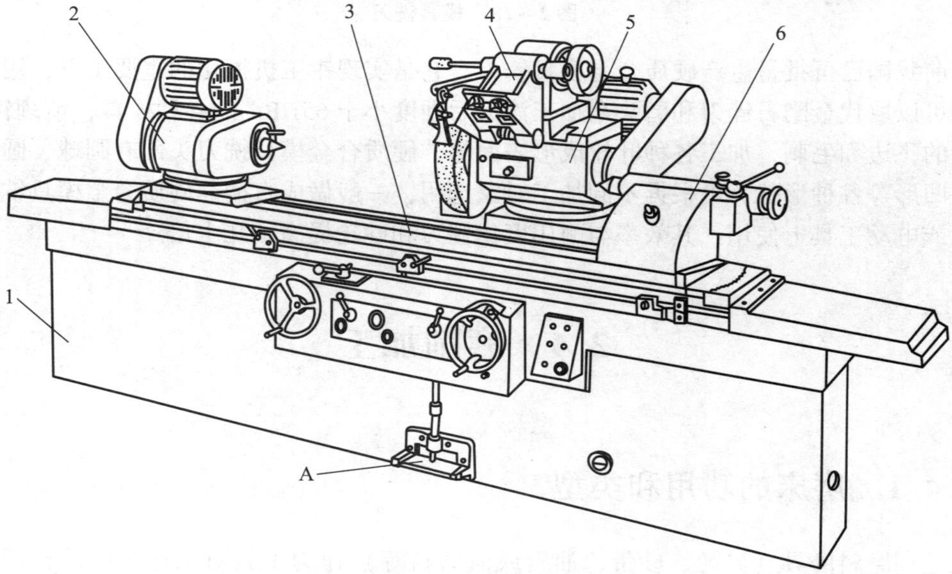

图 2－29 M1432A 型万能外圆磨床

1—床身；2—头架；3—工作台；4—内圆磨具；5—砂轮架；6—尾座；A—脚踏操纵板

(1) 床身 1。它是磨床的基础支撑件，在它的上面装有砂轮架、工作台、头架、尾座及横向滑鞍等部件，使它们在工作时保持准确的相对位置。床身内部为储存液压油的油池。

(2) 头架 2。它用于安装及夹持工件，并带动工件旋转，实现圆周进给运动。在水平面内其可按逆时针方向转 90°。

(3) 工作台 3。它有上下两层，上工作台可绕下工作台在水平面内回转一个角度（±10°），用以磨削锥度不大的长圆锥面。上工作台的上面装有头架和尾座，它们随着工作台一起沿床身导轨做纵向往复运动。

(4) 内圆磨具 4。它用于支承磨内孔的砂轮主轴。内圆磨具主轴由单独的电动机驱动。

(5) 砂轮架 5。它用于支承并传动高速旋转的砂轮主轴。砂轮架装在滑鞍上，当需磨削短圆锥面时，砂轮架可以在水平面内调整至一定角度位置（±30°）。

(6) 尾座 6。它和头架的前顶尖一起支撑工件。

2. *M1432A 型磨床的用途*

M1432A 型磨床是普通精密级万能外圆磨床，主要用于磨削 IT6 ~ IT7 级精度的圆柱形或圆锥形的外圆和内孔，表面粗糙度 Ra 为 1.25 ~ 0.08 μm。这种机床的通用性较好，但生产率较低，适用于单件小批生产、工具车间和机修车间等。

2.4.3　M1432A 型磨床的运动

1. *表面成形运动*

万能外圆磨床主要用来磨削内外圆柱面、圆锥面，其基本磨削方法有两种：纵向磨削法和切入磨削法。

1）纵向磨削法［见图 2-30（a）、图 2-30（b）和图 2-30（d）］

纵向磨削法是使工作台做纵向往复运动进行磨削的方法，用这种方法加工时，表面成形方法采用相切—轨迹法，共需要三个表面成形运动。

2）切入磨削法［见图 2-30（c）］

切入磨削法是用宽砂轮进行横向切入磨削的方法。表面成形运动是成形—相切法，只需要两个表面成形运动（砂轮的旋转运动 n_t 和工件的旋转运动 n_w）。

2. *砂轮横向进给运动*

用纵向磨削法加工时，工件每一纵向行程或往复行程（纵向进给 f_a）终了时，砂轮做一次横向进给运动 f_r，这是周期性的间歇运动。全部磨削余量将在多次往复行程中逐步磨去。

用切入磨削法加工时，工件只做圆周进给运动 n_w 而无纵向进给运动 f_a，砂轮则连续地做横向进给运动 f_r，直到磨去全部磨削余量为止。

3. *辅助运动*

为了使装卸和测量工件方便并节省辅助时间，砂轮架还可做横向快进和快退运动，尾座套筒能做伸缩移动。

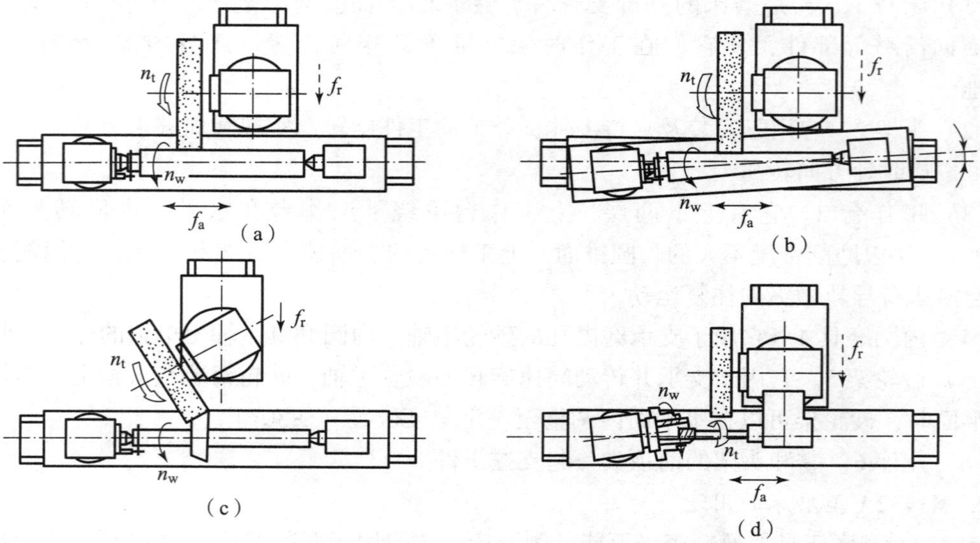

图 2－30　万能外圆磨床加工示意图

(a) 用纵磨法磨外圆柱面；(b) 用纵磨法磨圆锥面；
(c) 用切入法磨短锥面；(d) 用纵磨法磨内圆锥面

2.4.4　砂轮与磨削用量

1. *砂轮的特性及选择*

砂轮是由结合剂将磨粒粘结而成的多孔体，主要由磨料、结合剂和气孔组成，如图 2－31 所示。它的特性由磨料、粒度、结合剂、硬度和组织五个参数所决定。

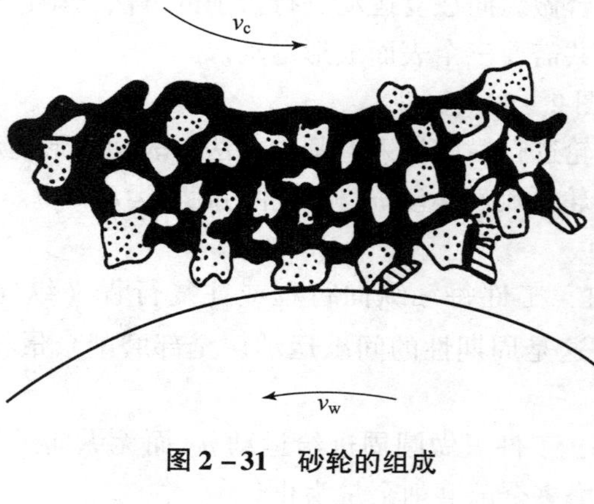

图 2－31　砂轮的组成

1）磨料

磨料分天然磨料和人造磨料两大类。天然磨料为金刚砂、天然刚玉、金刚石等，其价格昂贵或质地不均匀，故主要用人造磨料来制造砂轮。

目前常用的磨料可分为刚玉系、碳化物系和超硬磨料系三类。其具体种类、代号、主要成分、性能和适用范围见表 2－4。

表 2-4　磨料的种类、代号、主要成分、性能和适用范围

系别	名称	代号	主要成分	颜色	性能	适用范围
刚玉	棕刚玉	A	Al_2O_3 92.5% ~97%；TiO_2 1.5% ~3.8%	棕褐色	硬度较低，韧性较好	磨削碳素钢、合金钢、可锻铸铁与青铜
	白刚玉	WA	Al_2O_3 不少于 98.5%	白色	较棕刚玉硬度高，磨粒锋利，韧性差	磨削淬硬的高碳钢、合金钢、高速钢，磨削薄壁零件、成形零件
	单晶刚玉	SA	Al_2O_3 单晶体	浅黄色或白色	较白刚玉硬度高，韧性好，磨粒棱角多，更锋利	磨削不锈钢、高钒高速钢及其他耐磨削材料。内圆磨削等散热不良的磨削和高表面粗糙度磨削
	微晶刚玉	MA	Al_2O_3 小晶体	棕褐色	形成许许多多微刃，韧性好，自锐性好	磨削不锈钢、特种球墨铸铁，高表面粗糙度磨削
	铬刚玉	PA	Al_2O_3 97.5% 以上；Cr_2O_3 1.15% 以上	玫瑰红色	韧性比白刚玉好	磨削高速钢、不锈钢。成形磨削，刀具刃磨，高表面粗糙度磨削
	锆刚玉	ZA	Al_2O_3 77% 以上 ZrO_2 10% ~15%	灰色	韧性好，耐磨性好，硬度稍低	重负荷磨削，特别是磨削合金钢和不锈钢
	黑刚玉	BA	Al_2O_3 77% ~79%；SiO_2 10.5% ~12%；TiO_2 2.75% ~3.2；Fe_2O_3 6% ~8%	黑色	硬度较高，韧性、自锐性较好	抛光铝、不锈钢、电镀金属、光学玻璃
碳化物	黑碳化硅	C	SiC 97% ~98.5% 以上	黑色带，光泽	比刚玉类硬度高，导热性能好，但韧性差	磨削铸铁和黄铜
	绿碳化硅	GC	SiC 97.5% ~99% 以上	绿色带，光泽	较黑碳化硅硬度高，导热性好，韧性较差	磨削硬质合金、宝石、光学玻璃
	立方碳化硅	SC	SiC 呈立方晶格	草绿色，无光泽	硬度较绿碳化硅高	超精磨削
	立方碳化硼	BC	B_4C	黑色	比刚玉、黑碳化硅、绿碳化硅都硬，耐磨，温度高时易氧化	研磨硬质合金
超硬磨料	人造金刚石	JR	C	白色，淡绿，黑色	硬度最高，韧性最差	磨削硬质合金、光学玻璃、宝石、陶瓷等高硬度材料
	立方氮化硼	CBN	BN	棕黑色	硬度仅次于人造金刚石，韧性较人造金刚石好	磨削高钒高速钢等难加工材料，坐标磨床用

2）粒度

粒度是指磨料颗粒的大小。粒度有两种表示方法：对于用机械筛分法来区分的较大的磨粒，磨粒号为4# ~240#，粒度号数值是该种颗粒能通过的筛子每英寸长度上的孔数。因此，粒度号越大，颗粒尺寸越细。对于用显微镜测量来区分的微细磨粒（成微粉），其粒度为W63 ~ W0.5。表2 –5所示为GB 2477—1983规定的粒度标准。

表2 –5　磨料粒度标准（GB 2477—1983）

磨粒	4# 5# 6# 7# 8# 10# 12# 14# 16# 20# 22# 24# 30# 36# 40# 46# 54# 60# 70# 80# 90# 100# 120# 150# 180# 220#240#
微粉	W63 W50 W40 W28 W20 W14 W10 W7 W5 W3.5 W2.5 W1.5 W1.0 W0.5

砂轮粒度选择的准则如下：

（1）精磨时，应选用磨料粒度号较大或颗粒直径较小的砂轮，以减小已加工表面的表面粗糙度。

（2）粗磨时，应选用磨料粒度号较小或颗粒较粗的砂轮，以提高磨削生产率。

（3）当砂轮速度较高、砂轮与工件接触面积较大时，应选用颗粒较粗的砂轮，以减少同时参加磨削的磨粒数，以免发热过多而引起工件表面烧伤。

（4）磨削软而韧的金属时，应选用颗粒较粗的砂轮，以免砂轮过早堵塞；磨削硬而脆的金属时，应选用颗粒较细的砂轮，以增加同时参加磨削的磨粒数，提高生产率。

3）结合剂

砂轮的结合剂将磨粒粘合起来，使砂轮具有一定的强度、硬度及抗腐蚀、抗潮湿的性能。国产砂轮常用的结合剂有以下两种：

（1）陶瓷结合剂（代号V）。这是一种由黏土、长石、滑石、硼玻璃和硅石等陶瓷材料配制而成的无机结合剂。它的特点是粘结强度高、耐热性及耐腐蚀性好（不怕水、油、普通的酸碱）、气孔率大、不易堵塞。但它较脆，韧性及弹性较差，不能承受侧面弯扭力，故不适宜制造切断砂轮。目前我国大部分砂轮均采用陶瓷结合剂。

（2）树脂结合剂（代号B）。此种结合剂多采用酚醛树脂或环氧树脂，为有机结合剂。其特点是：

①强度高，弹性好，砂轮退让性好，多用于制造切断、开槽等工序使用的薄片砂轮。

②耐热性差。当砂轮磨削表面温度达到200℃ ~300℃时，结合能力就会降低，致使磨粒容易脱落，故适于要求避免烧伤的工序，例如磨薄壁件、刃具以及超精磨或抛光等。

③气孔率小，易堵塞。

④磨损快，易失去廓形。

⑤耐腐蚀性差。人造树脂与碱性物质易起化学反应，故切削液的含碱量不宜超过1.5%。树脂砂轮存放期不能超过一年。

（3）橡胶结合剂（代号R）。此种结合剂多采用人造橡胶制造，为有机结合剂。与树脂结合剂相比，具有更高的弹性和强度，可制造0.1mm厚度的薄砂轮，切削速度可达65m/s左右，多用于制作无心磨导轮，切断、开槽、抛光等用的砂轮。但耐热性比树脂结合剂还要差，且气孔小，砂轮组织较紧密，磨削生产率低，不宜用于粗加工。

（4）金属结合剂（代号 M）。常用的是青铜结合剂，用于制造金刚石砂轮。其特点是型面保持性好，抗振强度高，有一定的韧性，但自砺性较差。主要用于粗磨、精磨硬质合金以及磨削与切断光学玻璃、宝石、陶瓷、半导体等。

此外，还有菱苦土结合剂（代号 m_g）。菱苦土是镁的氧化物和氯化物，易与切削液起反应，故此种结合剂的砂轮一般只用于干磨。

4）砂轮的硬度

砂轮的硬度是指砂轮上磨粒受力后自砂轮表层脱落的难易程度，也反映磨粒与结合剂的粘结程度。砂轮磨粒难脱落时叫作硬度高，反之叫作硬度低。可见砂轮的硬度主要取决于结合剂的粘结强度，而与磨粒的硬度无关。

砂轮的硬度的分级见表 2－6。

表 2－6　硬度分级代号

等级	大级	超软			软			中软		中		中硬			硬		超硬
	小级	超软			软 1	软 2	软 3	中软 1	中软 2	中 1	中 2	中硬 1	中硬 2	中硬 3	硬 1	硬 2	超硬
代号	GB 2484—1984	D	E	F	G	H	J	K	L	M	N	P	Q	R	S	T	Y

一般说来，砂轮组织较疏松时，砂轮硬度低些。树脂结合剂的砂轮，其硬度比陶瓷结合剂的低些。

砂轮硬度的选用原则如下：

（1）工件材料越硬，应选用越软的砂轮。这是因为硬材料易使磨粒磨损，故需用较软的砂轮，以便磨钝的磨粒及时脱落。但是磨削有色金属（铝、黄铜、青铜等）、橡皮、树脂等软材料时，也应使用较软的砂轮。因为这些材料易使砂轮堵塞，选用软些的砂轮可使堵塞的磨粒较易脱落，以露出锋锐新鲜的磨粒来。

（2）砂轮与工件磨削接触面积大时，磨粒参加切削的时间较长，较易磨损，故应选用较软的砂轮。

（3）半精磨与粗磨相比，常用较软的砂轮，以免工件发热烧伤。但精磨和成形磨削时，为了使砂轮廓形保持较长时间，则需用较硬一些的砂轮。

（4）砂轮气孔较低时，为了防止砂轮堵塞，应选用较软的砂轮。

（5）树脂结合剂砂轮由于不耐高温、磨粒容易脱落，故其硬度可比陶瓷结合剂砂轮选高 1～2 级。

在机械加工中，常用的砂轮硬度等级为软 2～中 2；荒磨钢锭及铸件时常用至中硬 2。

5）砂轮的组织号

磨粒在磨具中占有的体积百分数（即磨粒率）称为磨具的组织号（见表 2－7）。磨料的磨粒度相同时，组织号从小到大、磨粒间距由窄到宽，即砂轮的气孔率由小到大。

砂轮组织号大，组织松，砂轮不易被磨屑堵塞，切削液和空气能带入磨削区域，可降低磨削区域的温度、减少工件因发热引起的变形和烧伤，故适用于粗磨、平面磨及内圆磨等磨削接触面积较大的工序以及磨削热敏感性较强的材料、软金属和薄壁工件。

表 2-7 磨具的组织号

组织号	0	1	2	3	4	5	6	7	8	9	10	11	12	13	14
磨粒率/%	62	60	58	56	54	52	50	48	46	44	42	40	38	36	34

砂轮组织号小，则其组织紧密、气孔率小，会使砂轮变硬，容易被磨屑堵塞，磨削效率低；但可承受较大的磨削压力，砂轮廓形可较持久保持，故适用于重压力下的磨削，如手工磨削以及精磨、成形磨削。

中等组织的砂轮适于一般磨削。

2. 砂轮的形状、尺寸和标志

为了适应在不同类型的磨床上磨削各种形状和尺寸工件的需要，砂轮有许多种形状和尺寸。常用砂轮的形状、代号和用途见表 2-8。

表 2-8 常用砂轮的形状、代号、标记及主要用途

代号	名称	断面图	形状尺寸标记	主要用途
P	平形砂轮	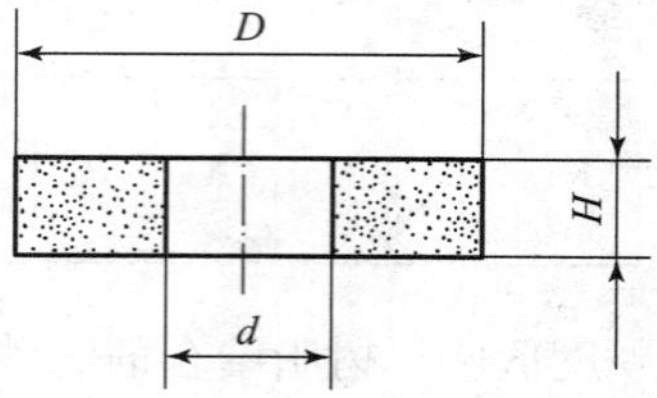	P $D\times H\times d$	磨外圆、内孔，无心磨，周磨平面及刃磨刀具
N	筒形砂轮	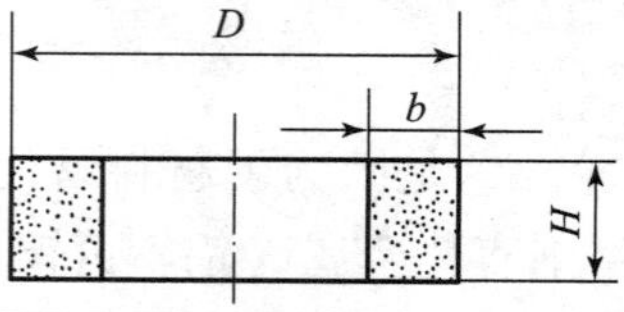	N $D\times H\times b$ (b 的尺寸)	端磨平面
PSX_1	双斜边一号砂轮	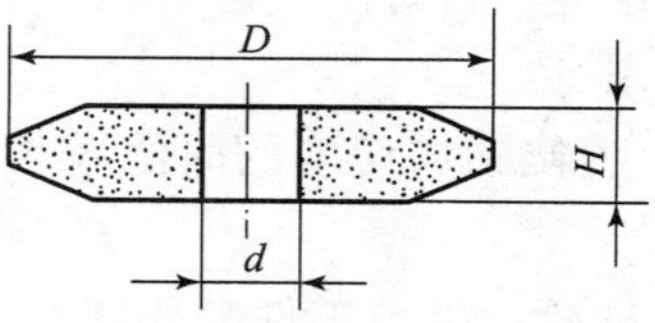	$PSX_1 D\times H\times d$	磨齿轮与螺纹
PDA	单面凹砂轮	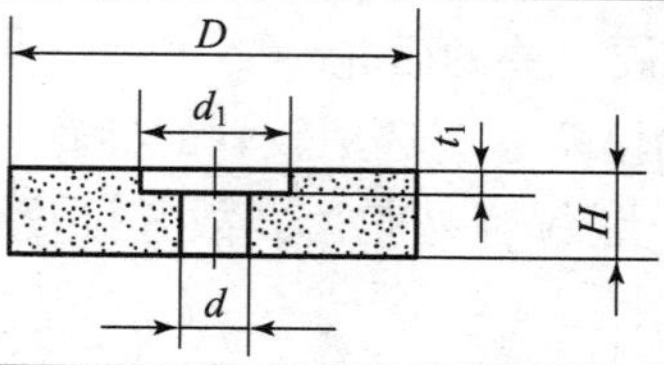	PDA $D\times H\times d$ $-1-d_1\times t_1$ (注：1 指单面)	磨外圆、内孔、平面
B	杯形砂轮	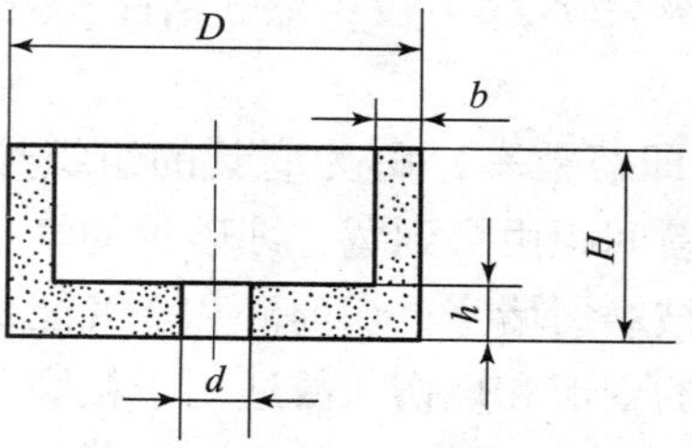	B $D\times H\times d\times b$ (b 的尺寸)× h (h 的尺寸)	端磨平面，刃磨刀具后刃面

续表

代号	名称	断面图	形状尺寸标记	主要用途
PSA	双面凹砂轮	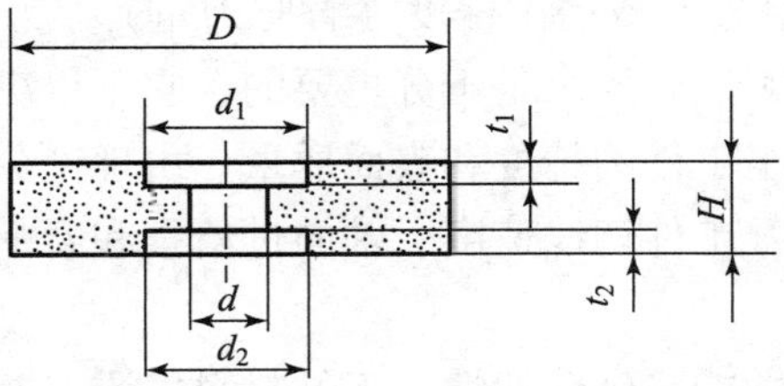	A $D \times H \times d - 2 - d_1 \times t_1 \times t_2$（注：2指双面）	磨外圆，无心磨的砂轮和导轮，刃磨车刀后刀面
BW	碗形砂轮	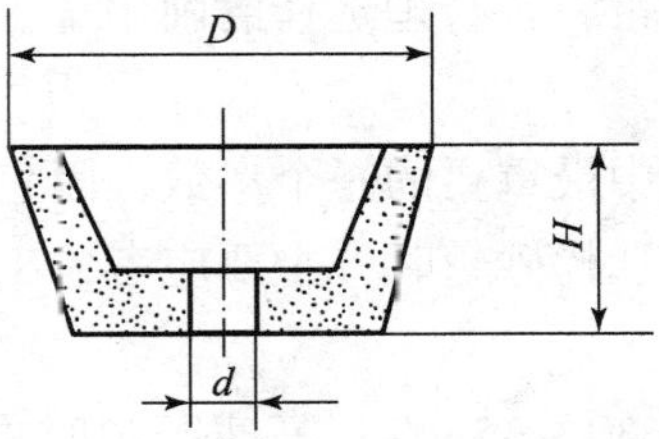	BW $D \times H \times d$	端磨平面，刃磨刀具后刀面
D_1	碟形一号砂轮	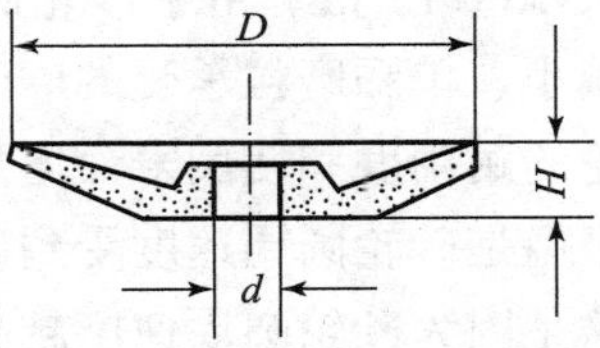	D_1 $D \times H \times d$	刃磨刀具前刀面
D_3	碟形三号砂轮	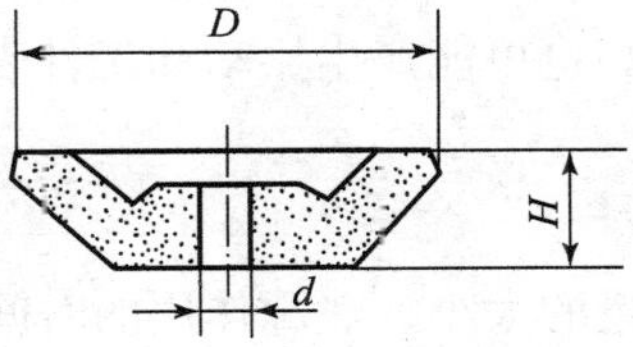	D_3 $D \times H \times d$	磨齿轮和插齿刀
PSZA	双面凹带锥砂轮	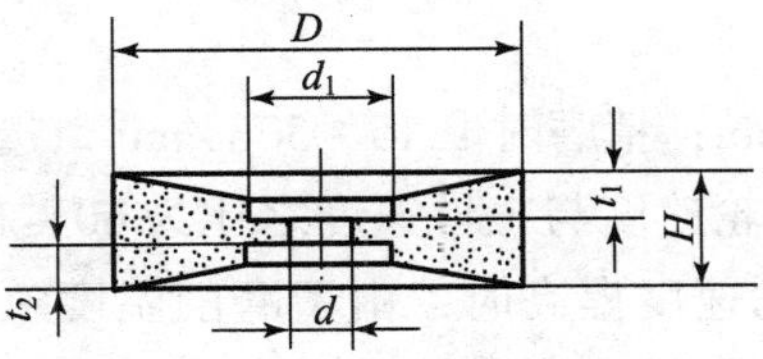	PSZA $D \times H \times d$	磨外圆兼磨两端肩部
PB	薄片砂轮	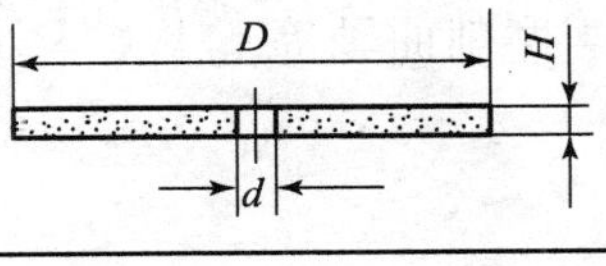	PB $D \times H \times d$	切断及磨槽

砂轮的标志印在砂轮端面上。其顺序是：形状代号、尺寸、磨料、粒度号、硬度、组织号、结合剂和线速度。例如：外径300mm、厚度50mm、孔径75mm、棕刚玉、粒度60、硬度L、5号组织、陶瓷结合剂、最高工作线速度35m/s的平形砂轮标志为：P300×50×75A60L5V35。

3. 磨削用量

磨削用量包括磨削速度（砂轮速度）v_c、工件速度切向进给量（也称工件切线速度）f_w、砂轮轴向进给量f_a、砂轮径向进给量f_r或磨削深度（背吃刀量）。

磨削用量的选择对于磨削过程能否达到要求是十分重要的，它不仅决定了磨削加工的生产效率和经济性，而且也会影响被加工工件的精度和表面质量。由理论分析可知：砂轮速度增加时，单颗磨粒的切削厚度将减小；工件切线速度、轴向进给量和磨削深度增加时，单颗磨粒的切削厚度将增加。

磨削过程中应当结合磨床的结构性能、砂轮特性、工件材料性质、磨削方式、磨削效率和工件精度及表面质量要求等各方面的因素，来合理选择磨削用量。

1）磨削速度的选择

在磨削过程中，磨削速度是磨削用量中最重要的一个参数，因它不仅影响磨削效率，而且影响砂轮的耐用度和工件的加工质量。选择砂轮时，主要应考虑工件材料的特点、加工要求、磨床工作情况和砂轮特性等。

目前，普通磨削时砂轮线速度一般为30～35m/s；高速磨削时可达45～100m/s或更高一些。砂轮速度一般比车削时的切削速度大10～15倍。由于砂轮圆周速度的提高，可使磨粒切削厚度减小、作用在磨粒上的磨削力减小、单颗磨粒承受的磨削负荷大大降低，改善了磨削条件，使磨削生产效率大为提高、砂轮的耐用度和使用寿命增加、工件表面粗糙度值减小，因而磨削时人们都希望提高磨削速度。但是砂轮圆周速度受到砂轮本身的抗拉强度和机床结构性能的影响，不可能无限制提高，这是因为砂轮圆周速度越高，作用在砂轮上的离心力也越大，如果砂轮的内应力超过砂轮的强度，则可能产生破裂，严重时可能损坏设备甚至导致人身事故。另外，砂轮的圆周速度太高也可能产生振动和工件表面烧伤，影响加工表面质量。

2）工件速度的选择

选择工件速度时，主要应考虑磨削热量的大小、热源作用的时间、工件表面的表面粗糙度和高速回转所产生的振动等因素。工件速度太低时，工件易烧伤；工件速度太高时，机床可能产生振动。

工件速度在粗磨时常取15～85m/min；精磨时取15～50m/min。选择工件速度时还应注意与砂轮速度相配合。外圆磨削时，砂轮速度与工件速度之比为60～150；内圆磨削时，砂轮速度与工件速度之比为40～80。砂轮速度提高时，由于磨削温度急剧增加，工件很容易发生烧伤，因此需要提高工件速度，以改善工件的散热条件。在提高工件速度时，还应该考虑不要使磨床顶尖产生急剧磨损。此外，当磨削曲轴等不平衡零件时，工件的速度也不能太高。

3）轴向进给量的选择

磨削时轴向进给量的大小直接影响磨削效率和工件表面的加工质量。轴向进给量增加时，砂轮工作表面磨粒的切削厚度增加，同时参加切削的磨粒数也增加，生产效率提高。但是随着轴向进给量增加，砂轮轴向截面上起光磨作用的磨粒数减少，将使工件表面的表面粗糙度值增大，因此，应根据加工要求来选择合理数值。一般粗磨时不应超过砂轮宽度的0.3～0.85；精磨时要更小些，以不超过0.2～0.3为宜。磨削速度较高时，由于砂轮单颗磨粒切削厚度减少，使磨粒承受的切削负荷减轻，故可选用较大的轴向进给量，以提高磨削效率。

4）径向进给量的选择

径向进给量对磨削过程的影响与轴向进给量相似。径向进给量增加，砂轮工作面上的磨粒切削厚度增加，每颗磨粒切去的金属体积也就增加，因此提高了磨削效率。但磨粒切削厚度增加时，在工件表面留下的切痕深度增加，使工件表面的表面粗糙度值增大，同时产生的磨削力和磨削热也会增加。这样既会影响工件的加工精度，也会使单颗磨粒的负荷增加，使磨粒过早地破损和脱落，从而加速了砂轮的磨损，使砂轮耐用度降低。因此，径向进给量也要根据加工质量和生产率要求来选择。一般粗磨时径向进给量为 0.01～0.07mm，精磨时径向进给量为 0.002 5～0.02mm，镜面磨削时径向进给量为 0.000 5～0.001 5mm。磨细长工件时，要选择较小的径向进给量；磨粗短的工件时，径向进给量可以选得大些。磨削速度提高时，可相应提高径向进给量。

由于影响磨削过程的因素很多，对于不同的磨床、工件、砂轮及磨削方法，磨削用量的选择需要根据具体情况确定。其具体情况可查有关的切削用量手册。

2.5　钻削和镗削加工

2.5.1　钻床

钻床是孔加工用机床，主要用来加工外形较复杂、没有对称回转轴线的工件上的孔，如箱体、机架等零件上的各种孔。在钻床上加工时，工件不动，刀具做旋转主运动，同时沿轴向移动做进给运动。钻床可完成钻孔、扩孔、铰孔、刮平面以及攻螺纹等工作。钻床的加工方法及所需的运动如图 2－32 所示。

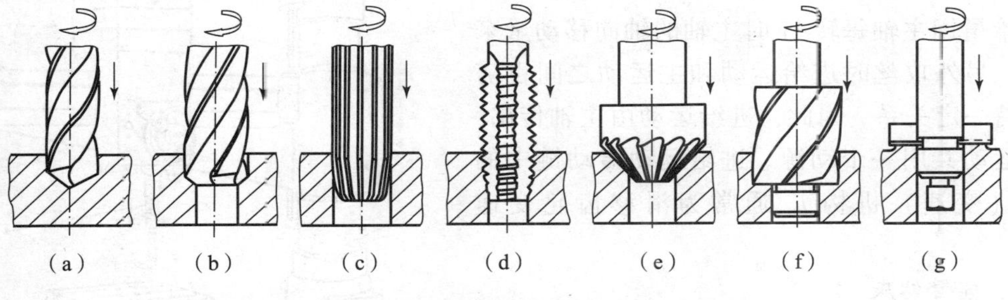

图 2－32　钻床的加工方法

(a) 钻孔；(b) 扩孔；(c) 铰孔；(d) 攻螺纹；(e)，(f) 锪埋头孔；(g) 锪端面

钻床主参数是最大钻孔直径。

钻床可分为立式钻床、台式钻床、摇臂钻床以及深孔钻床等。

1. 立式钻床

立式钻床是钻床中应用较广的一种，其特点为主轴轴线垂直布置，而且其位置是固定的。加工时，为使刀具旋转中心与被加工孔的中心线重和，必须移动工件（相当于调整坐标位置)，因此，立式钻床只适于加工中小型工件上的孔。

图 2－33 为所示方柱立式钻床的外形。主轴箱 3 中装有主运动和进给运动变速传动机构、主轴部件以及操纵机构等。加工时，主轴箱固定不动，而由主轴随同主轴套筒在主轴箱中做直线移动来实现进给运动。利用装在主轴箱上的进给操纵机构 5，可以使主轴实现手动快速升降、手动进给和接通、断开机动进给。被加工工件直接或通过夹具安装在工作台 1 上，工作台和主轴箱都装在方形立柱 4 的垂直导轨上，并可上下调整位置，以适应加工不同高度的工件。

立式钻床的传动原理如图 2－34 所示。主运动一般采用单速电动机经齿轮分级变速机构

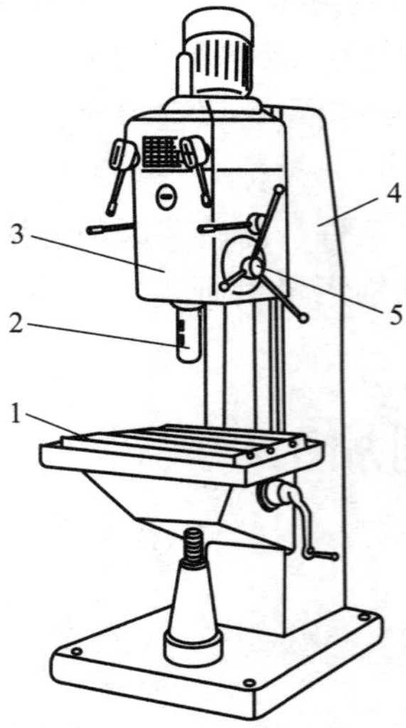

图 2－33　立式钻床

1—工作台；2—主轴；3—主轴箱；4—立柱；5—进给操纵机构

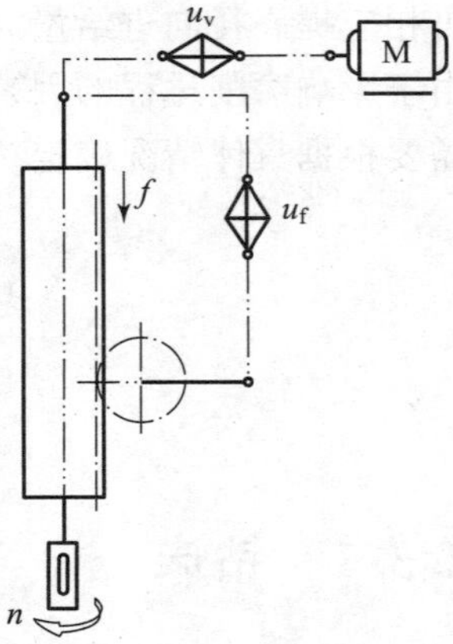

图 2－34　立式钻床传动原理

传动，也有采用机械无级变速器传动的；主轴旋转方向的变换，靠电动机正反转实现。钻床的进给量用主轴每转 1r 时主轴的轴向移动量来表示，另外攻丝时进给运动和主运动之间也需要保持一定关系。因此，进给运动由主轴传出，与主运动共用一个动源。进给运动传动链中的换置（变速）机构 u_f 通常为滑移齿轮变速机构。

2. 摇臂钻床

由于大而重的工件移动费力，找正困难，故加工时希望工件固定且主轴可调整坐标位置，因而产生了摇臂钻床（见图 2－35)。

摇臂钻床的主轴箱 4 装在摇臂 3 上，可沿摇臂上导轨做水平移动，而摇臂 3 又可绕立柱 2 的轴线转动，因而可以方便地调整主轴的坐标位置，使主轴旋转轴线与被加工孔的中心线

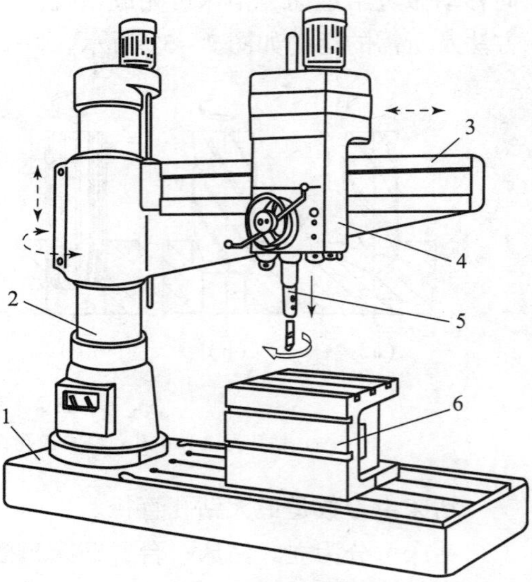

图 2－35　摇臂钻床

1—底座；2—立柱；3—摇臂；4—主轴箱；5—主轴；6—工作台

重和；摇臂还可以沿立柱升降，以适应对不同高度工件进行加工的需要。为使机床在加工时有足够的刚度，并使主轴调整好的位置保持不变，机床设有立柱、摇臂及主轴箱的夹紧机构，当主轴的位置调整妥当后，可以快速地将它们夹紧。摇臂钻床的传动原理与立式钻床相同。

图 2 - 36 所示为摇臂钻床主轴部件的结构。主轴 1 支承在主轴套筒 2 上、下端的滚动轴承上，在套筒内做旋转主运动。套筒外圆的一侧铣有齿条，由齿轮传动，连同主轴一起做轴向进给运动。主轴 1 的旋转运动由主轴尾部的花键传入，而该传动齿轮则通过轴承直接支承在主轴箱体上，使主轴卸荷，这样既可减少主轴的弯曲变形，又可使主轴移动轻便。主轴的头部（下端）有莫氏锥孔，用于安装和紧固刀具，还有两个并列的横向腰形孔，用于传动扭矩和卸下刀具。

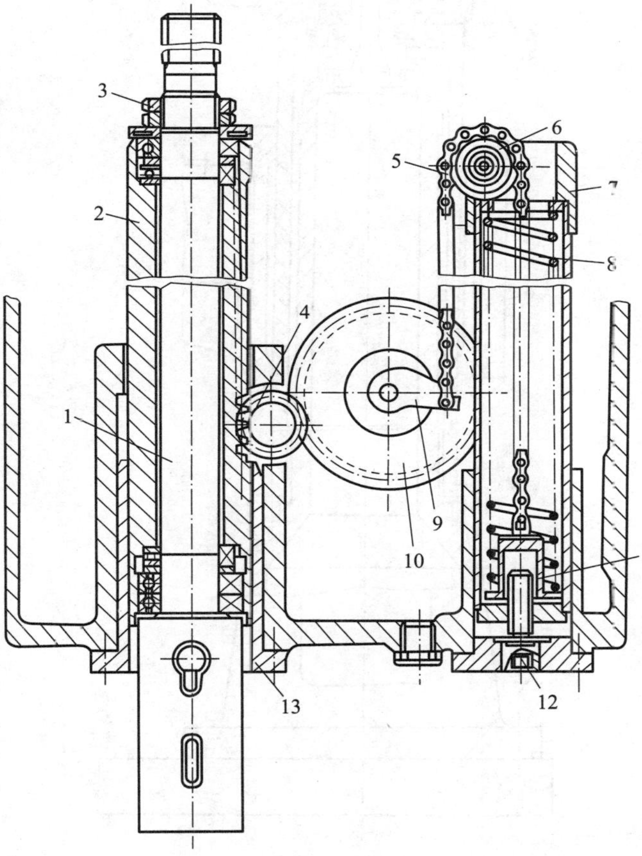

图 2 - 36　Z3040 型摇臂钻床主轴部件的结构

1—主轴；2—主轴套筒；3—螺母；4—小齿轮；5，6—链条；7—弹簧座；8—弹簧；
9—凸轮；10—齿轮；11—套筒；12—内六角螺钉；13—镶套

由于主轴部件是垂直的，故需要有平衡装置平衡其重力，使上、下移动时的操纵力基本相同，并得到平稳的轴向进给。如图 2 - 36 所示主轴部件采用弹簧凸轮平衡装置。弹簧 8 的上端是固定的，下端通过套筒 11 与链条的一端相连，链条的另一端绕过链轮与凸轮 9 相连。弹簧 8 的弹力经链条、凸轮和一对齿轮传至主轴套筒上，与主轴部件重力相平衡。

当主轴部件上下移动时，由于其所处位置的变化改变了弹簧的压缩量，致使弹力发生变化；另一方面，由于链条绕在凸轮上，凸轮随主轴上下移动而移动时，凸轮曲线会使链条对凸轮的拉力作用线位置发生相应的变化，从而使作用在凸轮上的平衡力矩始终保持恒定，即主轴部件处在任何位置上都呈平衡状态。

立柱是摇臂钻床的主要支撑件，它承受着摇臂和主轴箱的全部重力以及加工时的切削力，并需保证摇臂能实现升降和旋转运动。其结构类型有多种，目前普遍采用圆形双柱式结构，这种立柱结构由圆柱形的内、外两层立柱组成（见图 2-37）。

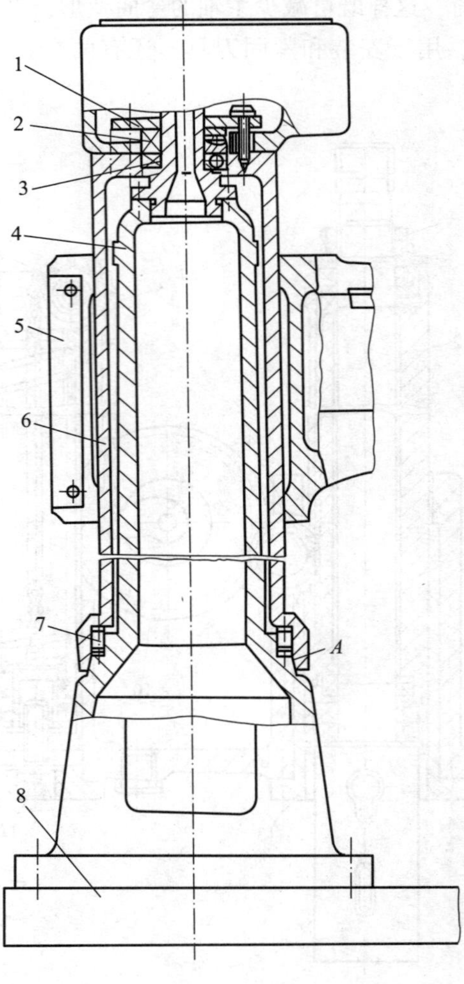

图 2-37　立柱结构

1—平板弹簧；2—推力球轴承；3—向心球轴承；4—内立柱；5—摇臂；
6—外立柱；7—滚柱链；8—底座；*A*—圆锥面

内立柱 4 用螺钉紧固在机床底座 8 上，外立柱 6 通过向心球轴承 3 和下部的滚柱链 7 以及推力球轴承 2 支承在内立柱上。摇臂 5 以其一端的套筒部分套在外立柱上，并以导键与立柱连接（图 2-37 中未示出）。调整主轴位置时，摇臂和外立柱一起绕内立柱转动；同时，摇臂又可相对外立柱做升降运动。摇臂转到所需位置后，利用夹紧机构产生的向下夹紧力，迫使平板弹簧 1 变形，导致外立柱向下移动，并压紧在圆锥面 *A* 上，依靠锥面间的摩擦力将外立柱紧固在内立柱上。

2.5.2　钻削与钻床刀具

在金属切削加工中，钻削是最常见的一种孔加工方法，常用于钻床、车床、镗床及铣床上。但是，钻床加工精度一般都在 IT10 以下，表面粗糙度 *Ra* 值在 12.5μm 以上，生产效率低。因此，钻削主要用于粗加工，如对需要镗削、拉削、插削、铰削及扩削的工件的预制孔加工等。对于一些精度和表面质量要求不高的孔，如螺钉孔、油孔等，钻削也可完成终加工。对于要求攻螺纹的工件，可钻出底孔。

钻削使用的刀具很多，有麻花钻、扁钻、深孔钻、中心钻等，其中使用最普遍的是麻花钻。

1. 麻花钻的几何参数

1）麻花钻的结构

如图 2－38 所示，麻花钻的结构由工作部分、颈部和柄部组成。

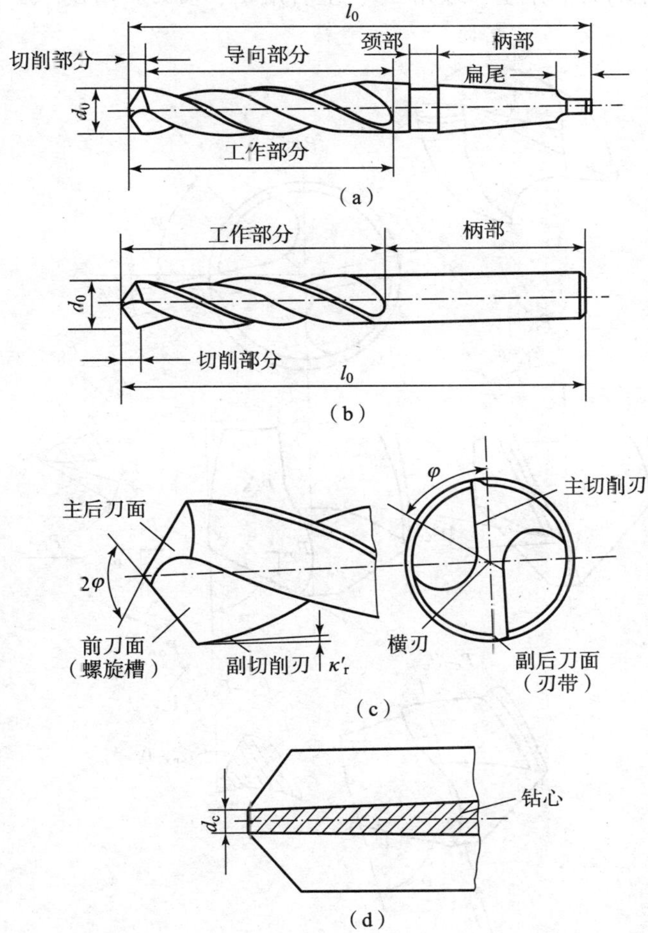

图 2－38　麻花钻的结构

（1）工作部分。工作部分又可分为切削部分和导向部分。切削部分起切除金属的作用，其上有两个前刀面、两个后刀面和两个副后刀面（刃带）。两前刀面和两后刀面的交线为两主切削刃；两前刀面与刃带交线为两副切削刃；两后刀面在钻心处相交形成横刃。

导向部分在钻削时保持钻头正确方向并起修光作用。为了便于排屑，麻花钻上有两个螺旋容屑槽。因此，钻头前刀面是螺旋面，后刀面做成圆锥面或螺旋面的一部分。

麻花钻的两个刃瓣由钻心连接，钻心直径的大小直接影响钻头的强度、刚度和横刃的长度。钻心直径从钻尖向柄部逐渐增大，其数值为在每 100mm 长度上增大 1.4～2.0mm。为了减少麻花钻与孔壁间的摩擦，导向部分上制作有两条窄的刃带（副后刀面），它的直径由钻尖向柄部逐渐减小，减小量为在每 100mm 长度上减小 0.03～0.12mm。

（2）颈部。连接工作部分和柄部的部分，也是钻头打标记处。

（3）柄部。柄部是用来与机床连接和传递转矩的，钻头直径 ϕ12mm 以上者做成莫氏锥柄，ϕ12mm 以下者则做成圆柱柄。

2）麻花钻的几何角度

如图 2－39 所示，独立的结构角度：螺旋角 ω（进给前角 γ_f）、副后角 α'_o、副偏角 κ'_r（直径倒锥量）。独立的刃磨角度：顶角 2ϕ、主后角 α_f、横刃斜角 ψ。派生角度：刃倾角 λ_s、

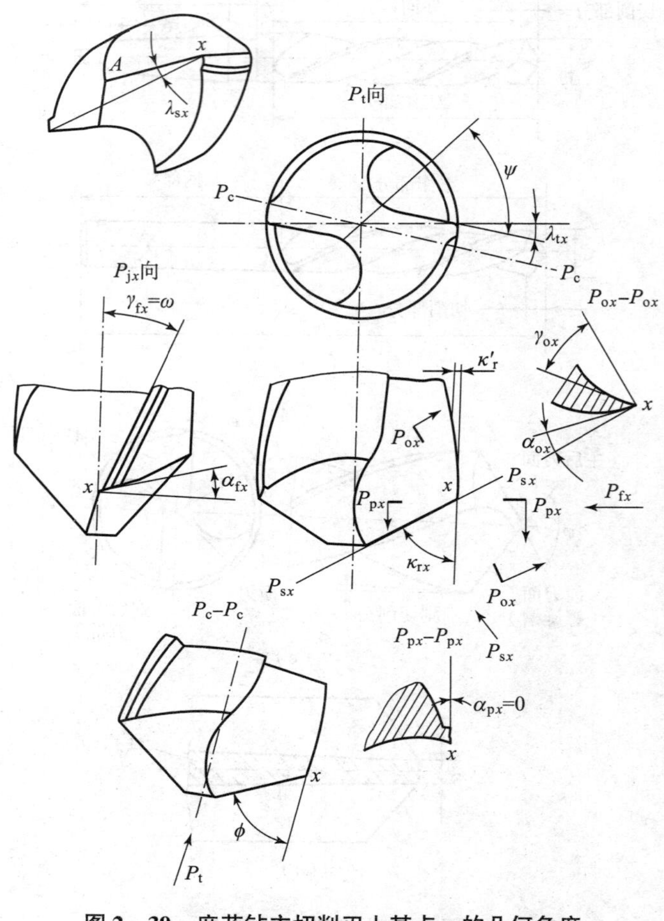

图 2－39　麻花钻主切削刃上某点 x 的几何角度

端面刃倾角 λ_t、主偏角 κ_r、前角 γ_o、横刃前角 $\gamma_{o\psi}$ 和横刃后角 $\alpha_{o\psi}$。

2. 钻削要素

钻削要素包括钻削用量和切削层要素。

1）钻削用量要素

钻削用量与车削一样，包括切削速度 v_c、进给量 f 和背吃刀量 a_p。如图 2－40 所示，由于钻头有两个主切削刃，因此，钻削用量要素的关系式如下：

钻削速度：

$$v_c = \frac{\pi d_0 n}{1\ 000}$$

每齿进给量：

$$f_z = \frac{1}{2} f$$

背吃刀量：

$$a_p = \frac{1}{2} d_0$$

式中，n——钻头转速，单位为 r/min；

f——进给量，单位为 mm/r；

d_0——钻头直径，单位为 mm。

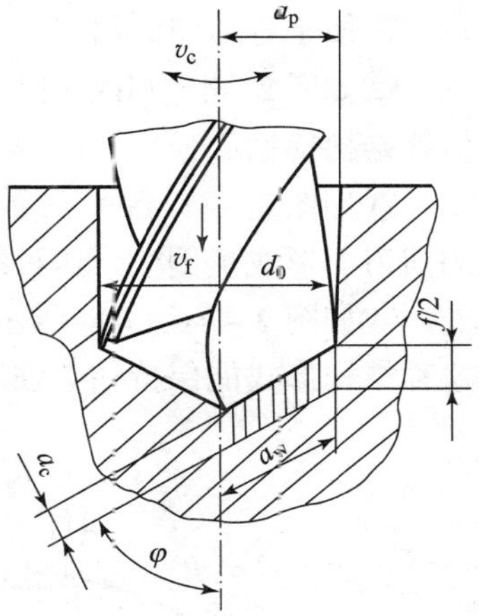

图 2－40　钻削要素

2）切削层要素

切削层要素包括切削厚度 a_c、切削宽 a_w 和切削横截面积 A_D，这些参数均在钻头的基面中度量。

$$a_c = \frac{f_z}{2}\sin\kappa_r \approx \frac{f}{2}\sin\psi,\ a_w = \frac{d_0}{2\sin\kappa_r} \approx \frac{d_0}{2\sin\psi},\ A_D = \frac{1}{4} d_C f$$

总切削横截面积：

$$A_{D_{TOT}} = 2A_D = \frac{1}{2} d_0 f$$

3. 麻花钻的修磨

麻花钻的修磨是指钻头在使用过程中对不够合适的结构参数进行补充刃磨。如果修磨得当，则对提高钻孔效率、减少钻头磨损、改善加工质量等均会有较好的效果。

1）麻花钻修磨的必要性

（1）主切削刃上各点前角不相等。在主切削刃靠外圆处前角大，靠钻心处前角为负值。因此，各点切削条件不同，产生的切削变形不一致。

（2）横刃上前角为负值。横刃长度 b_ψ 较长，其上又有较大的负前角（$-54° \sim -60°$），因此，钻削时会产生严重挤压作用，轴向力大，横刃长，且钻头不易定中心，最终导致钻孔精度低。

（3）主切削刃长，各点切削速度不同。主切削刃工作长度长，切削宽度大，切屑卷曲不易排出，同时切削液也不易注入切削区。另外，主切削刃外径处的切削速度高，切削温度高，刀刃易磨损。

（4）刃带处后角 $\alpha'_0 = 0°$。刃带处无后角，摩擦严重，速度高，刀尖角小，热量集中不易散发。因此，刃带处磨损量大，影响钻头耐用度和钻孔质量。

2）麻花钻常见的修磨形式

（1）修磨横刃。

修磨横刃的目的是增大横刃处前角，缩短横刃长度，降低轴向力。常用的修磨方法如下：

①如图2-41（a）所示，缩短横刃长度，增大横刃处前角 γ_τ，并使主切削刃上形成转折点，便于分屑与断屑。

②如图2-41（b）所示，横刃长度不变，增大横刃上前角 $\gamma_\psi \approx 0°$，使横刃处为十字形。但该结构使钻心强度有所减弱。

③如图2-41（c）所示，横刃长度不变，增大横刃上前角及容屑空间，留出横刃较窄的前刀面形成负倒棱。这种结构钻尖的强度高，其轴向力显著降低。

④如图2-41（d）所示，缩短横刃长度，增大横刃处前角 γ_τ，加大钻尖处容屑空间。这种结构形式能保持钻尖强度，又能比较显著地降低轴向力，而且修磨方便。

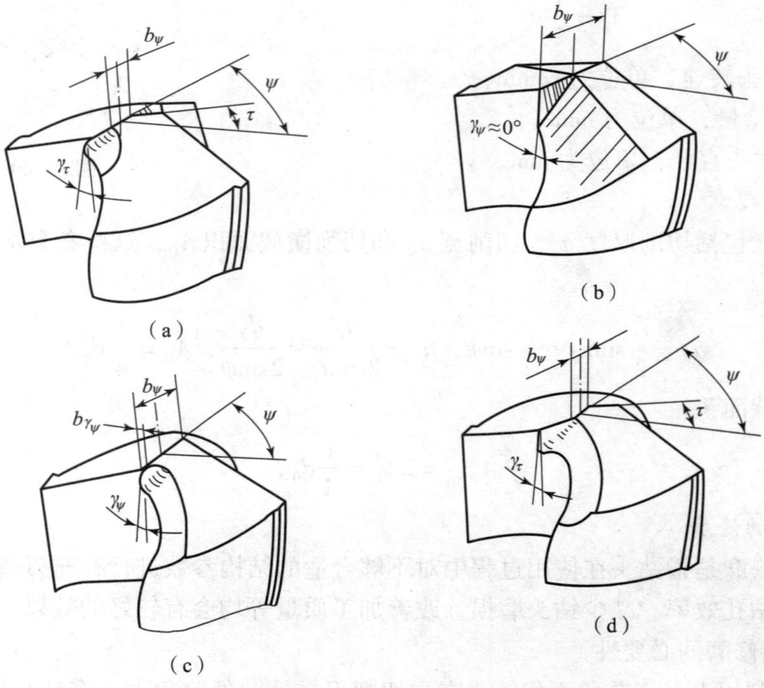

图2-41　横刃修磨形式

（2）修磨前刀面。

修磨前刀面，改变前角大小，以适应不同的加工要求。

①如图2-42（a）所示，在钻头主切削刃的外圆处磨出小棱面，减小前角 γ_f，增加刀刃转角处强度。一般磨制前角5°~10°。修磨后的钻头适用于钻削较硬的材料。

②如图2-42（b）所示，在前刀面上磨出卷屑槽，增大前角 γ_0。这种结构的钻头可减小切削变形、改善钻孔质量，适用于钻削软材料。

（3）修磨主切削刃。

修磨主切削刃的要求是：改变主切削刃的形状和顶角，使前角增大，控制分屑和断屑；或改善切削负荷分布，扩大散热面积，提高钻头耐用度等。

①如图 2－43（a）所示，在主切削刃上沿后刀面或前刀面磨出分屑槽，以便于断屑和排屑。分屑槽在两侧主切削刃交错分布或单边开槽。这种结构通常用于中、大直径钻头钻削钢材。

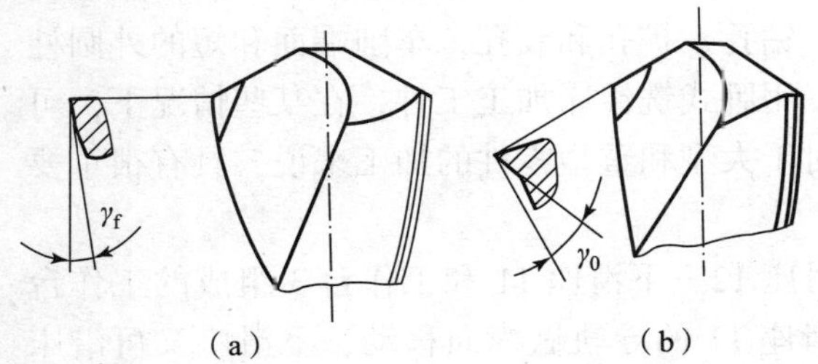

图 2－42　修磨前刀面

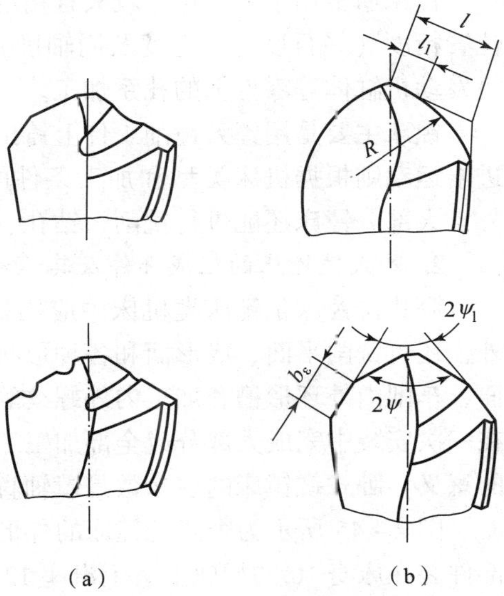

图 2－43　修磨主切削刃

②如图 2－43（b）所示，将主切削刃磨出两重或多重顶角，或磨成外凸圆弧切削刃。修磨后可提高主、副切削刃的转角处强度，扩大散热面积，提高钻头耐用度和改善钻削质量，适用于钻削铸铁。修磨的尺寸参数如下：

双重顶角：

$$b_\varepsilon=(0.18\sim0.22)d,$$

$$2\psi=70°\sim90°$$

圆弧刀刃：

$$R=0.6d,\quad l_1=\frac{1}{3}l$$

（4）修磨后刀面和修磨刃带。

如图 2－44 所示，在不影响钻头强度的条件下，在钻头后刀面上磨出双重后角，一般为 $\alpha_{f2}=45°\sim60°$。增大钻头后角后，可减小后刀面与切削表面的摩擦，并能增大容屑空间、改善冷却效果。

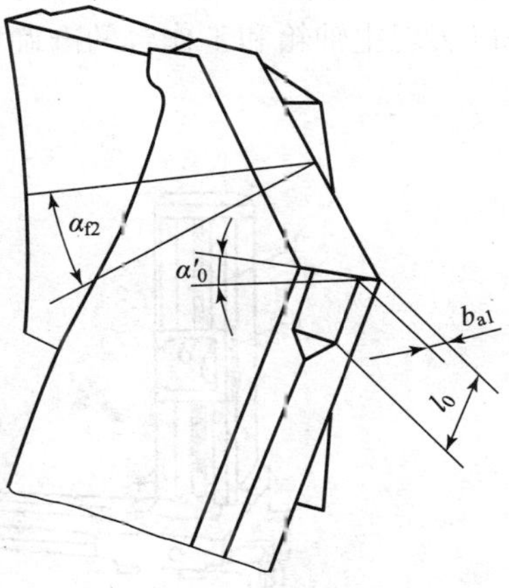

图 2－44　修磨后刀面与修磨刃带

当钻头的副后刀面（刃带）上的副后角 $\alpha'_0=0°$时，摩擦严重。为减少副后刀面（刃带）与空壁的摩擦，可减小刃带宽度并磨出副后角 α'_0。一般修磨参数为

$$\alpha'_0=6°\sim8°,\ b_{a1}=0.2\sim0.4\text{mm},\ l_0=1.5\sim4\text{mm}$$

经修磨刃带后的钻头适用于加工韧性材料或软金属，并可用于加工精密孔。

2.5.3 镗削加工

1. 镗床

镗床通常用于加工尺寸较大且精度要求较高的孔，特别是对分布在不同表面上及孔距和位置精度（平行度、垂直度及同轴度）要求很严格的孔系加工，如各种箱体、汽车、拖拉机发动机缸体等零件上的孔系加工。

镗床主要是用镗刀镗削工件上铸出或已粗钻出的孔。机床加工时的运动与钻床类似，但进给运动则根据机床类型和加工条件的不同，或者由刀具完成，或者由工件完成。除镗孔外，大部分镗床还能进行铣削、钻孔、扩孔和铰孔等工作。

2. 卧式铣镗床的组成部件及其运动

卧式铣镗床是镗床类机床中应用最为普遍的一种类型，其工艺范围非常广泛，除镗孔外，还可铣削平面、成形面和各种形状的沟槽，钻孔、扩孔和铰孔，车削端面和短的外圆柱面，车削内外环形槽和加工内外螺纹等。因此，用卧式铣镗床加工工件，在某些情况下，可在一次安装中完成大部分或全部加工工序。这对于大型和重型零件的加工来说，具有很重要的意义。卧式铣镗床的主参数是镗轴直径。

图 2－45 所示为卧式铣镗床的外形。由上滑座 12、下滑座 11 和工作台 3 组成的工作台部件装在床身 10 的导轨上。上滑座 12 可沿下滑座 11 的导轨做横向移动，下滑座又可沿床身导轨做纵向移动，从而组成 X、Y 两个坐标轴方向的进给和定位移动系统。工作台还可在上滑座的环形导轨上绕垂直轴线转位，使工件能在水平面内调整至一定角度，以便在一次安装中对互相平行或成一定角度的孔或平面进行加工。主轴轴线为水平布置，主轴箱 8 可沿前立柱 7 上的导轨在垂直方向上下移动，以实现垂直进给运动或是主轴轴线处在 Z 坐标轴方向上的不同位置。为了保证孔与孔以及孔与基准面间的距离精度，机床上设有坐标测量装置，以实现主轴箱和工作台的准确定位。主轴箱内装有主运动与进给运动的变速传动机构和操纵

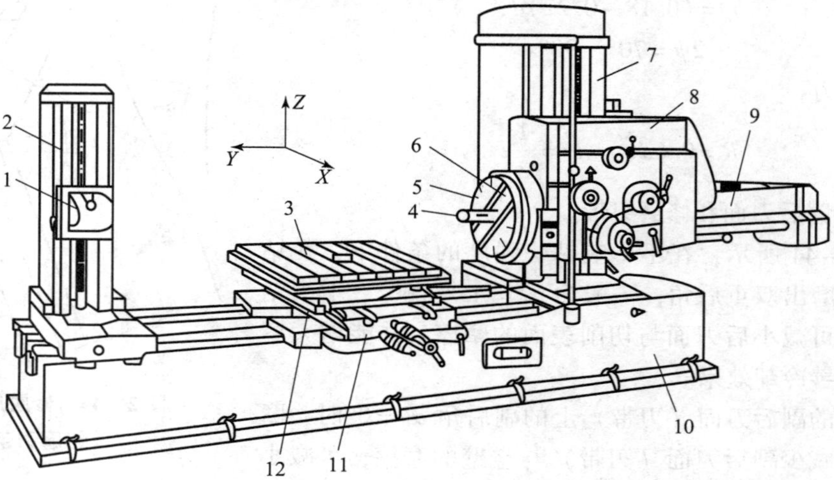

图 2－45 卧式铣镗床

1—后支架；2—后立柱；3—工作台；4—镗轴；5—平旋盘；6—径向刀具溜板；7—前立柱；8—主轴箱；9—后尾筒；10—床身；11—下滑座；12—上滑座

机构等。根据加工情况不同，刀具可以装在镗轴4前端的锥孔中，或装在平旋盘5的径向刀具溜板6上。加工时，镗轴4旋转完成主运动，并可沿其轴线做轴向进给运动（由装在主轴箱8后部尾筒9内的轴向进给机构完成），平旋盘5只能做旋转主运动。装在平旋盘导轨上的径向刀具溜板6除了随平旋盘一起旋转外，还可沿导轨做进给运动。装在后立柱2垂直导轨上的可上下移动的后支架1用以支撑长刀杆（镗杆）的悬伸端，以增加其刚性。后立柱可沿床身导轨调整纵向位置，以适应支撑不同长度的刀杆。综上所述，卧式铣镗床的运动有：主运动，镗轴和平旋盘的旋转运动；进给运动，镗轴的轴向运动、平旋盘刀具溜板的径向进给运动、主轴箱的垂直进给运动、工作台的纵向和横向进给运动；辅助运动，工作台的转位、后立柱纵向调位及后支架的垂直方向调位、主轴箱沿垂直方向和工作台沿纵横方向的快速调位运动。

卧式铣镗床的进给量通常是以镗轴或平旋盘转1r时镗轴或工作台等的移动量来表示的，即进给量的单位为mm/r。因此，主运动和进给运动常由同一电动机传动，进给运动在传动上与镗轴或平旋盘保持一定联系。工作台等的快速调位移动则由快速电动机传动。

图2-46所示为卧式铣镗床的几种典型加工方法。图2-46（a）所示为用装在镗轴上的悬伸刀杆镗孔，由镗轴移动完成纵向进给运动；图2-46（b）所示为利用后支架支撑的长刀杆镗削同一轴线上的两个孔，由工作台移动完成纵向进给运动；图2-46（c）所示为用装在平旋盘上的悬伸刀杆镗削大直径的孔，由工作台移动完成纵向进给运动；图2-46（d）所示为用装在镗轴上的端铣刀铣削平面，由主轴箱移动完成垂直进给运动；图2-46（e）和图2-46（f）为用装在平旋盘刀具溜板上的车刀车削内沟槽和端面，由刀具溜板移动完成径向进给运动。

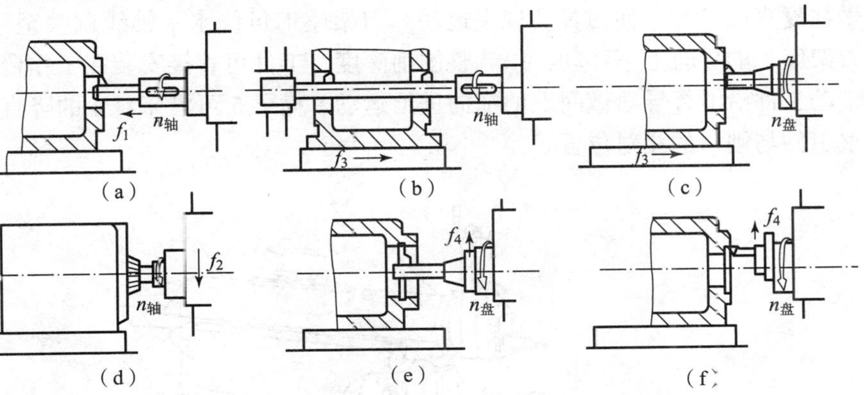

图2-46　卧式铣镗床的典型加工方法

2.6　其他切削加工

2.6.1　刨削加工

1. 刨削加工的工艺特点

刨削加工是单程的切削加工，返回时不切削，并且要有让刀运动（刨刀抬起），以避免损伤已加工表面或减缓刀具磨损。一般称加工时的行程为工作行程，称返回时的行程为空行程。刨削加工的生产率低，在大批大量生产中较少采用。但刨削有其独特的优点，如刀具结构简单、刃磨方便、生产准备工作省时省力等，精刨时可以得到较高的精度和较小的表面粗糙度，特别是加工窄而长的平面时，采用宽刃刨刀、选用大进给量，生产率可大大提高。

1）刨削基本运动

主运动是工件或刀具的直线往复运动；进给运动是工件或刀具的间歇运动，且进给方向与主运动方向垂直。

2）刨削加工的特点

（1）刨削的进给运动是间歇运动，工件或刀具进行主运动时无进给运动，故刀具角度不因切削运动而发生变化。

（2）刨削加工的切削过程是断续切削，刀具在回程中能得到自然冷却。

（3）切削加工的主运动是往复运动，因而限制了切削速度的提高。

（4）刨削过程中有冲击，冲击力的大小与切削用量、工件材料和切削速度有关。

2. 刨床

刨床类机床主要用于加工各种平面（如水平面、垂直面及斜面等）、沟槽（如T形槽、燕尾槽、V形槽等）和直线成形面等。

刨床类机床主要有牛头刨床、龙门刨床和插床三种类型。

1）牛头刨床（见图2－47）

牛头刨床主要用于加工中、小型零件的平面、沟槽或成形平面。滑枕3可沿床身导轨在水平方向做往复直线运动，使刀具实现主运动。刀架座1可绕水平轴线调整至一定的角度；刀架可沿刀架座1的导轨上下移动，以调整刨削深度。工件可直接安装在工作台6上，加工时工作台带动工件沿滑板导轨做间歇的横向进给运动。横梁5可沿床身4的竖直导轨上下移动，以调整工件与刨刀的相对位置。

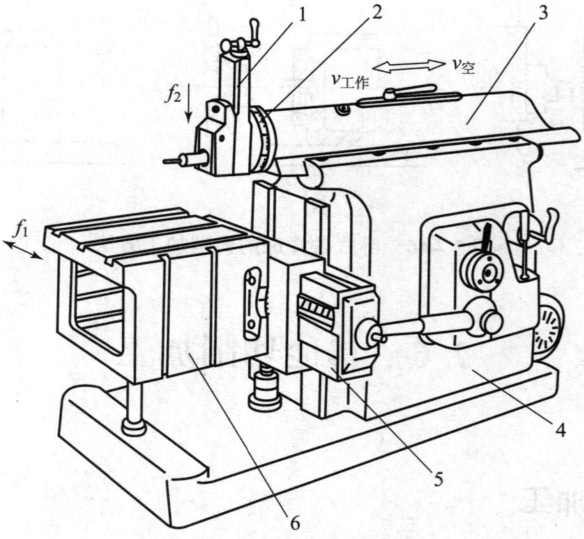

图2－47　牛头刨床

1—刀架座；2—转盘；3—滑枕；4—床身；5—横梁；6—工作台

2）龙门刨床

大型龙门刨床往往还附有铣头和磨头等部件，以使工件在一次装夹中完成刨、铣、磨平面等工序。这种机床又称龙门刨铣床或龙门刨磨床。这种机床的工作台既可做快速的主运动，又可做慢速的进给运动。

当加工表面较大或一次装夹好几个中、小型零件时，应采用龙门刨床加工。

如图 2-48 所示，工件装夹在工作台 9 上，工作台可沿床身的水平导轨做往复直线主运动。装在横梁 2 上的垂直刀架 5、6 可在横梁上间歇地移动，即做横向进给运动，以刨削工件的水平面。刀架上的溜板可使刨刀上下移动，做切入运动或刨削竖直平面。溜板还能绕水平轴调整至一定的角度，以刨削倾斜平面。横梁 2 还可沿立柱 3、7 的导轨下降至一定位置，以调整工件与刀具的相对位置。立柱 3、7 上分别装有左、右侧刀架 1 和 8，可沿立柱的导轨做垂直及水平方向的进给运动。龙门刨床的主参数是最大刨削宽度和最大刨削长度。

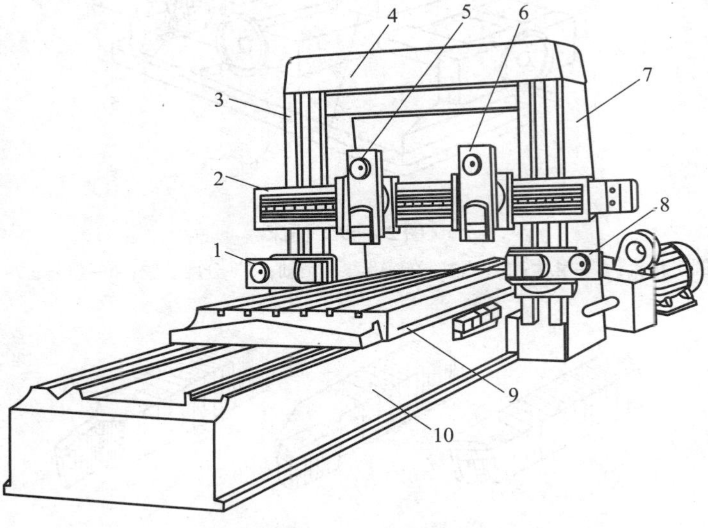

图 2-48　龙门刨床

1，8—左、右侧刀架；2—横梁；3，7—立柱；4—顶梁；5，6—垂直刀架；
9—工作台；10—床身

应用龙门刨床进行精细刨削，可得到较高的精度和较小的表面粗糙度（$Ra0.32 \sim 0.5\mu m$），大型机床的导轨通常是用龙门刨床精刨来完成的。

3）插床

插床的外形如图 2-49 所示。滑枕 2 可沿立柱的导轨做上下方向的直线往复运动，使刀具实现主运动。工件安装在圆工作台 1 上，带动工件做回转运动以实现间歇进给或分度。滑板 7 和床鞍 6 可分别带动工件做横向和纵向进给。插床生产率低，通常应用于单件、小批生产中插削槽、平面及成形平面。插床的主参数是最大插削长度。

3. 刨刀

1）刨刀的种类

刨刀的种类很多，按加工形式和用途不同，可分为平面刨刀、偏刀、切刀、弯切刀和角度刀等，如图 2-50 所示；按其形状和结构不同，可分为左刨刀和右刨刀、直头刨刀和弯头

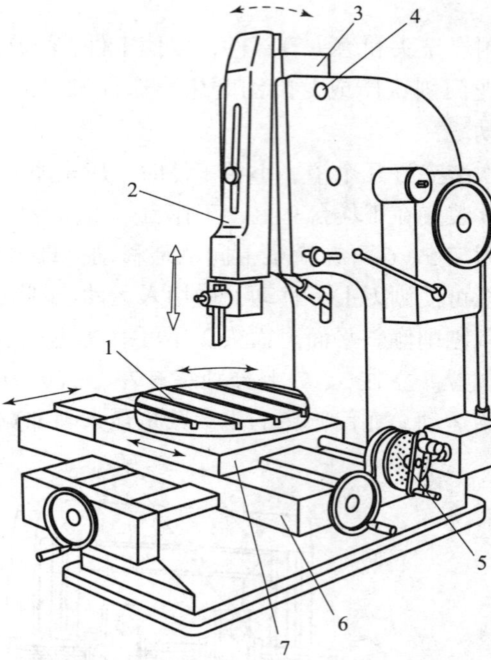

图 2－49　插床

1—圆工作台；2—滑枕；3—滑枕导轨座；4—销轴；5—分度装置；6—床鞍；7—溜板

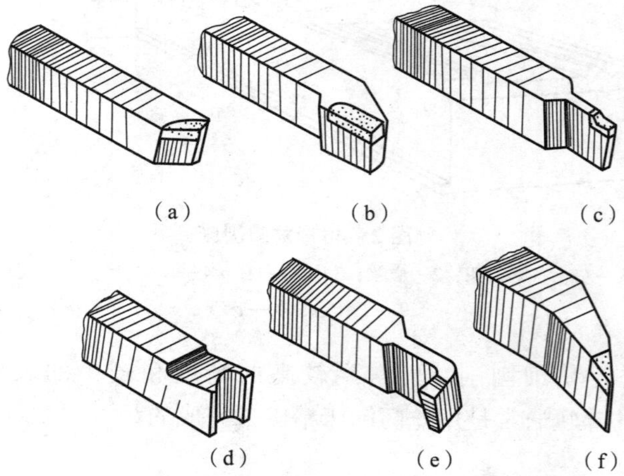

图 2－50　常用刨刀

(a) 平面刨刀；(b) 偏刀；(c) 切刀；(d) 样板刀；(e) 弯切刀；(f) 角度刀

刨刀、整体刨刀和焊接刨刀、机夹式刨刀、机夹可转位刨刀等；此外，按加工工序或加工精度不同，又可分为粗刨刀和精刨刀。

(1) 左刨刀和右刨刀。

这是按照主切削刃在切削时所处的左右位置不同而区别的。当刨刀的主切削刃在左边时叫作左刨刀；当刨刀的主切削刃在右边时叫作右刨刀，如图 2－51 所示。生产中主要是根据进给运动方向来确定是使用左刨刀还是右刨刀的。

(2) 直头刨刀和弯头刨刀。

一般刨削中，使用直头刨刀可使刀具的制造和刃磨都比较简单，但切削力过大时，刀杆会向后弯曲，使刀尖啃入已加工表面，引起振动，影响加工表面的表面粗糙度，甚至产生崩刃，如图2－52 (a) 所示。若使用如图2－52 (b) 所示的弯头刨刀，则在受到大的切削力时，刀杆向后弯曲，刀尖不会啃入工件，可以避免啃伤工件或崩刃，并可提高抗振能力，因此，弯头刨刀刀杆的伸出量可以长一些。

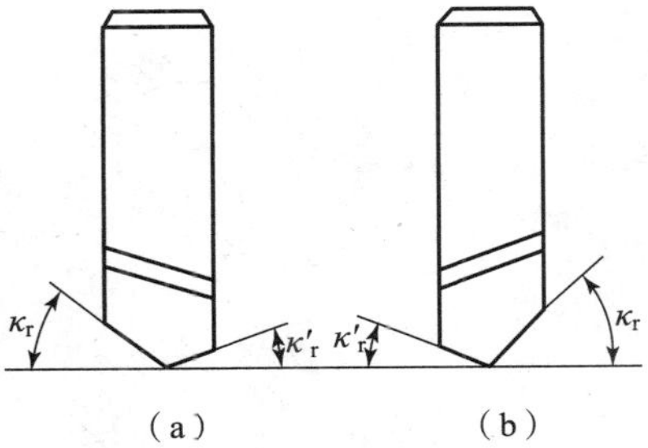

图2－51 左右刨刀

(a) 左刨刀；(b) 右刨刀

2) 刨刀的几何角度

刨刀几何角度的选取原则基本上与车刀相同，但由于切削过程中有冲击，所以刨刀的前角比车刀要小（一般小5°～10°），而且刨刀的刃倾角 λ_s 也应取较大的负值（－10°～－20°），以使刨刀切入工件时所产生的冲击力不是作用在刀尖上，而是作用在离刀尖稍远的刀刃上。主偏角 κ_r 一般在45°～75°内选取，当采用较大的进给量时，主偏角 κ_r 可减小到20°～30°。刨刀切削部分的材料采用高速钢或硬质合金。

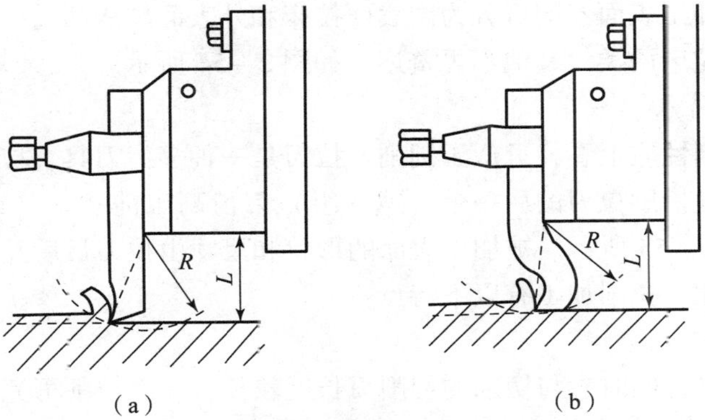

图2－52 直头刨刀和弯头刨刀

(a) 直头刨刀；(b) 弯头刨刀

2.6.2 拉削加工

1. 拉床

拉床是用拉刀进行加工的机床。拉床用于加工孔、平面及成形表面，图2－53所示为适用于拉削加工的一些典型表面的形状。

拉削时，拉刀使被加工表面在一次走刀中成形，所以拉床的运动比较简单，其只有主运动而没有进给运动。切削时，拉刀做平稳的低速直线运动，其承受的切削力很大，所以拉床通常由液压驱动，拉刀或固定拉刀的滑座通常由液压缸的活塞带动。

拉削工件时，粗、精加工可在拉刀通过工件加工表面的一次行程中完成，因此，其生产率及加工精度高、表面粗糙度小（$Ra<0.62\mu m$）。但拉削的每一种表面都需要专门的拉刀，拉刀结构复杂，成本较高，因此仅适用于大批大量生产中。

拉床的主参数是额定拉力，通常为50～400kN。

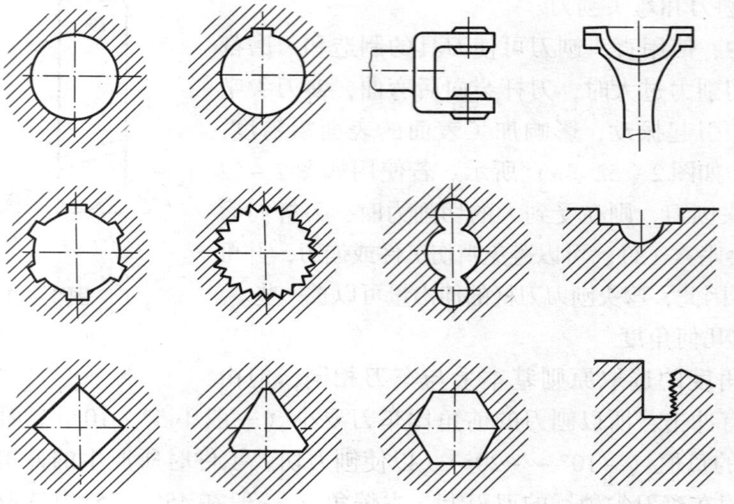

图 2－53　适用于拉削的典型表面形状

常用的拉床按加工表面不同可分为内表面拉床和外表面拉床两类，按布局型式不同可分为立式拉床和卧式拉床两类，其他不再赘述，如图 2－54 所示。

2. 拉削的工艺特点

拉削加工从切削性质上看，近似于刨削。拉刀是一种多齿刀具，拉削过程只有主运动而没有进给运动，它是借助拉刀的后一个（或一组）刀齿高出前一个（或一组）刀齿来实现切削加工的，如图 2－55 所示。被加工表面的形状和尺寸由拉刀最后几个刀齿来保证。与其他切削加工方法相比，拉削加工有以下特点：

1）生产率高

拉刀是多齿刀具，同时参与切削的切削刃长度较长，一次拉削可完成粗、精加工，因此生产率很高。

2）加工精度与表面质量高

由于拉削速度较低（一般 2～8m/min），拉削平稳，且切削厚度很薄，因此拉削精度可达 IT7～IT9、表面粗糙度可达 $Ra0.8\mu m$，若拉刀尾部装有活动挤压环，则表面粗糙度可达 $Ra\,0.4 \sim 0.2\mu m$。

3）拉力耐用度高

由于拉削速度低、切削温度低，且每一刀齿在工作行程中只切削一次，刀具磨损慢，因此拉刀耐用度高。

4）应用范围广

拉刀可以加工各种形状的通孔及没有障碍的外表面。

3. 拉刀

1）拉刀的类型及应用

拉刀的种类很多，按工件加工表面的不同，可分为内拉刀和外拉刀。内拉刀用于拉削各种成形的通孔和孔中通槽；外拉刀用来拉削各种形状的外表面。图 2－56 所示为几种常用的内拉刀，图 2－57 所示为几种常用的外拉刀。

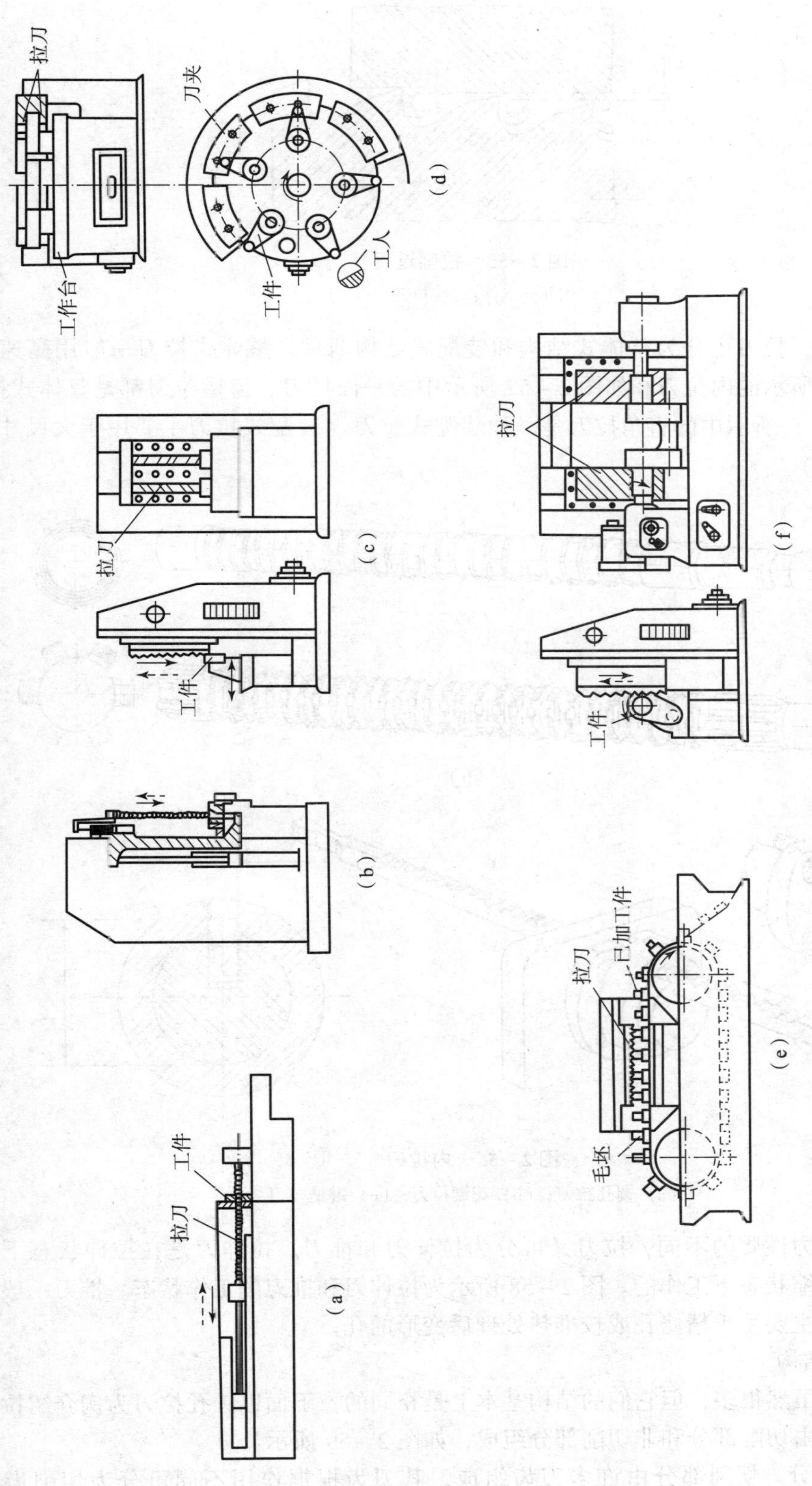

图 2-54　拉床的主要类型

(a)卧式内表面拉床;(b)立式内表面拉床;(c)立式外表面拉床;(d)转台式拉床;(e)链条式拉床;(f)曲轴拉床

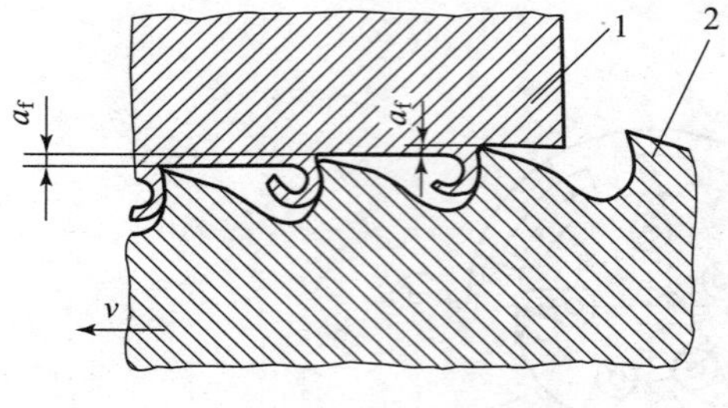

图 2-55 拉削过程

1—工件；2—拉刀

按结构不同，拉刀可分为整体式结构和装配式结构两种。整体式拉刀一般用高速钢制造。如图 2-56 所示的内拉刀和如图 2-57 所示中的平面拉刀、齿槽拉刀都是整体式拉刀，而如图 2-57（c）所示中的直角拉刀是一种装配式拉刀（装配式拉刀主要用于大尺寸拉刀和硬质合金拉刀）。

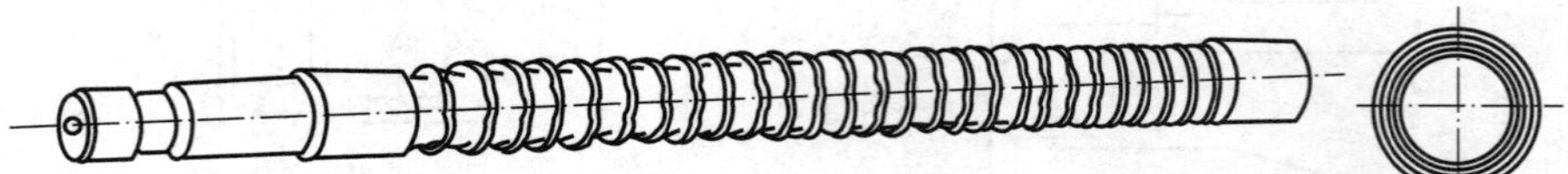

（a）

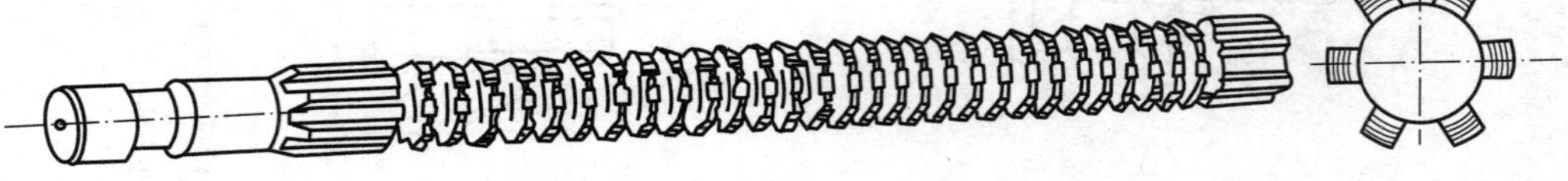

（b）

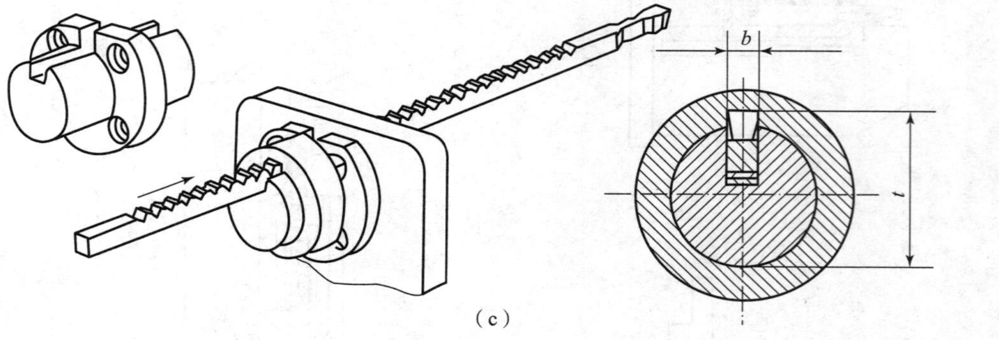

（c）

图 2-56 内拉刀

（a）圆孔拉刀；（b）花键拉刀；（c）键槽拉刀

按加工时受力性质的不同，拉刀又可分为拉伸刀和推刀。拉伸刀是在拉伸状态下工作的；推刀是在压缩状态下工作的。图 2-58 所示为拉伸刀和推刀的工作状态。推刀一般都比较短，齿数少，主要用于精修孔或校准热处理后变形的孔。

2）拉刀的结构

拉刀的种类虽然很多，但它们的结构基本上是相同的。下面以圆孔拉刀为例介绍拉刀的结构。圆孔拉刀由切削部分和非切削部分组成，如图 2-59 所示。

（1）切削部分。切削部分由许多刀齿组成，其刀齿根据作用不同可分为切削齿和校

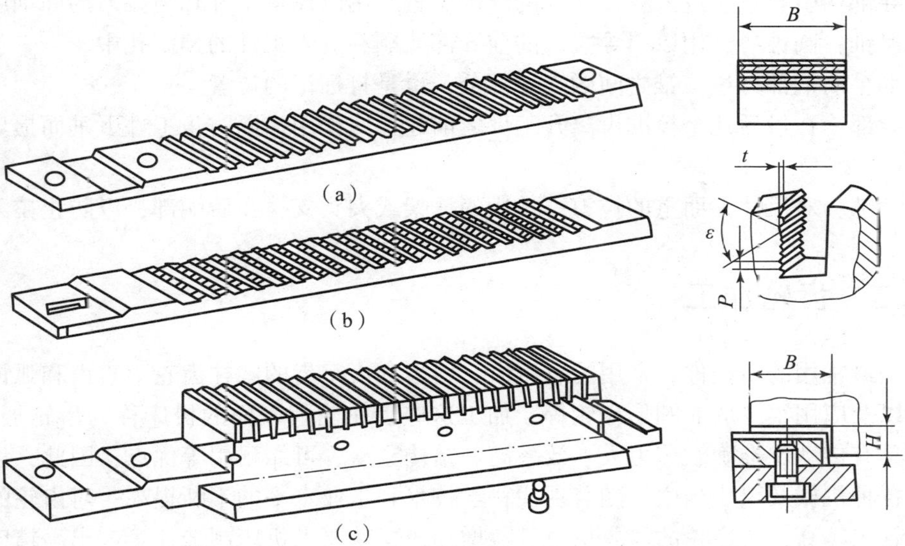

图 2－57　外拉刀

(a) 平面拉刀；(b) 齿槽拉刀；(c) 直角拉刀

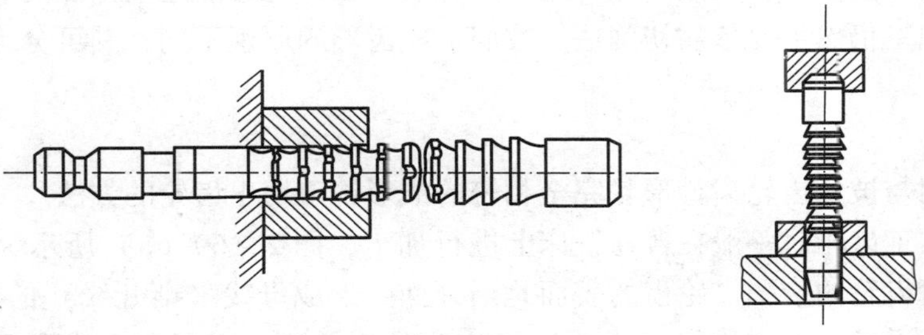

图 2－58　拉伸刀和推刀的工作状态

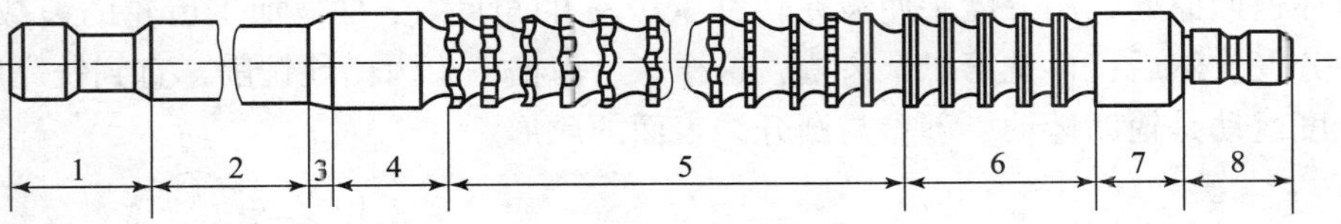

图 2－59　圆孔拉刀的组成

1—柄部；2—颈部；3—过渡锥；4—前导部；5—切削齿；6—校准齿

准齿。

①切削齿：由粗切齿、过渡齿和精切齿组成，各齿直径依次递增，承担全部余量的切除工作。

②校准齿：拉刀最后几个刀齿，直径相同，不承担切削工作，仅起修光和校准作用。当切削齿经过重磨直径减小时，它可依次递补为切削齿。

(2) 非切削部分。

①前柄部：用来与拉床夹头连接，传递拉床拉力。

②前导部：引导拉刀进入将要切削的准确位置，用以保持工件孔与拉刀的同轴度。

③过渡锥：圆锥形，用以引导拉刀的前导部能顺利进入工件的预制孔中。

④颈部：前柄部与过渡锥之间的连接部分，也是打标记的位置。

⑤后导部：在最后几个校准齿离开工件之前起导向作用，以防止工件下垂而损坏已加工表面。

⑥后柄部：对尺寸大而重的拉刀，拉床的托架或夹头支撑在后柄部，以防止拉刀下垂。

2.6.3 齿轮加工

齿轮是最常用的传动件，常用的有直齿、斜齿和人字齿的圆柱齿轮，直齿和弧齿圆锥齿轮，蜗轮以及应用很少的非圆形齿轮等。加工这些齿轮轮齿表面的机床称为齿轮加工机床。由于齿轮具有传动比准确、传力大、效率高、结构紧凑、可靠耐用等优点，因此，齿轮被广泛应用于各种机械及仪表当中。随着现代科学技术和工业水平的不断提高，对齿轮的制造质量要求也越来越高，对齿轮的需要量也日益增加，这就要求机床制造业生产出高精度、高效率和高自动化程度的齿轮加工设备，以满足生产发展的需要。

1. 圆柱齿轮加工方法

制造齿轮的方法很多，虽然可以铸造、热轧或冲压，但目前这些方法的加工精度还不够高，精密齿轮加工仍然主要依靠切削法。按照形成齿形的原理不同，其可分为成形法和展成法两大类。

1）成形法

成形法是用与被切齿轮齿槽形状完全相符的成形铣刀切出齿轮的方法。

用成形法加工齿轮时一般在普通铣床上进行加工，图 2－60（a）所示为用标准盘形齿轮铣刀加工直齿齿轮的情况。轮齿的表面是渐开面，形成母线（渐开线）的方法是成形法，不需要表面成形运动；形成导线（直线）的方法是相切法，需要两个成形运动，一个是盘形齿轮铣刀绕自己的轴线旋转 B_1，一个是铣刀旋转中心沿齿坯轴向移动 A_2。当铣完一个齿槽后，齿坯退回原处，用分度头使齿坯转过 360°/z 的角度（z 是被加工齿轮的齿数），这个过程称为分度。然后，再铣第二个齿槽，这样一个齿槽一个齿槽地铣削，直到铣完所有齿槽为止。分度运动是辅助运动，不参与渐开线表面的成形。

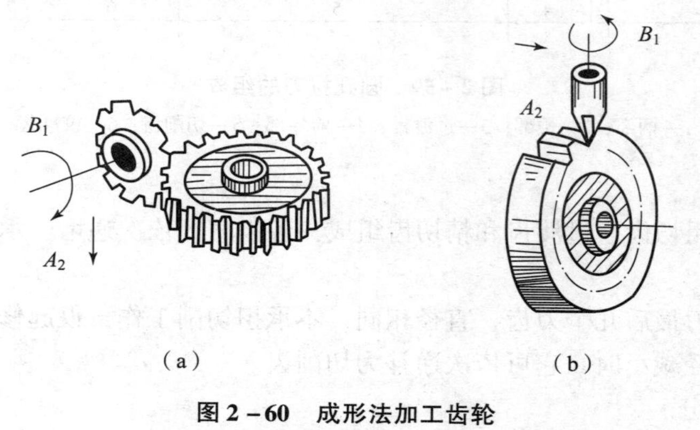

图 2－60　成形法加工齿轮

（a）用盘形齿轮铣刀铣削齿轮；（b）用指状齿轮铣刀铣削齿轮

在加工模数较大的齿轮时，为了节省刀具材料，常用指状齿轮铣刀（模数立铣刀），如图2－60（b）所示。用指状铣刀加工直齿齿轮所需的运动与用盘形铣刀时相同。

用成形法加工齿轮时，也可以用成形刀具在刨床上刨齿或在插床上插齿。

齿轮的齿廓形状决定于基圆的大小，如图2－61所示中的线1、2和3。基圆越小，渐开线弯曲越厉害；基圆越大，渐开线越伸直；基圆半径为无穷大时，渐开线就成了直线1。而基圆直径 $d_{基} = mz\cos\alpha$（m 为齿轮的模数，z 是齿轮齿数，α 是压力角），所以要想精确制造一套具有一定模数和压力角的齿轮，就必须每一种齿数配有一把铣刀，这样并不经济。为了减少刀具数量，一般采用8把一套或15把一套的齿轮铣刀，其每一把铣刀可切削几个齿数的齿轮。8把一套的齿轮铣刀可以参见表2－9。

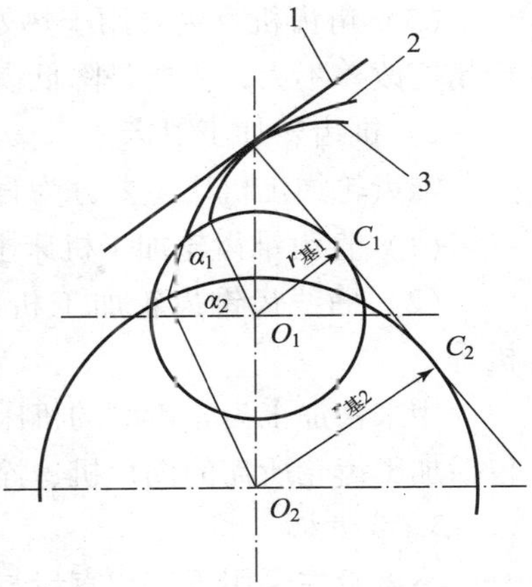

图2－61　渐开线形状与基圆关系

表2－9　齿轮铣刀的刀号

铣刀刀号	1	2	3	4	5	6	7	8
能加工的齿数	12～13	14～16	17～20	21～25	26～34	35～54	55～134	13以上

为了保证加工出来的齿轮在啮合时不会卡住，每一号铣刀的齿形都是按所加工的一组齿轮中齿数最少的齿轮的齿形制成的。因此，用这把铣刀切削同组其他齿数的齿轮时，其齿形是有一些误差的，即成形法加工齿轮的缺点是精度低。这种方法采用单分齿法，即加工完一个齿退回，工件分度，再加工下一齿。因此，生产率也不高。但是这种加工方法简单，不需要专用的机床，所以适用于单件小批生产和加工精度要求不高的修配行业中。

2）展成法

展成法利用齿轮啮合的原理对齿轮进行加工的，其切齿过程模拟某种齿轮副（齿条、圆柱齿轮、蜗轮、锥齿轮等）的啮合过程，即把啮合中的一个齿轮做成刀具来加工另外一个齿轮毛坯，被加工齿的齿形表面是在刀具和工件包络（展成）的过程中由刀具切削刃的位置连续变化而形成的。用展成法加工齿轮的优点是：用同一把刀具可以加工相同模数而任意齿数的齿轮；生产率和加工精度都比较高。在齿轮加工中，展成法应用最为广泛。

2. 齿轮加工机床的类型及其用途

按照被加工齿轮种类不同，齿轮加工机床可以分为圆柱齿轮加工机床和圆锥齿轮加工机床两大类。

1）圆柱齿轮加工机床

圆柱齿轮加工机床主要包括滚齿机、插齿机、磨齿机、剃齿机和珩齿机等。

（1）滚齿机：主要用于加工直齿圆柱齿轮、斜齿圆柱齿轮和蜗轮。

（2）插齿机：主要用于加工单联和多联的内、外直齿圆柱齿轮。

（3）磨齿机：主要用于淬火后的直齿、斜齿圆柱齿轮的齿廓精加工。

（4）剃齿机：主要用于淬火之前的直齿、斜齿圆柱齿轮的齿廓精加工。

（5）珩齿机：主要用于热处理后的直齿、斜齿圆柱齿轮的齿廓精加工。珩齿机对于齿形精度改善不大，主要是降低齿面的表面粗糙度。

2）锥齿轮加工机床

锥齿轮加工机床主要分为直齿锥齿轮加工机床和曲线齿锥齿轮加工机床两类。

（1）直齿锥齿轮加工机床主要包括刨齿机、铣齿机和拉齿机等。

（2）曲线齿锥齿轮加工机床主要包括加工各种不同曲线齿锥齿轮的铣齿机和拉齿机等。

用来精加工齿轮齿面的机床主要有珩齿机、剃齿机、磨齿机等。此外，齿轮加工机床还包括加工齿轮所需的倒角机、淬火机和滚动检查机等。

3. 滚齿机

滚齿机主要用于滚切直齿与斜齿圆柱齿轮和蜗轮，还可以加工花键轴的键。

1）滚齿原理

滚齿加工是根据展成法原理来加工齿轮轮齿的。用齿轮滚刀加工齿轮的过程，相当于一对交错轴斜齿轮副啮合滚动的过程［见图2－62（a）］。将其中的一个齿数减少到一个或几个，轮齿的螺旋倾角很大，就成了蜗杆［见图2－62（b）］；再将蜗杆开槽并铲背，就成了齿轮滚刀［见图2－62（c）］。因此，滚刀实质就是一个斜齿圆柱齿轮，当机床使滚刀和工件严格地按一对斜齿圆柱齿轮的速比关系做旋转运动时，滚刀就可在工件上连续不断地切出齿来。

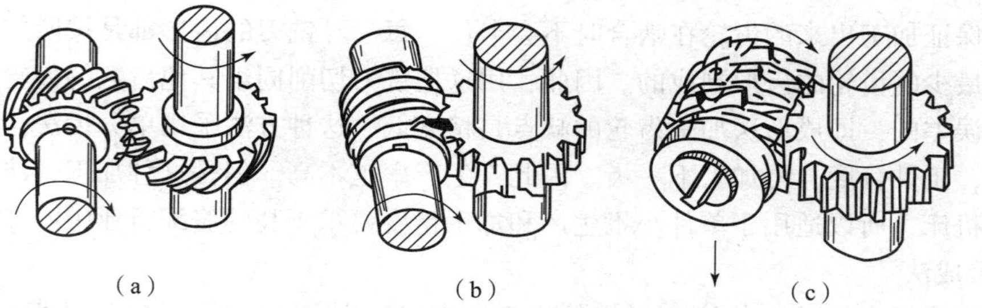

图2－62　滚齿原理

（a），（b）螺旋齿轮转动；（c）滚齿加工

2）Y3150E型滚齿机

Y3150E型滚齿机主要用于滚切直齿和斜齿圆柱齿轮。此外，可采用手动径向进给法滚切蜗轮，也可加工花键轴和链轮。

图2－63所示为Y3150E型滚齿机的外形，其由床身1、立柱2、刀具溜板3、刀架5、后立柱8和工作台9等组成。刀具溜板3带动滚刀刀架可沿立柱导轨做垂直进给运动和快速移动；安装滚刀的刀杆4装在刀架5的主轴上；刀架连同滚刀一起可沿刀具溜板的圆形导轨在240°范围内调整安装角度。工件安装在工作台9的工件心轴7上或直接安装在工作台上，随同工作台一起做旋转运动。工作台和小立柱装在同一溜板上，并沿床身的水平导轨做水平调整移动，以调整工件的径向位置或做手动径向进给运动。小立柱上的支架6可通过轴套或顶尖支承工件心轴的上端，以提高工件心轴的刚度，使滚切工作平稳。

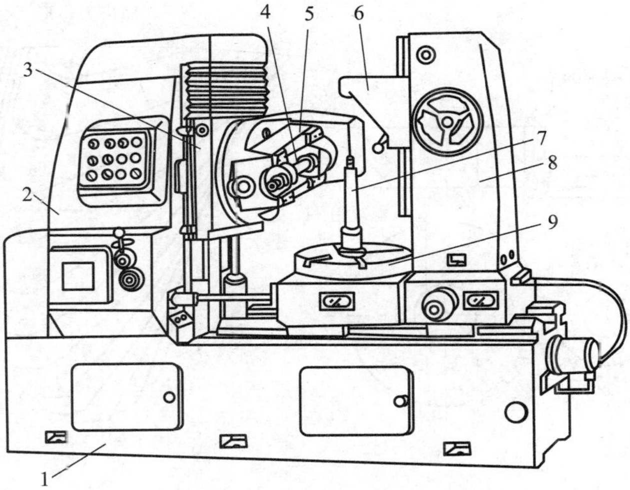

图 2－63　Y3150E 型滚齿机外形

1—床身；2—立柱；3—刀架溜板；4—刀杆；5—刀架；6—支架；7—工件心轴；8—后立柱；9—工作台

4. 插齿机

常见的圆柱齿轮加工机床除滚齿机外，还有插齿机。插齿机主要用于加工直齿圆柱齿轮，尤其适合于加工在滚齿机上不能滚切的内齿轮和多联齿轮。

1）插齿机的工作原理

插齿刀实质上是一个端面磨有前角，齿顶及齿侧均磨有后角的齿轮［见图 2－64（a）］。插齿时，插齿刀沿工件轴向做直线往复运动以完成切削主运动，刀具与工件轮坯做无间隙啮合运动，并在轮坯上渐渐切出轮廓。在加工过程中，刀具每往复一次，仅切出工件齿槽的一小部分，齿廓曲线是在插齿刀刀刃的多次相继切削中由刀刃各瞬时位置的包络线所形成的［见图 2－64（b）］。

2）插齿机的运动

在加工直齿圆柱齿轮时，插齿机应具有以下运动：

（1）主运动。

插齿机的主运动是插齿刀沿其轴线（也是工件的轴线）所做的直线往复运动。在一般立式插齿机上，刀具垂直向下运动的行程称为工作行程，向上运动的行程称为空行程。

若切削速度 v_c（单位：m/min）及行程长度 L（单位：mm）已确定，则可按照下列公式计算出插齿刀每分钟往复行程数 $n_{刀}$，即：

$$n_{刀}=\frac{1\,000v_c}{2L}$$

（2）展成运动。

在加工过程中，插齿刀与工件轮坯应保持一对圆柱齿轮的啮合运动关系，即在插齿刀转过一个齿时，工件也转过一个齿；或者说，插齿刀转过 $1/z_{刀}$（$z_{刀}$ 为插齿刀齿数）转时，工件转过 $1/z_{工}$（$z_{工}$ 为工件齿数）转，这两个运动组成一个复合运动——展成运动。

（3）圆周进给运动。

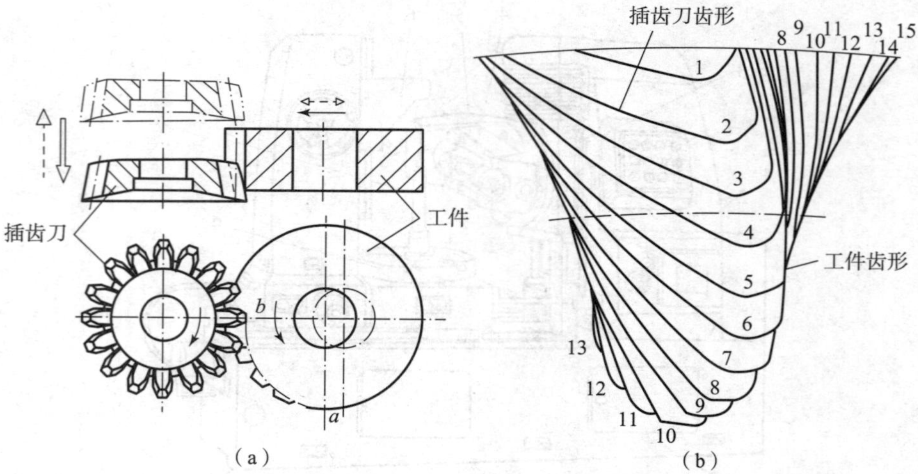

图 2-64　插齿加工原理

(a) 插齿原理；(b) 齿廓曲线

a—径向送进运动开始位置；b—径向送进运动终了位置

插齿刀转动的快慢决定了工件轮坯转动的快慢，同时也决定了插齿刀每一次切削的切削复合，所以称插齿刀的转动为圆周进给运动。圆周进给运动的大小用插齿每次往复行程中刀具在分度圆圆周上所转过的弧长表示，圆周进给量的单位为 mm/往复行程。降低圆周进给量会增加形成齿廓的刀刃切削次数，从而提高齿廓曲线精度。

(4) 让刀运动。

插齿刀向上进行空行程运动时，为了避免擦伤工件齿面和减少刀具磨损，刀具和工件之间应让开一定的距离，一般这个距离为 0.5mm 左右，并在向下进行工作行程之前应迅速复位，以便进行下一次切削。这种让开和恢复原位的运动称为让刀运动。

插齿机的让刀运动一般有两种方式：一种由安装工件的工作台移动来实现；另外一种由刀具主轴摆动来实现。由于工件和工作台的惯性比刀具主轴大，让刀移动产生的振动也大，不利于提高切削速度，所以大尺寸及新型号的中小尺寸插齿机普遍通过刀具主轴摆动来实现让刀运动。

(5) 径向切入运动。

开始插齿时，如果插齿刀立即径向切入工件至全齿深，则会因切削负荷过大而损坏刀具和工件。为了避免这种情况的发生，工件应逐渐向插齿刀（或者插齿刀向工件）做径向切入运动。开始工作时，工件外圆上的 a 点与插齿刀外圆相切，在插齿刀和工件做展成运动的同时，工件相对于插齿刀做径向切入运动；当刀具切入工件至全齿深后（即到达 b 点），径向切入运动停止，然后工件再旋转一整圈，便能加工出全部完整的齿廓。如图 2-64 所示。

根据工件材料、模数、精度等条件的不同，也可以采用两次和三次径向切入法，即刀具切入到工件全齿深分 2~3 次完成，每次径向运动结束后都需要将工件转过一整圈。径向进给量的大小用插齿刀每次往复行程中的工件或刀具径向切入的距离表示，其单位为 mm/往复行程。

3）Y5132 型插齿机

Y5132 型插齿机的外形如图 2－65 所示，它由床身 1、立柱 2、刀架 3、插齿刀主轴 4、工作台 5 和工作台溜板 7 等部件组成。

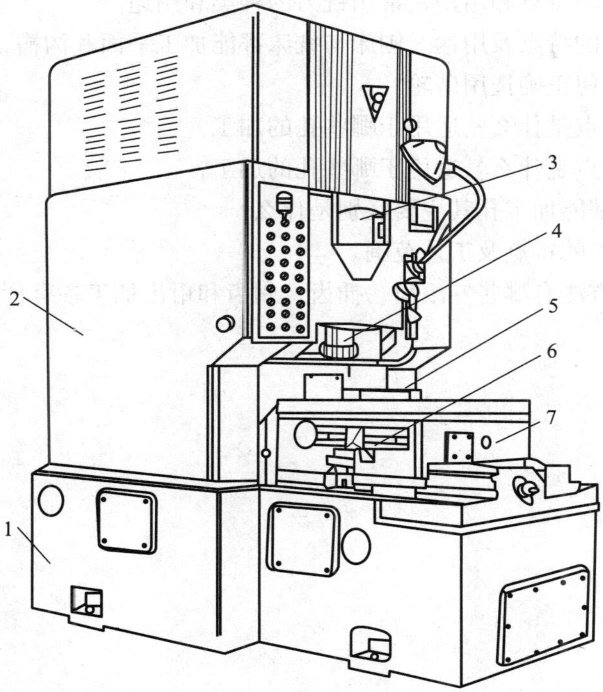

图 2－65　Y5132 型插齿机

1—床身；2—立柱；3—刀架；4—插齿刀主轴；5—工作台；6—挡块支架；7—工作台溜板

Y5132 型插齿机加工外齿轮最大分度圆直径为 320mm，最大加工齿轮宽度为 80mm，加工内齿轮最大直径为 500mm，最大宽度为 50mm。

【思考与训练】

1. 说出下列机床的名称和主参数（第二主参数），并说明它们各具有何种通用或结构特性：

CM6132，C1336，C2150 ×6，Z3040 ×16，T6112，T4163B，XK5040，B2021A，MGB1432

2. 画简图表示用下列方法加工所需表面时，需要哪些成形运动？其中哪些是简单运动？哪些是复合运动？

（1）用成形车刀车削外圆锥面；

（2）用尖刃车刀纵、横向同时走刀车外圆锥面；

（3）用钻头钻孔；

（4）用拉刀拉削圆柱孔；

（5）用单片薄砂轮磨螺纹；

(6) 用成形铣刀铣直线成形面。

3. 车削加工的特点是什么？主要适用于哪些表面形状的加工？
4. 简述常用车刀的种类及用途。
5. 简述铣削加工的特点和用途及常用铣刀的种类和用途。
6. 简述刨削加工的特点及用途。刨床与铣床都能加工平面和沟槽，其主要区别是什么？
7. 磨削加工时如何正确选用砂轮？
8. 钻床加工的特点是什么？适用于哪些孔的加工？
9. 镗床加工的特点是什么？适用于哪些孔的加工？
10. 钻床和镗床都能加工孔其主要区别是什么？
11. 说明拉削加工的特点及工艺范围。
12. 齿轮加工的方法有哪些？滚齿、插齿、剃齿和珩齿加工各有什么特点？

第3章 机床夹具

【学习指南】

1. 了解机床夹具的作用、组成及分类；
2. 理解工件的基本定位原理，能对工件加工要求进行自由度理限分析；
3. 掌握常用定位元件的定位方式、结构特点及所能限制的自由度；
4. 了解定位误差分析计算的一般方法，并能进行简单的定位误差分析计算；
5. 了解常见夹紧机构、典型机床夹具和现代机床夹具。

【本章重点】

1. 工件定位原理及自由度理限分析；
2. 常用定位元件的定位方式、结构特点及所能限制的自由度；
3. 典型机床夹具在工程实践中的应用举例。

【本章难点】

1. 工件定位原理及自由度理限分析；
2. 常用定位元件的定位方式、结构特点及所能限制的自由度分析。

3.1 机床夹具概述

3.1.1 工件的装夹方式

装夹是指工件加工前，在机床或夹具中占据某一正确加工位置，然后再予以压紧工件的过程。

1. 找正法装夹工件

(1) 以工件已有表面找正装夹工件。如图3-1所示，在四爪卡盘上用划针找正装夹工件。

(2) 以工件上事先划好的线痕迹找正装夹工件。如图3-2所示，在虎钳上用划针找正装夹工件。

找正法装夹工件的主要过程：预夹紧→找正、敲击→完全夹紧。

可见，找正法装夹工件，工件正确位置是通过找正获得的，而夹具只起到夹紧工件的作用；简单、方便，生产率低，劳动强度大，适用于单件、小批生产。

2. 专用夹具装夹工件

如图3-3所示，在铣床夹具上加工套类零件上的通槽，工件以内孔及端面与夹具上心

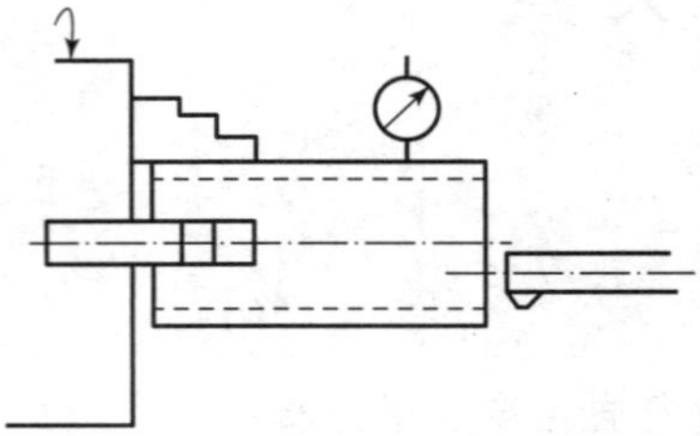

图 3－1　四爪装夹工件

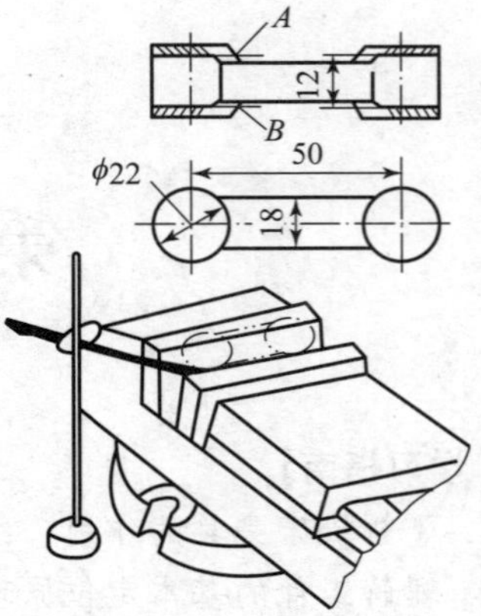

图 3－2　划线装夹工件

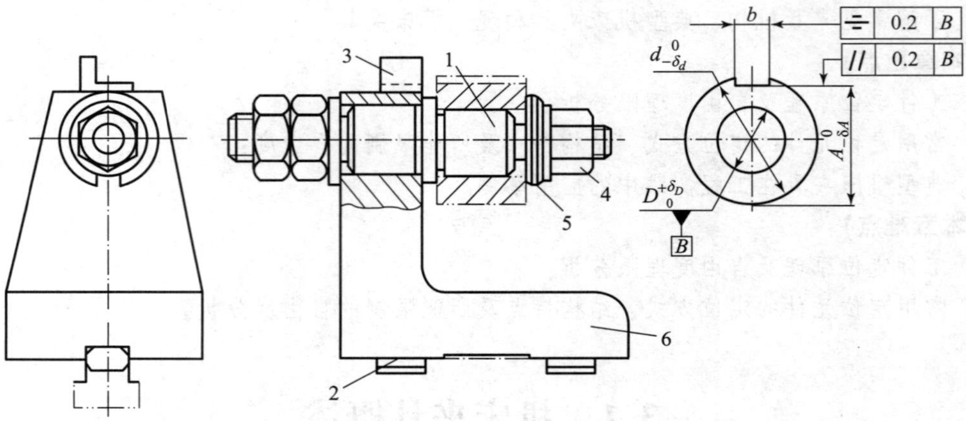

图 3－3　铣床夹具

1—心轴；2—定位键；3—对刀块；4—螺母；5—开口垫圈；6—夹具体

轴 1 及端面接触定位，通过开口垫圈 5、螺母 4 压紧工件。在铣床上夹具通过底面和定位键 2 与铣床工作台面和 T 形槽面接触而确定夹具在铣床工作台上的位置，通过螺栓压板压紧夹具，然后移动工作台，让对刀块 3 工作面与塞尺、刀具切削表面接触确定其相对位置加工工件，因对刀块工作面到定位销轴线的位置尺寸是根据工件加工要求确定的，所以在加工一批工件过程中只需一次对刀，大大缩短了辅助时间。

可见，用专用夹具装夹工件有以下特点：

（1）工件在夹具中定位迅速；

（2）工件通过预先在机床上调整好位置的夹具，相对机床占有正确位置；

（3）工件通过对刀和导引装置，相对刀具占有正确位置；

（4）对加工成批工件效率尤为显著。

3. 工件装夹的目的

（1）定位：使工件获得正确的加工位置。

（2）夹紧：固定工件的正确加工位置。

一般先定位、后夹紧，特殊情况下定位、夹紧同时实现，如三爪自动卡盘装夹工件。

3.1.2 夹具的组成与作用

1. 夹具的组成

如图3-3所示，机床夹具主要由以下几部分组成：

(1) 定位元件：用于确定工件在夹具中的准确位置。

(2) 夹紧装置：用于夹紧工件。

(3) 对刀、导引元件：确定刀具相对夹具定位元件的位置。

(4) 其他装置：如分度元件等。

(5) 连接元件和连接表面：用于确定夹具本身在机床主轴或工作台上的位置。

(6) 夹具体：用于将夹具上的各种元件和装置连接成一个有机整体。

2. 夹具的作用

1) 保证加工精度

用机床夹具装夹工件，能准确确定工件与刀具、机床之间的相对位置关系，可以保证加工精度。

2) 提高生产效率、降低成本

机床夹具能快速地将工件定位和夹紧，可以减少辅助时间、提高生产效率、降低成本。

3) 减轻工人劳动强度

机床夹具采用机械、气动、液动夹紧装置，可以大大减轻工人的劳动强度。

4) 扩大机床的使用范围

利用机床夹具，能扩大机床的加工范围。例如，在车床或钻床上使用镗模可以代替镗床镗孔，使车床、钻床具有镗床的功能。

3.1.3 夹具的分类

1. 按夹具的应用范围分类

1) 通用夹具

通用夹具是指结构、尺寸已标准化，且有较大适用范围的夹具。如车床用的三爪自动定心卡盘、四爪单动卡盘及铣床用的平口钳及分度头等。

2) 专用夹具

针对某一工件某一工序的加工要求专门设计和制造的夹具。专用机床夹具适于产品相对稳定、产量较大的场合。

3) 可调夹具

不对应特定的加工对象，适用范围广，通过适当的调整或更换夹具上的个别元件，即可用于加工形状、尺寸和加工工艺相似的多种工件，是针对通用夹具和专用夹具的缺陷而发展起来的一类新型夹具。

4) 组合夹具

由一套预先制定好的各种不同形状、不同尺寸规格、具有互换性的标准元件或组件，按照一定的装配约束关系组合而成的夹具。常用在单件、中小批多品种生产和数控加工中，是一种较经济的夹具。

5）随行夹具

给自动化生产线专门设计的夹具。

2. 按使用机床分类

按使用机床不同可分为车床、铣床、刨床、钻床、镗床和磨床夹具等。

3. 按夹紧动力源分类

按夹紧动力源不同可分为手动、气动、液动和电动夹具等。

3.2 工件在夹具中的定位

在机械加工过程中，为保证工件某工序的加工要求，必须使工件在机床上相对刀具的切削成形运动处于准确的相对位置。当用夹具装夹加工一批工件时，是通过夹具来实现这一要求的。而要实现此要求又必须保证以下三个条件：

（1）一批工件在夹具中占有准确的加工位置；

（2）夹具安装在机床上的准确位置；

（3）刀具相对夹具的准确位置。

“一批工件在夹具中占有准确的加工位置”，就是本节所要讨论的定位问题。

工件在夹具中的定位对保证本工序加工要求有着重要影响。夹具以定位元件的工作面与工件的定位面接触或配合使工件在夹具中占有准确的加工位置。所谓准确的加工位置就是指工件处于能保证加工要求的几何位置。为此首先要使一个工件在夹具中占有准确的几何位置，这就是定位原理要解决的主要任务。

3.2.1 工件定位的基本原理

1. 自由度的概念

一个处于空间自由状态的物体在直角坐标系中具有六个自由度。如图 3－4（a）所示长方体工件，它在空间的位置是任意的，即能沿 x、y、z 三个坐标轴移动［见图 3－4（b）］，称为移动自由度，分别表示为 $\vec{x}$、$\vec{y}$、$\vec{z}$；它还能绕着三个坐标轴转动，如图 3－4（c）所示，称为转动自由度，分别表示为 $\overset{\frown}{x}$、$\overset{\frown}{y}$、$\overset{\frown}{z}$。

2. 六点定位原理

定位就是限制自由度。工件的六个自由度如果都加以限制，则工件在空间的位置就完全确定下来了。

分析工件定位时，通常是用一个支承点限制工件的一个自由度。用合理设置的六个支承点限制工件的六个自由度，使工件在夹具中的位置完全确定，这就是所说的“六点定位原理”。

如图 3－5（a）所示，在长方体工件底面上布置的三个支承点 1、2、3（不能在一直线上）限制了工件 $\overset{\frown}{x}$、$\overset{\frown}{y}$、$\vec{z}$ 三个自由度，则底面为工件的主要定位基准。三个支承点连接起来所形成的三角形越大，工件就放得越稳。因此，往往选择工件上最大的定位基准面作为主

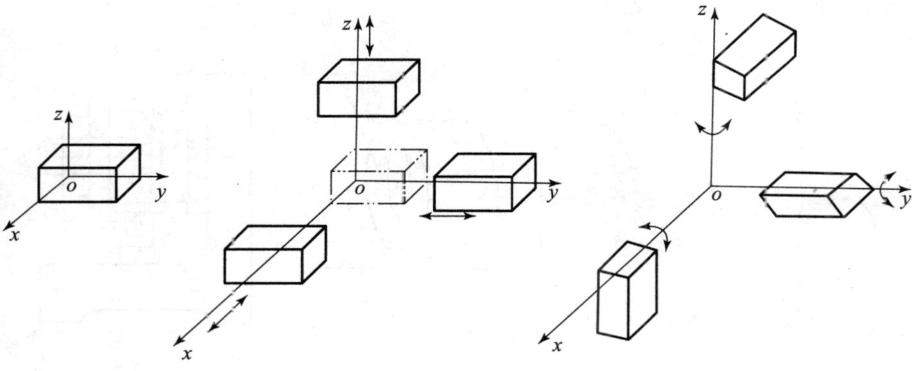

（a）　　（b）　　（c）

图 3－4　工件的六个自由度

（a）任意位置；（b）移动自由度；（c）转动自由度

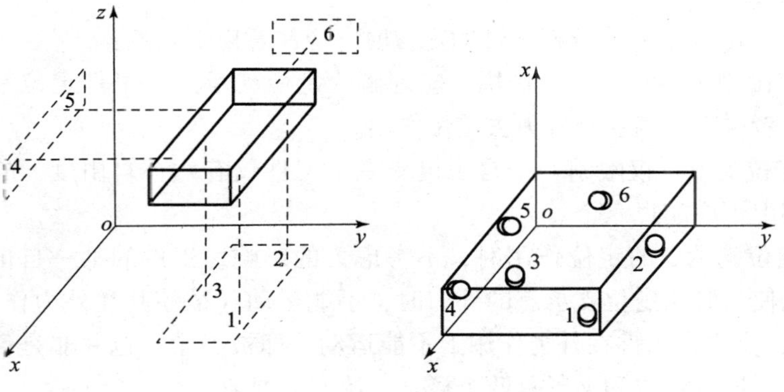

（a）　　（b）

图 3－5　长方体工件定位时支承点的分布示例

（a）长方体工件的定位原理；（b）定位元件结构

要定位基准面。

在工件侧面上布置的两个支承点 4、5（此两点的连线不能与底面垂直）限制了工件的 $\vec{y}$ 、$\overset{\frown}{z}$两个自由度，该侧面为工件的导向定位基准。应尽量选择工件上的窄长表面作为导向定位基准面。

在工件端面上的一个支承点 6 限制了工件的 $\vec{x}$ 自由度。此端面为止推定位基准。

上述六个支承点限制了工件的六个自由度，实现了完全定位。在具体的夹具中，支承点是由定位元件来体现的，图 3－5（b）中设置了六个支承钉，其每个支承钉与工件的接触面很小，可视为支承点。

如图 3－6 所示的盘套类工件也可以采用类似的方法定位。图 3－6（a）所示为在工件上钻孔的工序图。图 3－6（b）中设置六个支承点，工件端面紧贴在支承点 1、2、3 上，限制 $\vec{y}$ 、$\overset{\frown}{x}$、$\overset{\frown}{z}$三个自由度；工件内孔紧靠支承点 4、5，限制 $\vec{x}$ 、$\vec{z}$ 两个自由度；键槽侧面靠在支承点 6 上、限制$\overset{\frown}{y}$自由度。图 3－6（c）所示为图 3－6（b）中六个支承点所采用定位元件的具体结构，以台阶面 A 代替 1、2、3 三个支承点；以短销 B 代替 4、5 两个支承点；以键槽中的防转销 C 代替支承点 6。

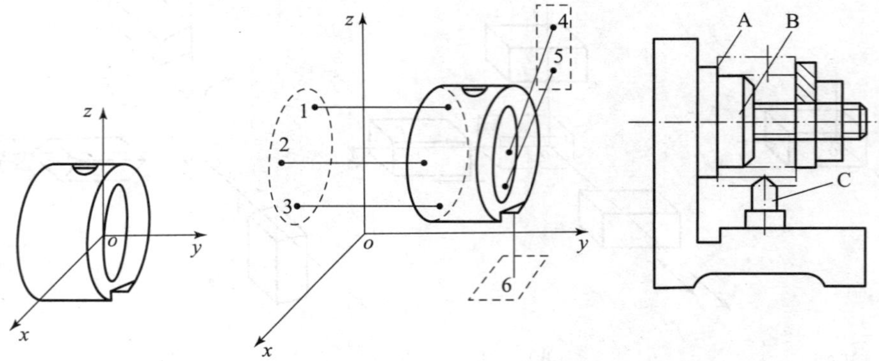

图 3 - 6　盘套类工件定位时支承点的分布示例

(a) 钻孔工序；(b) 环形工件定位原理；(c) 定位元件结构

在应用“六点定位原理”分析工件的定位时，应注意以下几点：

(1) 支承点限制工件自由度的作用，应理解为定位支承点与工件定位基准面始终保持紧贴接触。若二者脱离，则意味着失去定位作用。

(2) 一个定位支承点仅限制一个自由度，一个工件仅有六个自由度，故所设置的定位支承点数目原则上不应超过六个。

(3) 分析定位支承点的定位作用时，不考虑力的影响。工件的某一自由度被限制，并非指工件在受到使其脱离定位支承点的外力时，不能运动（欲使其在外力作用下不能运动，是夹紧的任务）；反之，工件在外力作用下不能运动，即被夹紧，也并非是说工件的所有自由度都被限制了。所以定位和夹紧是两个概念，绝不能混淆。

3.2.2　工件定位的几种情况

1. 完全定位

完全定位是指工件的六个自由度全部被限制的定位。当工件在 x、y、z 三个方向上均有尺寸要求或位置精度要求时，一般采用完全定位方式，如图 3 - 6 所示。

2. 不完全定位

不完全定位是指根据工件的加工要求，并不需要限制工件的全部自由度，但应该限制的自由度都被限制的定位。如图 3 - 7 所示，在车床上加工通孔，根据加工要求，不需要限制 $\vec{y}$ 和 $\widehat{x}$ 两个自由度，故用三爪自定心卡盘限制其余四个自由度，即可实现四点定位。

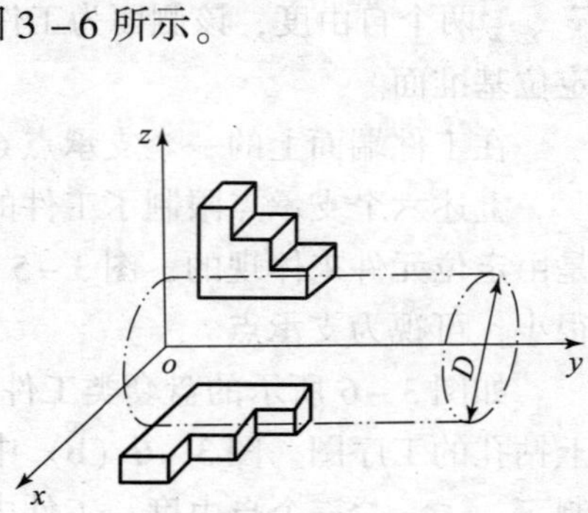

图 3 - 7　不完全定位示例

3. 欠定位

欠定位是指工件定位时，应该限制的自由度没有被全部限制的定位（实际定位时不允许发生）。如图 3 - 6 所示，若无防转销 C，工件绕 y 轴转动方向上的位置将不确定，则钻出的孔与下面的槽不一定能达到对称要求。

4. 过定位（重复定位）

过定位是指工件定位时，几个定位元件重复限制工件同一自由度的定位。通常情况下这种定位方式是不允许出现的。

图 3-8（a）所示为孔与端面联合定位的情况，由于大端面限制 $\vec{y}$、$\overset{\curvearrowright}{x}$、$\overset{\curvearrowright}{z}$三个自由度，长销限制 $\vec{z}$、$\overset{\curvearrowright}{z}$、$\vec{x}$、$\overset{\curvearrowright}{x}$四个自由度，可见$\overset{\curvearrowright}{x}$和$\overset{\curvearrowright}{z}$被两个定位元件重复限制，出现过定位。图 3-8（b）所示为平面与两个短圆柱销组合定位的情况，平面限制$\overset{\curvearrowright}{x}$、$\overset{\curvearrowright}{y}$、$\vec{z}$ 三个自由度，两个短圆柱销分别限制 $\vec{x}$、$\vec{y}$ 和$\vec{y}$、$\overset{\curvearrowright}{z}$，则$\vec{y}$ 自由度被重复限制，出现过定位。过定位可能导致工件无法安装或变形，或引起定位元件变形。

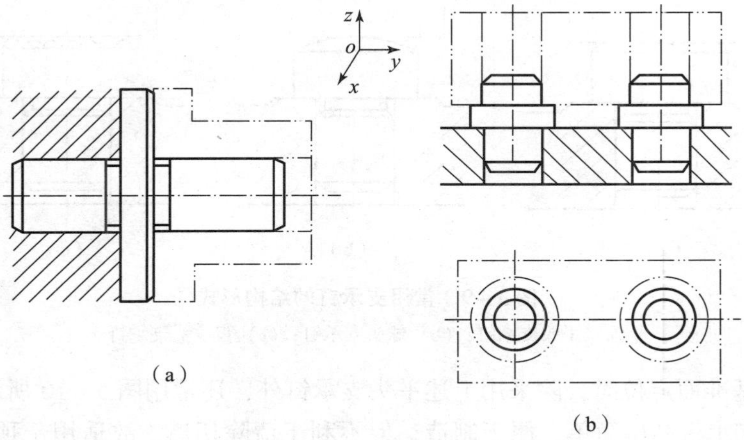

图 3-8　过定位示例

（a）长销与大端面联合定位；（b）平面与两个短圆柱销联合定位

由于过定位往往会带来不良后果，所以应尽量避免。消除或减小过定位所引起的干涉，一般有两种方法：一种方法是改变定位元件的结构，使定位元件重复限制自由度的部分不起定位作用；另一种方法是提高工件定位基准之间以及定位元件工作表面之间的位置精度，这样也可消除因过定位而引起的不良后果，仍能保证工件的加工精度，而且有时还可以使夹具制造简单，使工件定位稳定、刚性增强。

3.3　定位方式与定位元件

工件的定位表面形状各异，如平面、外圆、圆孔等，对于这些表面，总是采用一定结构的定位元件，以保证定位元件的定位面和工件定位基准面相接触或配合，实现对工件的定位。下面分析各种典型表面的定位面和定位元件。

3.3.1　工件以平面定位及常用定位元件

在机械加工中，利用工件上的一个或几个平面作为定位基准来定位工件的方式，称为平面定位，如箱体、支架类零件等，常以平面为定位基准。平面定位常用的定位元件有固定支承、可调支承和自位支承。

1. 固定支承

固定支承是指高度尺寸固定、不能调整的支承，包括固定支承钉和固定支承板两类。常用支承钉的结构形式如图 3－9 所示。当工件以粗糙不平的毛坯面定位时，常采用球头支承钉［见图 3－9（b）］，使其与毛坯良好接触；齿纹头支承钉［见图 3－9（c）］用在工件的侧面，能增大摩擦系数，防止工件滑动；当工件以加工过的平面定位时，可采用平头支承钉［见图 3－9（a）］。

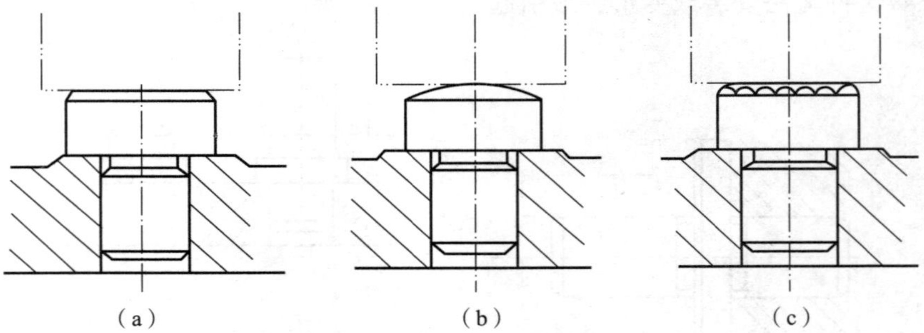

图 3－9　常用支承钉的结构形式

（a）平头支承钉；（b）球头支承钉；（c）齿纹头支承钉

工件以精基准面定位时，除采用上述平头支承钉外，还常用图 3－10 所示的支承板作定位元件。A 型支承板结构简单，便于制造，但不利于清除切屑，故适用于顶面和侧面定位；B 型支承板则易保证工作表面清洁，故适用于底面定位。

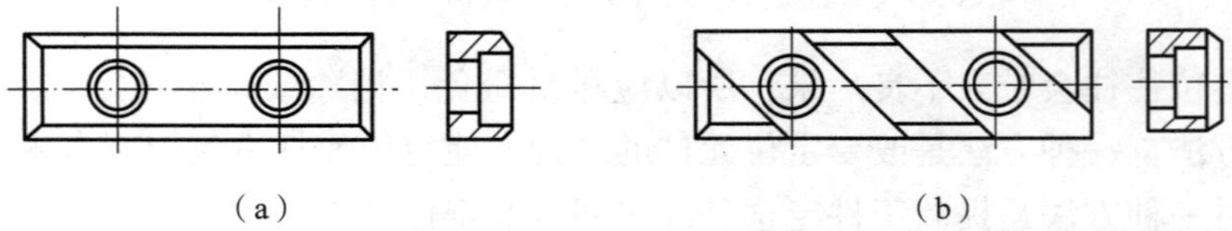

图 3－10　常用支承板的结构形式

（a）A 型；（b）B 型

夹具装配时，为使几个支承钉或支承板严格共面，装配后，需将其工作表面一次磨平，从而保证各定位表面的等高性。

2. 可调支承

可调支承是指顶端位置可在一定高度范围内调整的支承。常用的可调支承结构如图 3－11 所示。可调支承多用于支承工件的粗基准面，支承高度可根据需要进行调整，调整到位后螺母锁紧。一个可调支承限制一个自由度。

图 3－11　常用可调支承板的结构形式

3. 自位支承

自位支承是指支承本身的位置在定位过程中，能自动适应工件定位基准面位置变化的一类支承。自位支承能增加与工作定位面的接触点数目，使单位面积压力减小，故多用于刚度不足的毛坯表面或不连续的平面的定位。图 3－12 所示为几种自位支承的结构形式，无论是图 3－12（a）、图 3－12（b）还是图 3－12（c）所示都只相当于一个定位支承点，仅限制工件的一个自由度。

此外，在生产中有时为了提高工件的刚度和定位稳定性，常采用辅助支承。如图 3－13 所示，在靠近铣刀处增设辅助支承 2，可避免铣削时的振动，提高定位及加工的稳定性。值得注意的是：无论采用哪种形式的辅助支承，它都不起定位作用，因此不限制工件的自由度。

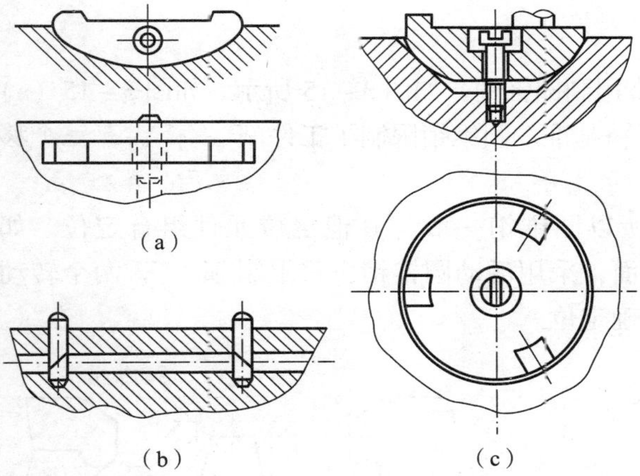

图 3－12　自位支承板的结构形式

（a），（b）两点式；（c）三点式

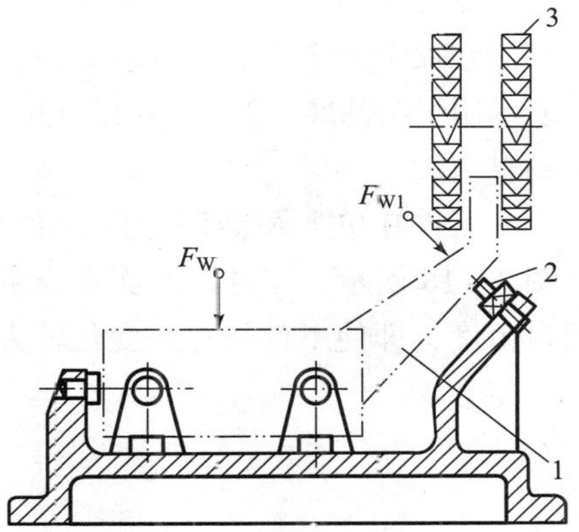

图 3－13　辅助支承的应用实例

1—工件；2—辅助支承；3—铣刀

3.3.2　工件以圆孔定位及常用定位元件

有些工件，如套筒、法兰盘等类零件常以孔作为定位基准，此时采用的定位元件有定位销和定位心轴等。

1. 定位销

图 3－14 所示为几种常用的圆柱定位销，其工作部分直径 d 通常根据加工要求及考虑便于装夹，按 g5、g6、f6 或 f7 制造。如图 3－14（a）～图 3－14（c）所示定位销与夹具体的连接采用过盈配合；图 3－14（d）所示为带衬套的可换式圆柱销结构，这种定位销与衬套的配合采用间隙配合，故其位置精度较固定式定位销低，一般用于大批大量生产中。

为便于工件顺利装入，定位销的头部应有 15°倒角。

短圆柱销与工件配合长度小于等于工件长度的 1/3，它限制工件两个自由度；长圆柱销工件配合长度大于工件长度的 2/3，它限制工件的四个自由度。

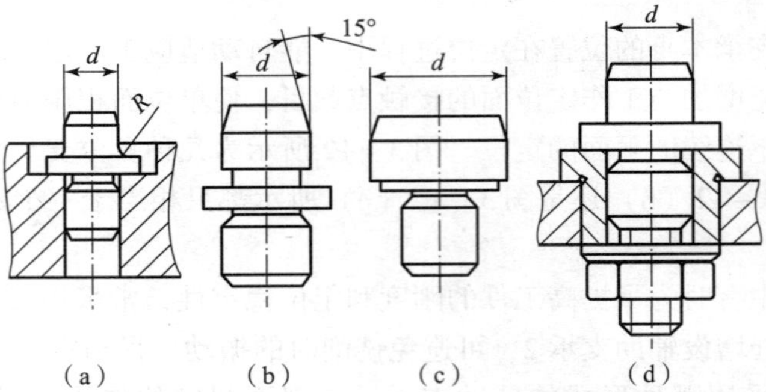

图 3－14 几种常用的圆柱定位销

(a) $d<10$；(b) $d=10\sim18$；(c) $d>18$；(d) $d>10$

2. 圆锥销

在加工套筒、空心轴等类工件时，也经常用到圆锥销，如图 3－15 所示。如图 3－15（a）所示用于粗基准，如图 3－15（b）所示用于精基准。圆锥销限制了工件 $\vec{x}$、$\vec{y}$、$\vec{z}$ 三个移动自由度。

工件在单个圆锥销上定位容易倾斜，所以圆锥销一般与其他定位元件组合定位。如图 3－16 所示，工件以底面作为主要定位基面，采用活动圆锥销，只限制 $\vec{x}$、$\vec{y}$ 两个转动自由度，即使工件的孔径变化较大，也能准确定位。

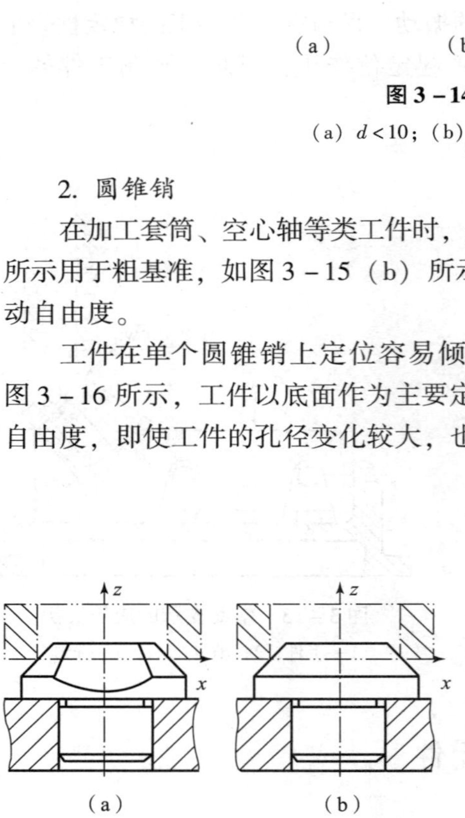

图 3－15 圆锥销

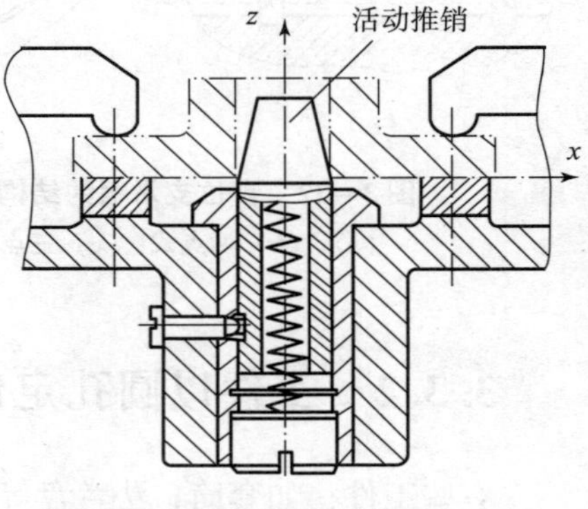

图 3－16 圆锥销组合定位

3. 定位心轴

定位心轴主要用于套筒类和空心盘类工件的车、铣、磨及齿轮加工中，常见的有圆柱心轴和圆锥心轴等。

1）圆柱心轴

图 3－17（a）所示为间隙配合圆柱心轴，其定位精度不高，但装卸工件较方便；图3－17（b）所示为过盈配合圆柱心轴，常用于对定心精度要求高的场合；图 3－17（c）所示为花键心轴，用于以花键孔为定位基准的场合。当工件孔的长径比 $L/D>1$ 时，工作部分可略带锥度。

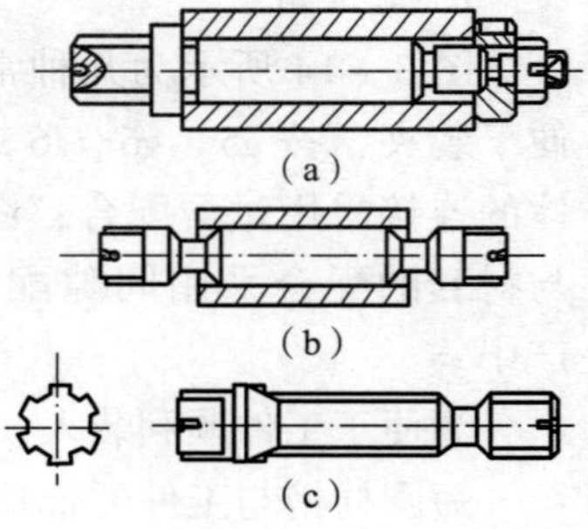

图 3－17 几种常见的圆柱心轴

短圆柱心轴（指它与工件配合长度小于等于工件长度的

1/3）限制工件两个自由度，长圆柱心轴（指它与工件配合长度大于工件长度的2/3）限制工件四个自由度。

2）圆锥心轴

图3－18所示为以工件上的圆锥孔在圆锥心轴上定位的情形。这类定位方式是圆锥面与圆锥面接触，要求锥孔和圆锥心轴的锥度相同，接触良好。因此，定心精度与角向定位精度均较高，而轴向定位精度取决于工件孔和心轴的尺寸精度。圆锥心轴限制工件的五个自由度，即除绕轴线转动的自由度没限制外，其他自由度均已限制。

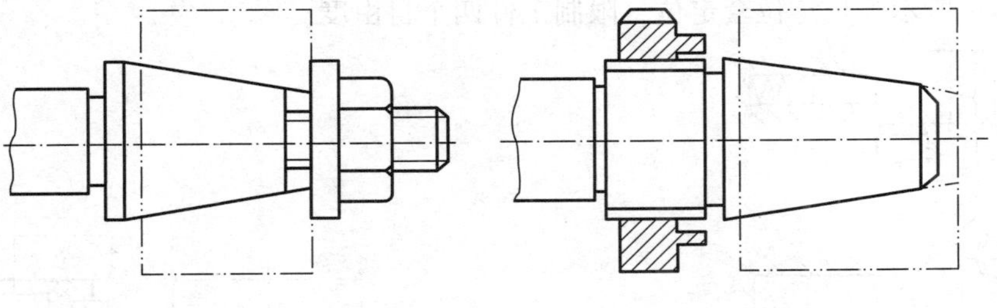

图3－18 圆锥心轴

3.3.3 工件以外圆定位及常用定位元件

工件以外圆柱面作定位基准时，根据外圆柱面的完整程度、加工要求和安装方式，可以在V形块、定位套、半圆套及圆锥套中定位。其中最常用的是在V形块上定位。

1. V形块

V形块有固定式和活动式之分。图3－19所示为常用固定式V形块，如图3－19（a）所示用于较短的精基准定位；如图3－19（b）所示用于较长的粗基准（或阶梯轴）定位；如图3－19（c）所示用于两段精基准面相距较远的场合；如图3－19（d）所示的V形块是在铸铁底座上镶淬火钢垫而成，用于定位基准直径与长度较大的场合。

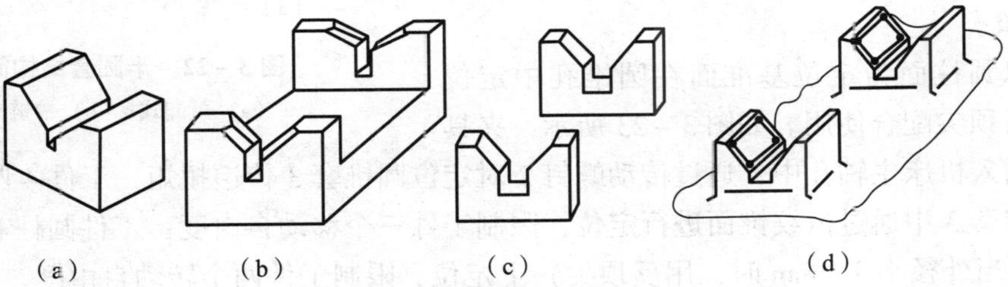

图3－19 V形块

如图3－20所示中的活动式V形块限制工件在y方向上的移动自由度，它除可用于定位外，还兼有夹紧作用。

根据工件与V形块的接触母线长度，固定式V形块可以分为短V形块和长V形块，前者限制工件两个自由度，后者限制工件四个自由度。

V形块定位的优点是：对中性好，能使工件的定位基准轴线对中在V形块两斜面的对称平面上，并在左、右方向上不会发生偏移，且安装方便；应用范围较广。不论定位基准是否经过加工，也不论是完整的圆柱面还是局部圆弧面，都可采用 V 形块定位。

V 形块上两斜面间的夹角一般选用 60°、90°和 120°，其中以 90°应用最多。其典型结构和尺寸均已标准化，设计时可查阅国家标准手册。V 形块的材料一般用 20 钢，渗碳深度为 0.8 ~ 1.2mm，淬火硬度为 60 ~ 64HRC。

2. 定位套

工件以外圆柱表面为定位基准，在定位套内孔中定位，这种定位方法一般适用于精基准定位，如图 3 – 21 所示。图 3 – 21（a）所示为短定位套定位，限制工件两个自由度；图 3 – 21（b）所示为长定位套定位，限制工件四个自由度。

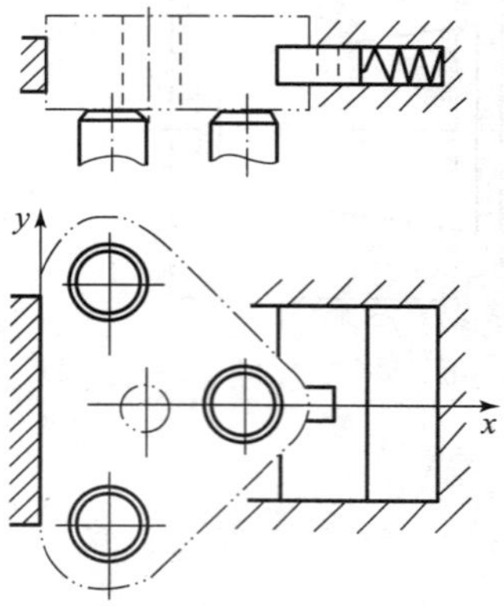

图 3 – 20　活动 V 形块应用实例

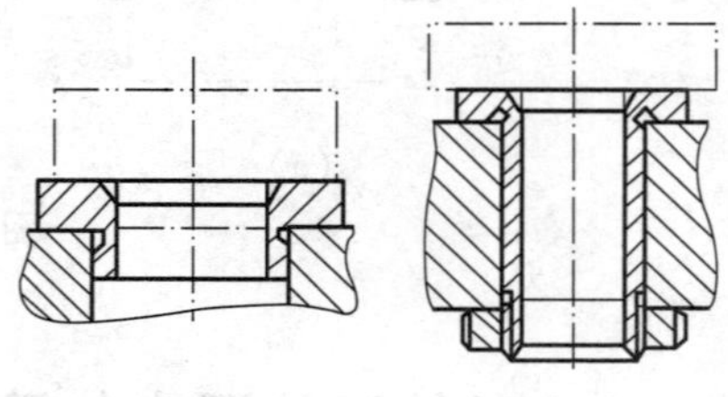

（a）　（b）

图 3 – 21　工件在定位套内定位

（a）短定位套定位；（b）长定位套定位

3. 半圆套

图 3 – 22 所示为半圆套结构简图，下半圆起定位作用，上半圆起夹紧作用。图 3 – 22（a）所示为可卸式半圆套，图 3 – 22（b）所示为铰链式半圆套，后者装卸工件方便些。短半圆套限制工件两个自由度，长半圆套限制工件四个自由度。

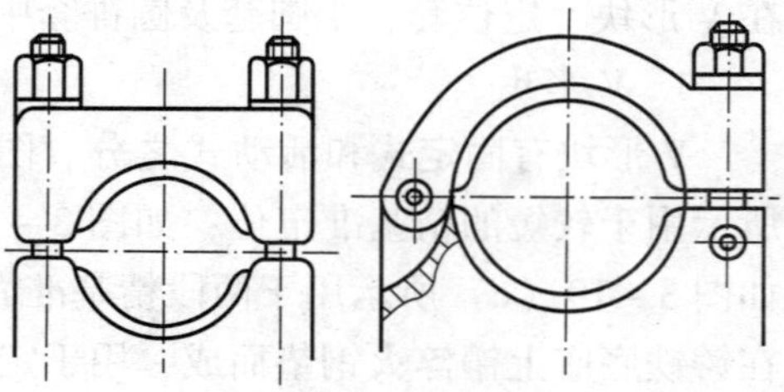

（a）　（b）

图 3 – 22　半圆套结构简图

（a）可卸式；（b）铰链式

4. 圆锥套

工件以圆柱面为定位基准面在圆锥孔中定位时，常与后顶尖配合使用。如图 3 – 23 所示，夹具体锥柄 1 插入机床主轴孔中，通过传动螺钉 2 对定位圆锥套 3 传递扭矩，工件 4 圆柱左端部在定位圆锥套 3 中通过齿纹锥面进行定位，限制工件三个移动自由度；工件圆柱右端锥孔在后顶尖 5（当外径小于 6mm 时，用反顶尖）上定位，限制工件两个转动自由度。

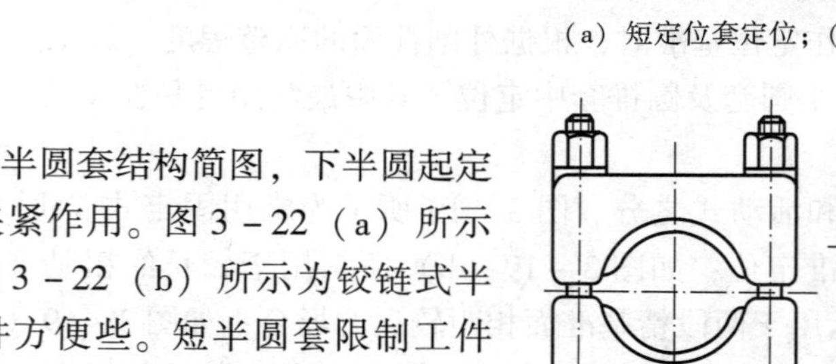

图 3 – 23　工件在圆锥套中定位

1—夹具体锥柄；2—传动螺钉；3—定位圆锥套；4—工件；5—后顶尖

3.3.4　工件以组合表面定位

在实际加工过程中，工件往往不是采用单一表面来定位，而是以组合表面定位。常见的有平面与平面组合、平面与孔组合、平面与外圆柱面组合、平面与其他表面组合及锥面与锥面组合等。

例如，在加工箱体零件时，往往采用一面两孔组合定位，即一个平面及与该平面垂直的两孔为定位基准，如图 3－24 所示。正如上一节所讲，当采用一平面、两短圆柱销为定位元件时，此时平面限制 $\vec{z}$ 、$\widehat{x}$、$\widehat{y}$ 三个自由度，第一个定位销限制 $\vec{x}$ 、$\vec{y}$ 两个移动自由度，第二定位销限制 $\vec{x}$ 和 $\widehat{z}$两个自由度，因此 $\vec{x}$ 过定位。在这种情况下，一般将第二个销子采用削边销结构，即采取在过定位方向上，将第二个圆柱销削边，如图 3－24（a）所示，短的削边销（菱形销）仅限制 $\widehat{z}$ 一个自由度，以解决 $\vec{x}$ 过定位。如图 3－24（b）所示削边销的截面形状为菱形，又称菱形销，用于直径小于 50mm 的孔；如图 3－24（c）所示削边销的截面形状常用于直径大于 50mm 的孔。

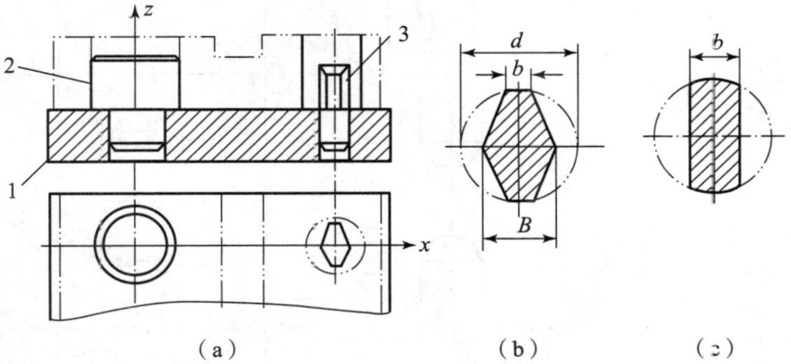

图 3－24　一面两孔组合定位示例

1—平面；2—圆柱孔；3—短削边销

表 3－1 列举了常用定位元件的定位方式及所限制的工件自由度。

表 3－1　常用定位元件能限制的工件自由度

工件定位基准面	定位元件	定位元件简图	定位元件的特点	限制的自由度
平面 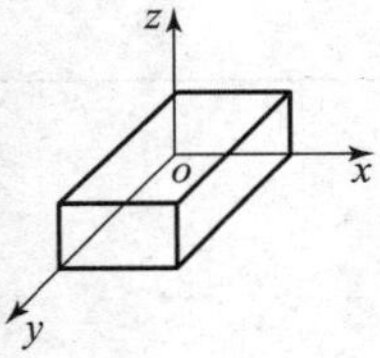	支承钉	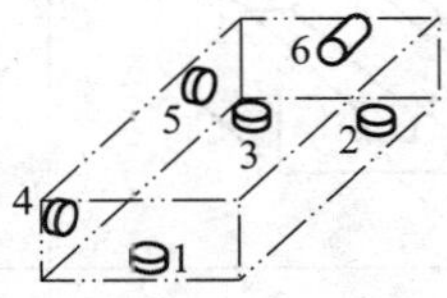		1，2，3— $\vec{z}$ 、$\widehat{x}$、$\widehat{z}$； 4，5— $\vec{x}$ 、$\widehat{z}$
	支承板	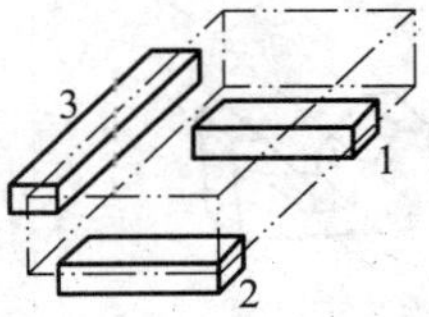	每个支承板可设计成两个或两个以上小支承板	1，2— $\vec{z}$ 、$\widehat{x}$、$\widehat{y}$； 3— $\vec{x}$ 、$\widehat{z}$

续表

工件定位基准面	定位元件	定位元件简图	定位元件的特点	限制的自由度
圆孔 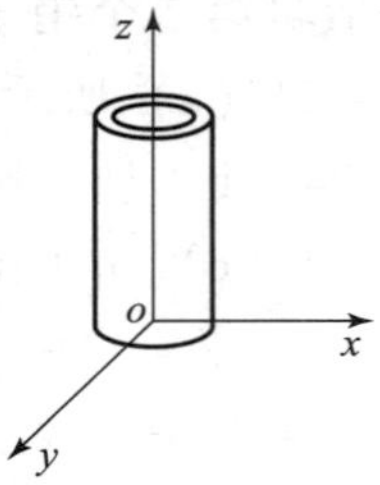	定位销/心轴	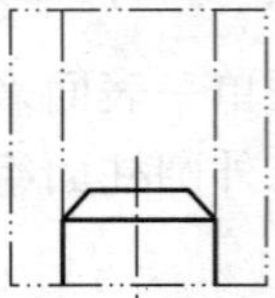	短销（短心轴）	$\vec{x}$、$\vec{y}$
		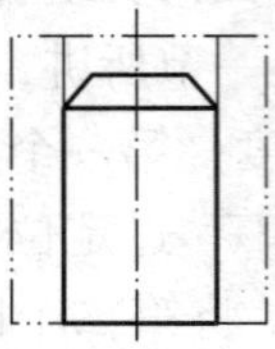	长销（长心轴）	$\vec{x}$、$\vec{y}$；$\widehat{x}$、$\widehat{y}$
	锥销	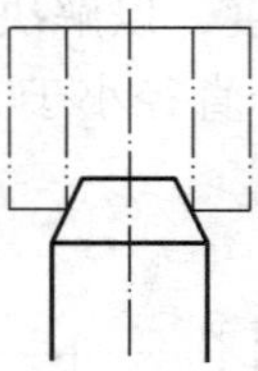	单锥销	$\vec{x}$、$\vec{y}$、$\vec{z}$
		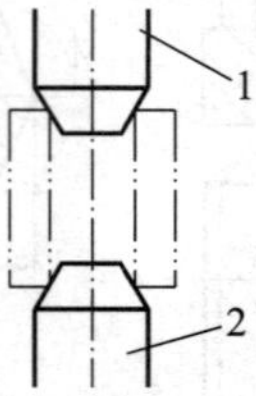	1—固定销	$\vec{x}$、$\vec{y}$、$\vec{z}$
			2—活动销	$\widehat{x}$、$\widehat{y}$
外圆柱面 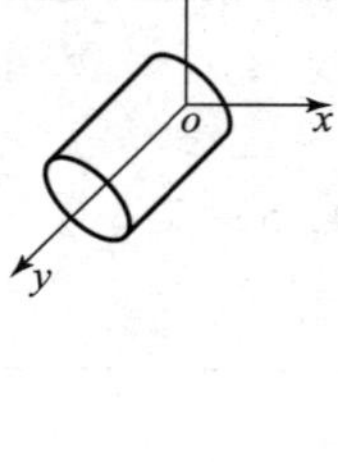	支承板或支承钉	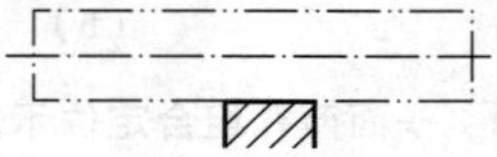	短支承板或支承钉	$\vec{z}$
			长支承板或两个支承钉	$\vec{z}$、$\widehat{x}$
	V 形块	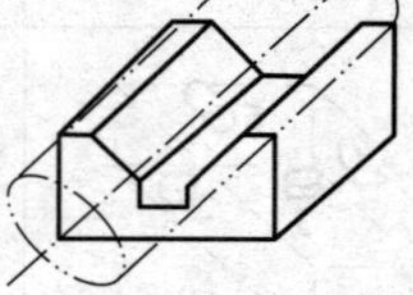	长 V 形块或两个短 V 形块	$\vec{x}$、$\vec{z}$；$\widehat{x}$、$\widehat{z}$
		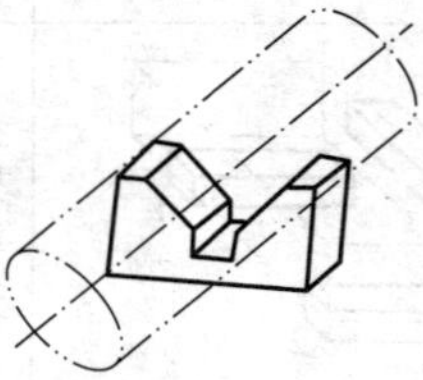	短 V 形块	$\vec{x}$、$\vec{z}$

续表

工件定位基准面	定位元件	定位元件简图	定位元件的特点	限制的自由度
外圆柱面 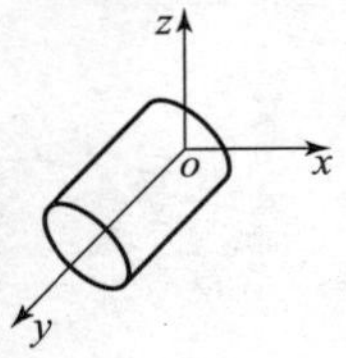	定位套	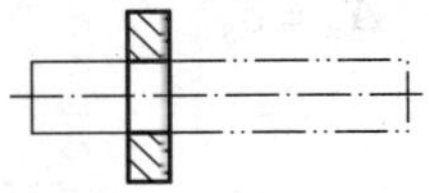	短套	$\vec{x}$、$\vec{z}$
		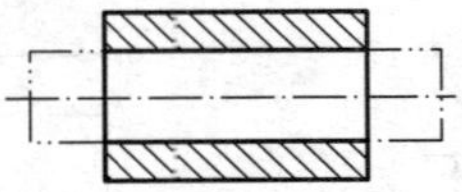	长套	$\vec{x}$、$\vec{z}$； $\overset{\frown}{x}$、$\overset{\frown}{z}$
	锥套	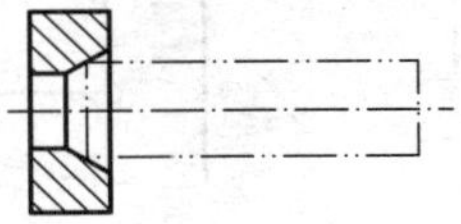	单锥套	$\vec{x}$、$\vec{y}$、$\vec{z}$； $\overset{\frown}{x}$、$\overset{\frown}{z}$
		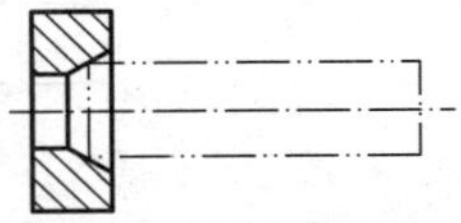	1—固定锥套	$\vec{x}$、$\vec{y}$、$\vec{z}$
			2—活动锥套	$\vec{y}$、$\vec{z}$

3.4　定位误差分析

为保证工件的加工精度，工件加工前必须正确的定位。所谓正确的定位，除应限制必要的自由度及正确地选择定位基准和定位元件之外，还应使选择的定位方式所产生的误差在工件允许的误差范围以内。本节即定量地分析计算定位方式所产生的定位误差，以确定所选择的定位方式是否合理。

3.4.1　定位误差产生的原因和计算

造成定位误差的原因有两个：一个是由于定位基准与设计基准不重合，称为基准不重合误差（基准不符误差）；二是由于定位副制造误差而引起定位基准的位移，称为基准位移误差。

1. 基准不重合误差及其计算

由于定位基准与设计基准不重合而造成的定位误差称为基准不重合误差，以 Δ_B 表示。

如图 3－25（a）所示的零件简图，在工件上铣缺口，加工尺寸为 A、B。图 3－25（b）所示为加工示意图，工件以底面和 E 面定位，C 为确定刀具与夹具相互位置的对刀尺寸，在一批工件的加工过程中，C 的尺寸是不变的。加工尺寸 A 的设计基准是 F，定位基准是 E，两者不重合。当一批工件逐个在夹具上定位时，受尺寸 $S\pm\delta_S/2$ 的影响，设计基准 F 的位置是变动的，F 的变动会影响 A 的大小，给 A 造成误差，这个误差就是基准不重合误差。显然，基准不重合误差的大小应等于定位基准与设计基准不重合而造成的加工尺寸的变动范围，由图 3－25（b）可知，S 是定位基准 E 与设计基准 F 间的距离尺寸。当设计基准的变动方向与加工尺寸的方向相同时，基准不重合误差就等于定位基准与设计基准间尺寸的公差，如图 3－25 所示，即：

$$\Delta_B = \delta_S。$$

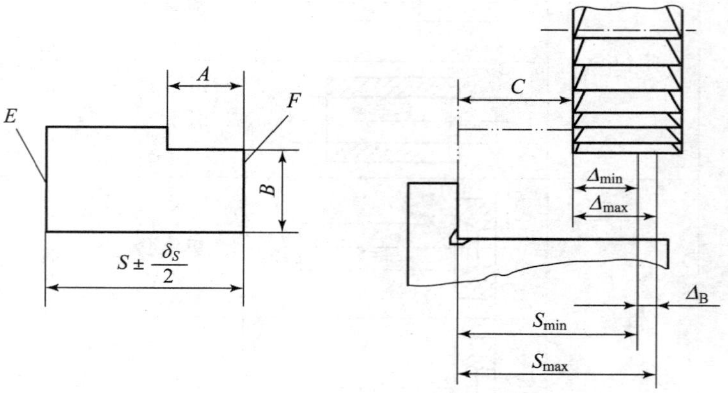

（a）　　（b）

图 3－25　基准不重合误差

当设计基准的变动方向与加工方向有一夹角（其夹角为 β）时，基准不重合误差就等于定位基准与设计基准间距离尺寸公差在加工尺寸方向上的投影，即：

$$\Delta_B = \delta_S \cos\beta$$

2. 基准位移误差和计算

由于定位副的制造误差使定位基准位移变动，而对工件加工尺寸造成的误差，称为基准位移误差，用 Δ_Y 来表示。显然不同的定位方式和不同的定位副结构，其定位基准移动量的计算方法是不同的。下面分析几种常见定位方式产生的基准位移误差的计算方法。

3. 工件以平面定位

工件以平面定位时的基准位移误差计算较方便。如图 3－25 所示的工件以平面定位时，定位基面的位置可以看成是不变动的，因此基准位移误差为零，即工件以平面定位时，$\Delta_Y = 0$。

4. 工件以圆孔在圆柱销、圆柱心轴上定位

工件以圆孔在圆柱销、圆柱心轴上定位，其定位基准为孔的中心线、定位基面为内孔表面。

如图 3－26 所示，由于定位副配合间隙的影响，会使工件上圆孔中心线（定位基准）的位置发生偏移，其中心偏移量在加工尺寸方向上的投影即基准位移误差 Δ_Y。定位基准偏移的方向有两种可能：一是可以在任意方向上偏移；二是只能在某一方向上偏移。

当定位基准在任意方向偏移时，其最大偏移量为定位副直径方向的最大间隙，即：

$$\Delta_Y = X_{max} = D_{max} - d_{0min} = \delta_D + \delta_{d_0} + X_{min}$$

图 3－26　X_{max} 对工件位置公差的影响

式中，X_{max}——定位副最大配合间隙，mm；

D_{max}——工件定位孔最大直径，mm；

d_{0min}——定位销的最小直径，mm；

δ_D——工件定位孔的直径公差，mm；

δ_{d_0}——圆柱销或圆柱心轴直径公差，mm；

X_{min}——定位所需最小间隙（设计时确定），mm。

当基准偏移为单方向时，其移动方向最大偏移量为半径方向的最大间隙，即：

$$\Delta_Y = X_{max}/2 = (D_{max} - d_{0min})/2 = (\delta_D + \delta_{d_0} + X_{min})/2$$

5. 工件以外圆柱面在 V 形块上定位

工件以外圆柱面在 V 形块上定位时，其定位基准为工件外圆柱面的轴心线，定位基面为外圆柱面。

若不计 V 形块的误差，而仅有工件基准面的形状和尺寸误差，则工件的定位基准会产生偏移，如图 3-27 所示。由图 3-27（b）可知，仅有工件的尺寸公差 δ_d 影响，使工件中心沿 z 向从 o_1 移至 o_2，即在 z 向的基准位移量可由下式计算：

$$\Delta_Y = o_1 o_2 = \frac{\delta_d}{2\sin\dfrac{\alpha}{2}}$$

式中，δ_d——工件定位基面的直径公差，mm；

$\dfrac{\alpha}{2}$——V 形块的半角，α 有 60°、90°、120°三种；

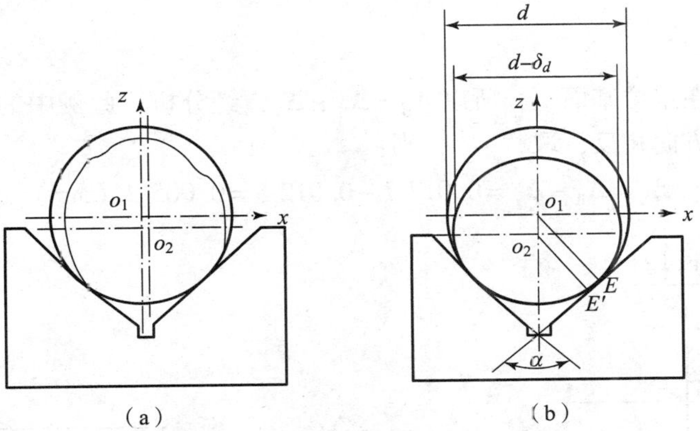

图 3-27　V 形块定心定位的位移误差

基准位移量的大小与外圆柱直径公差有关，因此，对于较精密零件的定位，需适当提高外圆的精度。

6. 定位误差的计算

由于定位误差 Δ_D 是由基准不重合误差和基准位移误差组合而成的。因此，在计算定位误差时，应先分别算出 Δ_B 和 Δ_Y，然后再将两者组合得出定位误差。组合时可有以下情况。

（1）$\Delta_B = 0$，$\Delta_Y \neq 0$ 时，得 $\Delta_D = \Delta_Y$。

（2）$\Delta_B \neq 0$，$\Delta_Y = 0$ 时，得 $\Delta_D = \Delta_B$。

（3）$\Delta_Y \neq 0$，$\Delta_B \neq 0$ 时，有两种情况：

①如果设计基准不在定位基面上，则 $\Delta_D = \Delta_B + \Delta_Y$。

②如果设计基准在定位基面上，则 $\Delta_D = \Delta_B \pm \Delta_Y$。其中，“+”和“-”的判别方法为：当设计基准变动方向（由大变小或由小变大）与定位基准的变动方向（由大变小或由小变大）相同时为“+”，二者变动方向相反时为“-”。

3.4.2 定位误差计算实例

[例 3-1] 钻铰如图 3-28 所示零件上的 ϕ10H7 孔，工件以孔 $\phi 20\text{H7}^{+0.021}_{0}$ 定位，定位销直径为 $\phi 20^{-0.007}_{-0.016}$ mm，求工序尺寸 50 ± 0.07 的定位误差。

解：（1）工序尺寸 50 ± 0.07 的定位基准与设计基准重合，因此：

$$\Delta_B = 0$$

$$\Delta_Y = \delta_D + \delta_{d_0} + X_{min} = 0.021 + 0.009 + 0.007 = 0.037\ (\text{mm})$$

得定位误差：

$$\Delta_D = \Delta_Y = 0.037\text{mm}$$

[例 3-2] 如图 3-29 所示，工件以外圆柱面在 V 形块上定位加工键槽，保证键槽深度 $34.8^{\ 0}_{-0.17}$ mm，试计算其定位误差。

解：$\Delta_B = \delta_d/2 = 0.025/2 = 0.0125\ (\text{mm})$

$\Delta_Y = \dfrac{\delta_d}{2\sin\dfrac{\alpha}{2}} = 0.707\delta_d = 0.707 \times 0.025 = 0.0177\ (\text{mm})$（假设使用 90° V 形块，即 α 取 90°）

因为设计基准在定位基面上，所以 $\Delta_D = \Delta_B \pm \Delta_Y$，经分析，此例中的设计基准变动方向与定位基准的变动方向相反，取“-”，则：

$$\Delta_D = \Delta_B - \Delta_Y = 0.017\,7 - 0.012\,5 = 0.005\,2\ (\text{mm})$$

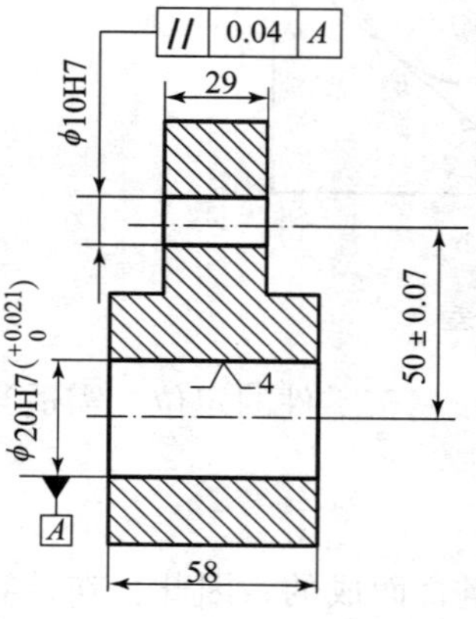

图 3-28 定位误差计算示例一

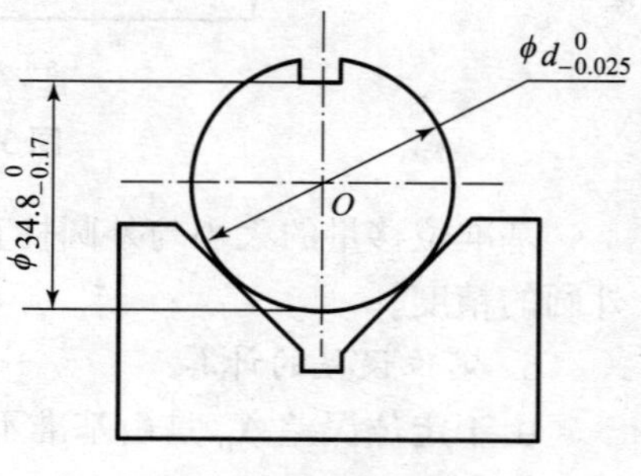

图 3-29 定位误差计算示例二

3.4.3 保证加工精度的条件

在机械加工过程中，产生加工误差的因素很多。若规定工件的加工允差为$\delta_{工件}$，并以$\Delta_{夹具}$表示与采用夹具有关的误差，以$\Delta_{加工}$表示除夹具外与工艺系统其他一切因素（诸如机床误差、刀具误差、受力变形、热变形等）有关的加工误差，则为保证工件的加工精度要求，必须满足：

$$\delta_{工件} \geqslant \Delta_{夹具} + \Delta_{加工}$$

此不等式即保证加工精度的条件，称为采用夹具加工时的误差计算不等式。

上式中的$\Delta_{夹具}$包括了有关夹具设计与制造的各种误差，如工件在夹具中定位、夹紧时的定位夹紧误差，夹具在机床上安装时的安装误差，确定刀具位置的元件与引导刀具的元件和定位元件之间的位置误差等。因此，在夹具的设计与制造中，要尽可能设法减少这些与夹具有关的误差。这部分误差所占比例越大，留给补偿其他加工误差的比例就越小。其结果不是降低了零件的加工精度就是增加了加工难度，导致加工成本增加。所以减少与夹具有关的各项误差是设计夹具时必须认真考虑的问题之一。

制定夹具公差时，应保证夹具的定位、制造和调整误差的总和不超过零件公差的1/3。

3.5 工件在夹具中的夹紧

工件在定位元件上定位后，必须采用一定的装置将工件压紧夹牢，使其在加工过程中不会因受切削力、惯性力或离心力等作用力而发生振动或位移，从而保证加工质量和生产安全，这种装置称为夹紧装置。机械加工中所使用的夹具一般都必须有夹紧装置，在大型工件上钻小孔时，可不单独设计夹紧装置。

3.5.1 夹紧装置的组成及基本要求

图3－27所示为夹紧装置组成示意图，它主要由以下3部分组成。

1. 力源装置

力源装置是产生夹紧作用力的装置，所产生的力称为原始力，其动力可用气动、液动和电动等。如图3－30所示中的力源装置是气缸1，对于手动夹紧来说，力源来自人力。

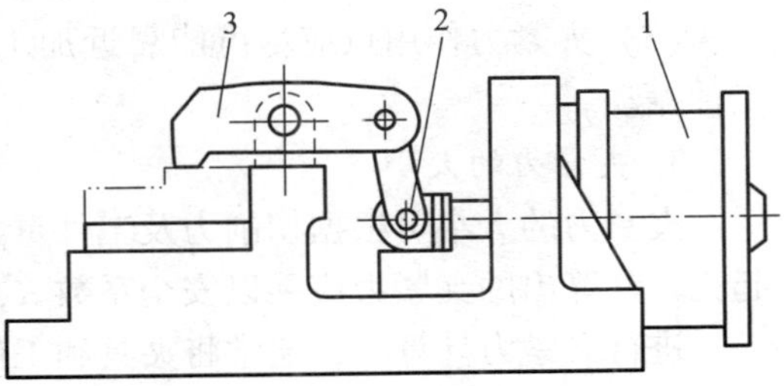

图3－30 夹紧装置组装示意图

1—气缸；2—杠杆；3—压板

2. 中间传力机构

中间传力机构是介于力源和夹紧元件之间传递力的机构，如图3－30所示中的杠杆2。在传递力的过程中，它能起到以下作用：

(1) 改变作用力的方向；

(2) 改变作用力的大小，通常起增力作用；

（3）使夹紧实现自锁，保证力源提供的原始力消失后，仍能可靠地夹紧工件，这对手动夹紧尤为重要。

3. 夹紧元件

夹紧元件是最终执行元件，与工件直接接触完成夹紧作用，如图 3－30 所示中的压板 3。夹紧装置的具体组成并非一成不变，须根据工件的加工要求、安装方法和生产规模等条件来确定。但无论其具体组成如何，都必须满足以下基本要求：

（1）夹紧时不能破坏工件定位后获得的正确位置；

（2）夹紧力大小要合适，既要保证工件在加工过程中不移动、不转动、不振动，又不能使工件产生变形或损伤工件表面；

（3）夹紧动作要迅速、可靠，且操作要方便、省力、安全；

（4）结构紧凑，易于制造与维修。其自动化程度及复杂程度应与工件的生产纲领相适应。

3.5.2 夹紧力的确定

设计夹紧机构时，必须合理确定夹紧力的三要素：大小、方向和作用点。

1. 夹紧力方向的确定

确定夹紧力的作用方向时，应与工件定位基准的配置及所受外力的作用方向等结合起来考虑，其确定原则是：

（1）夹紧力的作用方向应垂直于主要定位基准面。

（2）夹紧力作用方向应使所需夹紧力最小，这样可使机构轻便、紧凑，工件变形小，对于手动夹紧则可减轻工人劳动强度。

（3）夹紧力作用方向应使工件变形尽可能小，由于工件不同方向上的刚度不一致，不同的受力面也会因其受力面积不同而变形各异，夹紧薄壁工件时，尤其应注意这种情况。

2. 夹紧力作用点的确定

夹紧力作用点对工件的可靠定位、夹紧后的稳定和变形有显著影响，选择时应依据以下原则：

（1）夹紧力的作用点应落在支承元件或几个支承元件形成的稳定受力区域内。

（2）夹紧力作用点应落在工件刚性好的部位。此项原则对刚性差的工件尤为重要。

（3）夹紧力作用点应尽可能靠近加工面，这可减小切削力对夹紧点的力矩，从而减轻工件振动。

3. 夹紧力的大小

夹紧力的大小可根据切削力及工件重力的大小、方向和相互位置关系具体计算。为安全起见，计算出的夹紧力应乘以安全系数 K，故实际夹紧力一般比理论计算值大 2～3 倍。

进行夹紧力计算时，通常将夹具和工件看作一刚性系统，以简化计算。根据工件在切削力、夹紧力（重型工件要考虑重力，高速时要考虑惯性力）作用下处于静力平衡的关系，列出静力平衡方程式，即可算出理论夹紧力。

一般来说，手动夹紧时不必算出夹紧力的确切值，只有机动夹紧时才进行夹紧力计算，以便决定动力部件（如气缸、液压缸直径等）的尺寸。

3.5.3　典型夹紧机构

夹紧机构的种类很多，基本结构为斜楔夹紧机构、螺旋夹紧机构和偏心夹紧机构，这三种夹紧机构称为基本夹紧机构。

1. 斜楔夹紧机构

采用斜楔作为传力元件或夹紧元件的夹紧机构，称为斜楔夹紧机构。图 3－31（a）所示为斜楔夹紧机构的应用示例，敲斜楔 1 的大头，使滑柱 2 下降，装在滑柱上的浮动压板 3 可同时夹紧两个工件 4。加工完后，敲斜楔 1 的小头，即可松开工件。采用斜楔直接夹紧工件的夹紧力较小，操作不方便，因此，实际生产中一般与其他机构联合使用。图 3－31（b）所示为斜楔与螺旋夹紧机构的组合形式，当拧紧螺钉时，楔块向左移动，使杠杆压板转动夹紧工件；当反向转动螺钉时，楔块向右移动，杠杆压板在弹簧力的作用下松开工件。

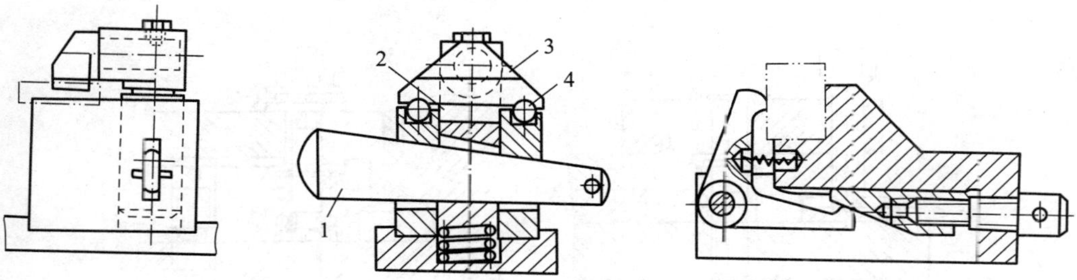

（a）　　（b）

图 3－31　斜楔夹紧机构

1—斜楔；2—滑柱；3—浮动压板；4—工件

2. 螺旋夹紧机构

采用螺旋直接夹紧或采用螺旋与其他元件组合实现夹紧的机构，称为螺旋夹紧机构。此种机构具有结构简单、夹紧力大、自锁性好和制造方便等优点，适用于手动夹紧，因而在机床夹具中得到了广泛的应用；缺点是夹紧动作较慢，因此，在机动夹紧机构中应用较少。螺旋夹紧机构分为简单螺旋夹紧机构和螺旋压板夹紧机构。

图 3－32 所示为简单螺旋夹紧机构。图 3－32（a）中螺栓头部直接对工件表面施加夹紧力，螺栓转动时，容易损伤工件表面或使工件转动。解决这一问题的办法是在螺栓头部套上一个摆动压块，如图 3－32（b）所示，这样既能保证与工件表面有良好的接触，防止夹紧时螺栓带动工件转动，又可避免螺栓头部直接与工件接触而造成压痕。摆动压块的结构已经标准化，可根据夹紧表面来选择。

实际生产中使用较多的是如图 3－33 所示的螺旋压板夹紧机构，其是利用杠杆原理来实现对工件的夹紧的。

3. 偏心夹紧机构

用偏心件直接或间接夹紧工件的机构，称为偏心夹紧机构。常用的偏心件有圆偏心轮［见图 3－34（a）和图 3－34（b）］、偏心轴［见图 3－34（c）］和偏心叉［见图 3－34（d）］。

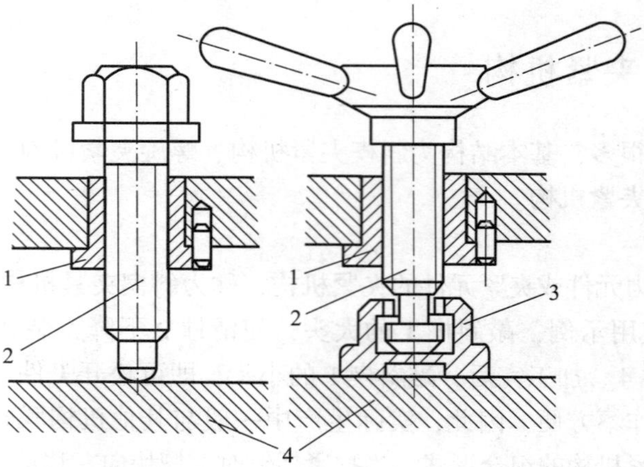

图 3－32　简单螺旋夹紧机构

1—螺母套；2—螺栓；3—摆动压块；4—工件

图 3－33　螺旋压板夹紧机构

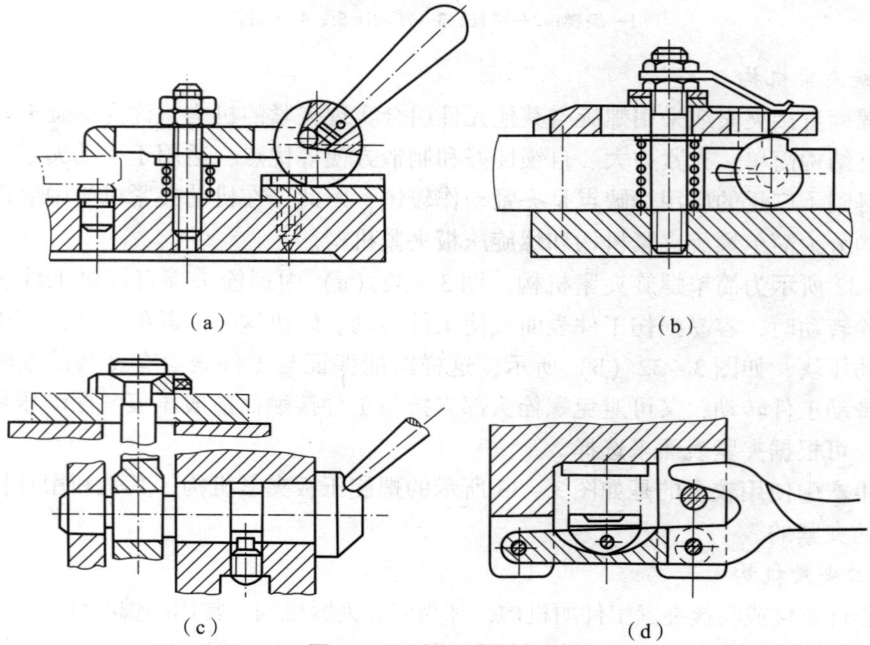

图 3－34　偏心夹紧机构

(a)，(b) 圆偏心轮；(c) 偏心轴；(d) 偏心叉偏心夹紧机构操作简单，夹紧动作快，但夹紧行程和夹紧力较小，一般用于没有振动或振动较小、夹紧力要求不大的场合。

3.6　典型机床夹具实例

3.6.1　车床夹具实例

车床夹具主要用于加工零件的内外圆柱面、圆锥面、回转成形面、螺纹面以及端平面等。在加工过程中，夹具安装在机床主轴上，带动工件一起转动。为了扩大车床的使用范围，也可将夹具安装在床身和拖板上。本节只介绍安装在车床主轴上的夹具。

根据结构的不同，车床夹具可分为卡盘类车床夹具与花盘类车床夹具和心轴类车床夹具等。

1. 卡盘类车床夹具

采用卡盘类车床夹具的零件大部分是回转体或对称零件，因此，卡盘类车床夹具的结构基本是对称的，回转时的不平衡影响较少。

如图 3－35 所示夹具用于车床上加工汽车前钢板弹簧支架的内孔、凸台和端面。工件以后端面靠在可换卡爪内端面上，由另外四个侧面与四个卡爪接触定心夹紧。当拉杆螺钉由气缸活塞杆带动左拉时，通过连接套 6 带动压套 10 左移，推动钢球 4、外锥套 3，使上下两杠杆 2 绕固定支点摆动，拨动上下两个可换卡爪 7，并同时向中心移动夹住工件，此时外锥套 3停止移动。由于压套 10 继续左移，迫使钢球 4 沿外锥套斜面向内滑动，压向内锥套 5，迫使内锥套左移，从而左右面可换卡爪也向中心移动，四卡爪同时定心并夹紧工件。

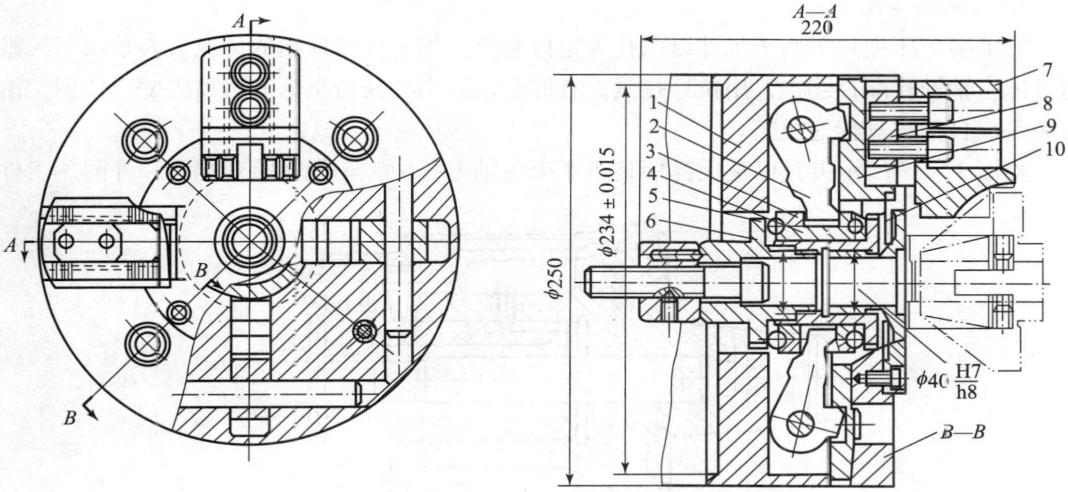

图 3－35　四爪定心夹紧车床夹具

1—夹具体；2—扛杆；3—外锥套；4—钢球；5—内锥套；6—连接套；7—可换卡爪；8—连接块；9—片爪；10—压套

2. 花盘类车床夹具

花盘类车床夹具的基本特征是夹具体为一个大圆盘形零件。在花盘式夹具上加工的工件一般形状都比较复杂。如图 3－36 所示夹具用于车床上镗柴油机机油泵体的两平行孔。工件以底面和两孔定位，用两个转位压板及一个压块夹紧。转盘 5 上有定位销 3，过渡盘 1 上有两个销孔。镗好一个孔后，松开锁紧转盘的螺钉，拔出定位销 3，使转盘转动 180°，再将定位销插入另一销孔中，锁紧转盘即可镗另一孔。4 为防屑铁片，2 为配重块。

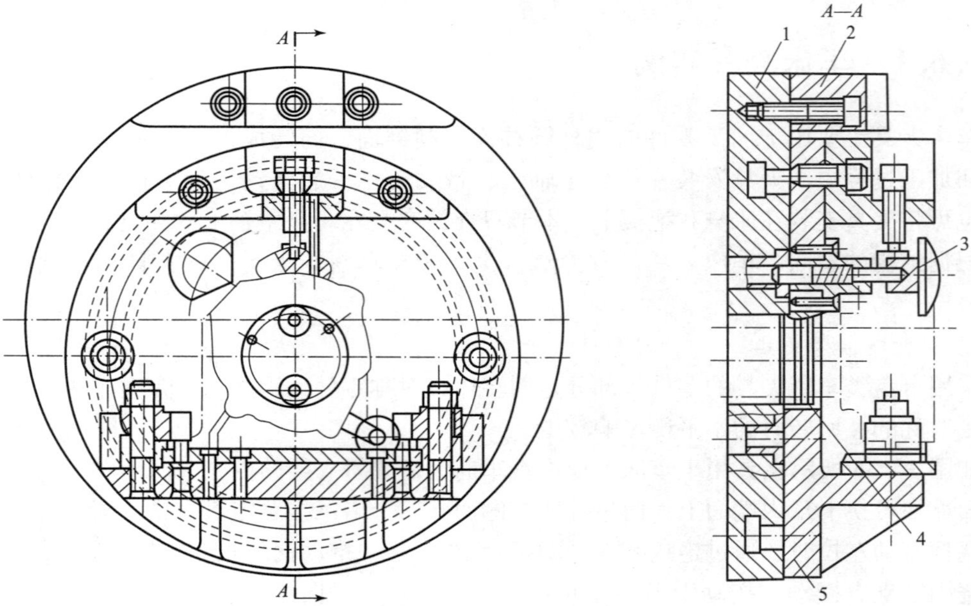

图 3－36　四爪定心夹紧车床夹具

1—过渡盘；2—配重块；3—定位销；4—防屑铁片；5—转盘

3. 心轴类车床夹具

心轴类车床夹具多用于工件以内孔为定位基准，加工外圆柱面的情况。心轴以莫氏锥柄与机床主轴锥孔配合连接，用拉杆拉紧。有的心轴以中心孔与车床的后顶尖配合使用，由鸡心夹头或自动拨盘传递扭矩。

如图 3－37 所示夹具以莫氏锥柄装于车床主轴锥孔中，车削薄壁套端面和外圆。工件以

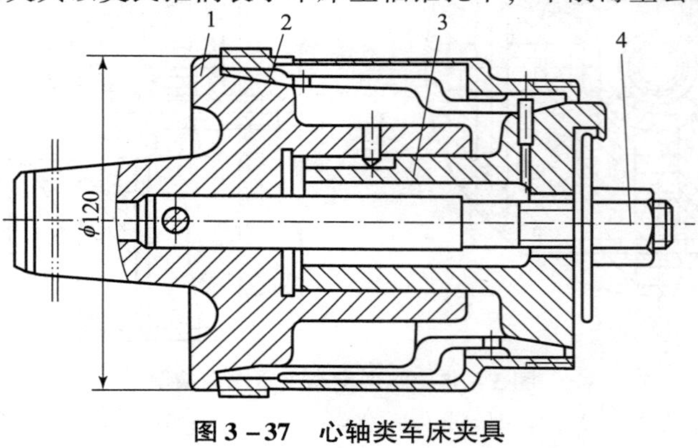

图 3－37　心轴类车床夹具

1—夹具体；2—弹簧夹头；3—滑套；4—螺母

阶梯内孔及端面在弹簧夹头 2 和夹具体 1 端面上定位。使用时，拧螺母 4，通过滑套 3 和弹簧夹头 2 将工件定心、夹紧。

不同型号的车床，其主轴的形式也不同，夹具和机床主轴连接的形式也必须相适应。设计车床夹具时，应根据机床主轴的结构形式和有关尺寸确定其安装方式，同时确定夹具与机床主轴连接部分的结构和尺寸。

3.6.2　铣床夹具实例

铣床夹具主要用于加工零件上的平面、键槽、齿轮、成形面及立体成形面等。铣削加工时切削力很大，由于铣刀刀齿的不连续工作，作用在每个刀齿上的铣削力的变化以及所引起的振动也很大，这均会影响到工件定位的准确性。因此，铣床夹具的夹紧力以及它对各部分的刚性和强度的要求也比较高。铣床夹具中一般必须有确定刀具位置及方向的元件，以保证夹具、机床与刀具的相对位置。通常用对刀装置实现这个目的。铣床夹具必须用 T 形螺栓紧固在机床工作台上，并且用定位键来确定机床与刀具的位置。

按照工件的进给方式，一般可以将铣床夹具分为以下三类：

1. 直线进给式铣床夹具

这类夹具安装在铣床的工作台上，加工中工作台是按照直线进给方式运动的。为了降低辅助时间、提高生产效率，可以采用多件装夹或多位置加工。

2. 圆周进给式铣床夹具

通常安装在具有回转工作台的铣床上，在工作台上可以沿圆周依次布置若干工作夹具，依靠工作台转动，将工件依次送进切削区，工件离开切削区后即被加工好，从而进行连续铣削。在非切削区内，可以卸下加工好的工件，并且装上待加工的工件。这种方法会使切削时间与辅助时间重合，以提高生产效率。

3. 靠模夹具

带有靠模的夹具称为靠模夹具，它用于专用或通用铣床上加工各种非圆曲面、直线曲面或立体成形面。靠模的作用是使工件获得辅助运动。按照主进给运动的方式，靠模铣夹具分为直线进给和圆周进给两种。

图 3－38 所示为一零件图，在大批生产条件下采用卧式铣床加工零件上的三个槽。图 3－39 所示为加工此工件的夹具。

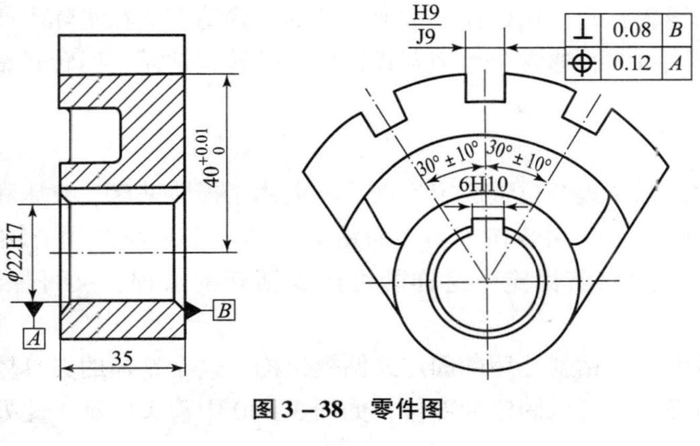

图 3－38　零件图

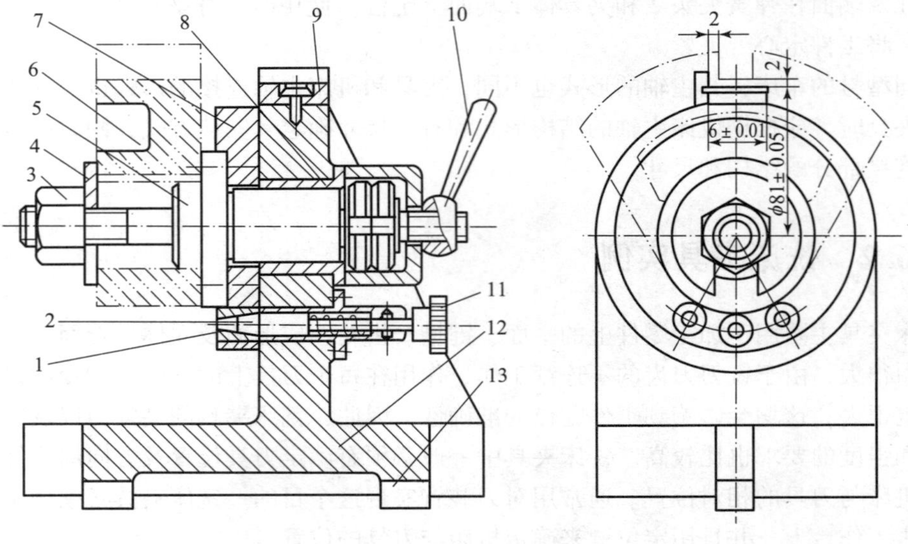

图 3－39　铣床夹具实例

1—定位套；2—定位销；3—螺母；4—开口垫圈；5—心轴；6—键；7—分度盘；8—衬套；9—对刀块；10—手柄；11—手把；12—夹具体；13—定位键

工件上的内孔 ϕ22H7、键槽 6H10 及两端面均在之前的工序加工完毕，并达到图纸技术要求。在铣槽工序中，工件以内孔 ϕ22H7、键槽 6H10 及两端面在夹具定位心轴 5 及键 6 上定位。拧紧螺母 3 通过开口垫圈 4 将工件夹紧。对刀块 9 和定位键 13 分别确定夹具相对刀具及夹具在机床上的准确位置。键槽的深度和有关位置精度由对刀块 9 互相垂直的面到定位心轴中心线的尺寸精度来保证。加工完一个槽后，拧动手柄 10 将分度盘 7 松开，利用手把 11 将定位销 2 从定位套 1 中拔出，用手使分度盘 7 带动工件一起回转 30°后，再将定位销 2 重新插入另一个定位套中实现转位。再拧动手柄 10 将分度盘 7 锁紧，然后铣削下一个通槽。

3.6.3　钻床夹具实例

许多零件上都有各种不同用途的孔需要加工。在钻床上进行孔的钻、扩、绞、锪、攻螺纹加工时所用的夹具称为钻夹具，也称钻模。

钻床夹具上均设置钻套，用以保证被加工孔的位置精度。在实际生产中，钻床夹具应用较广，而且结构形式也多，通常分为固定式钻模、翻转式钻模、回转式钻模、盖板式钻模和滑柱式钻模。

1. 固定式钻模

在使用过程中，钻模板的位置固定不动，一般用于摇臂钻床、镗床和多轴钻床上。在立式钻床上安装钻模时，首先用装在主轴上的钻头（精度要求高时用心轴）插入钻套中，以校正钻模位置，然后再将其固定。这样既可减少钻套的磨损，又可保证孔有较高的位置精度。

图 3－40 所示为一种钻斜孔用的固定式钻模机构。这个钻模的夹具体采用焊接结构，夹具体底板 1 的四周都留出可供固定的部位，如图 3－40 中箭头所示。此处工件是以两孔和一

平面为定位基准，而夹具上则相应采用圆柱定位销4和削边定位销3以及倾斜支承板来定位。为了便于工件的快速装卸，这里还采用了快速夹紧螺母5。因为加工的是斜孔，工件斜装后，加工部位离钻模板较远，所以采用了下端伸长并且成斜面形状的特殊快换钻套6，而且钻套尽可能接近加工面，以保证刀具能有良好的起钻和导引条件。但这样会使工件装卸困难，故采用快换钻套，以便于装卸工件。

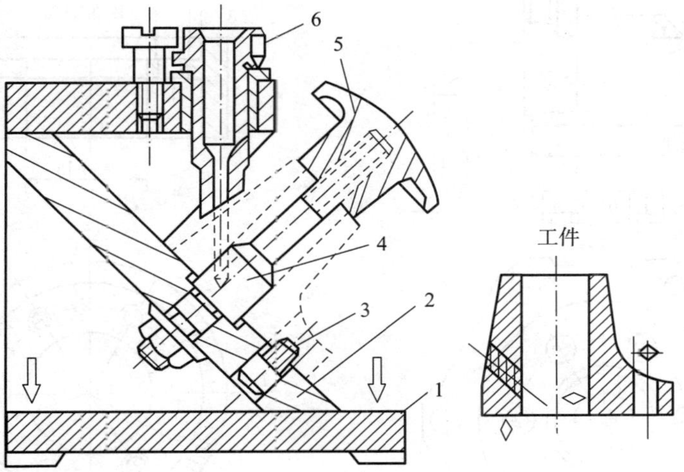

图3-40 固定式钻模

1—夹具体底板；2—平面支承；3—削边定位销；4—圆柱定位销；5—快速夹紧螺母；6—快换钻套

固定式钻模用于立式钻床时，一般只能加工单孔；用于摇臂钻床时，则常加工位于钻削方向上的平行孔系。

在立式钻床工作台上安装固定式钻模时，应将夹持在钻床主轴端的标准心棒（若安装精度要求不高，也可直接用夹持在钻床主轴中的钻头来代替）伸入钻套中，以校正钻模在工作台上的加工位置。待心棒在钻套中进出非常顺利后，方可将钻模固定。由此可见，固定式钻模的钻孔精度较高。

2. 翻转式钻模

为了减少工件装夹次数，提高工件上各孔之间的位置精度，对于加工工件上分布在几个方向的孔来说，可采用翻转式钻模。图3-41所示为一种翻转式钻模的结构。这是一种转动夹具，只是没有转轴和分度装置。当工件有几个面上的孔系或回转体的套类工件有几个径向孔系时，可以将工件安装于特殊的夹具体内。加工时，将夹具翻转即能加工完工件上的各孔。图3-41所示为加工一个套类工件孔系所用的翻转式钻模，工件上六个径向螺纹孔和端面上的六个螺纹孔均需钻底孔以备攻丝。工件以端面 E 和内孔 ϕ50H8 分别在夹具定位件2的面 E 和销 ϕ30 g6 圆柱面上实现定位，限制五个自由度。用削扁开口垫圈3、螺杆4和手轮5对工件进行压紧，即可钻所有螺纹底孔 ϕ4.2mm。先钻完圆周上的六个径向孔，只需翻转五次，然后再将钻模翻转为轴线垂直向上，即可钻端面上的六个孔。翻转式钻模适用于加工精度要求不高、生产批量中等的场合。

3. 回转式钻模

回转式钻模与其他形式钻模的主要不同是回转式钻模的钻模体可按分度要求绕一定轴

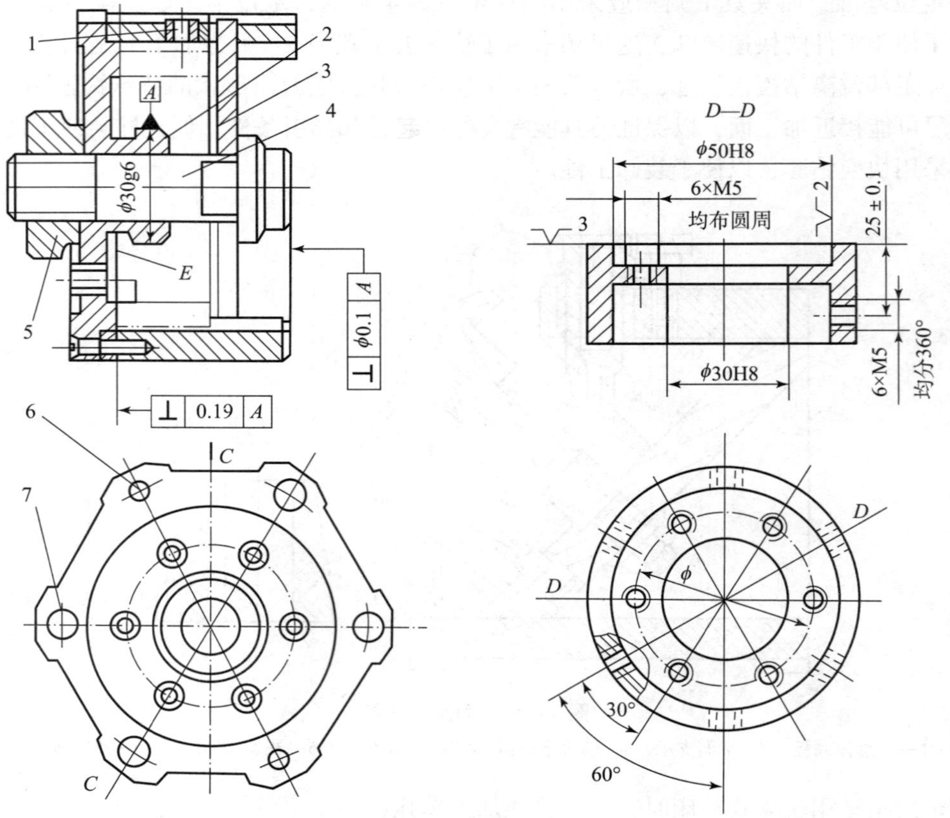

图 3-41　翻转式钻模

1—夹具体；2—定位件；3—削扁开口垫圈；4—螺杆；5—手轮；6—销；7—沉头螺钉

（水平轴、立轴、斜轴）每次转过一定角度，因此，这类钻模都带有分度装置。回转式钻模主要适用于加工围绕回转轴线分布的轴向或径向的孔系，特别适于加工无法采用翻转式钻模的大型多孔零件。

图 3-42 所示为一种较简单的回转式钻模，用来钻工件上四个等分的径向孔。工件是以中间孔和平面为定位基准的，夹具上则分别以定位心轴 7 和分度板 6 的端面来定位。工件在夹具上定好位后，便可将开口垫圈 9 插入工件端面与夹紧螺母 8 之间，然后拧紧螺母，即可将工件夹紧。由于开口垫圈在装卸工件时需插入和拔出，所以它是一个未被固定在夹具体上的自由元件。为了防止丢失，常用链条 10 将开口垫圈拴在分度板 6 上。

分度板的圆周上开有等分槽。分度槽与装在夹具体上的分度定位器 4 相啮合。当翘起分度定位器并拧松锁紧螺母 2 后，便可转动分度板连同工件一起进行分度。待转至下一个分度槽对准分度定位器时，重新压下分度定位器，使之与分度槽啮合，然后拧紧螺母，使分度板被拉紧在轴承的止推端面上，依靠两者之间的摩擦力实现锁紧。采用本钻模钻此四个径向孔时，钻模板 5 上只需安装一个钻套，四个孔的位置精度完全由分度装置（分度板和分度定位器）来保证。

4. 盖板式钻模

盖板式钻模是最简单、最原始的一种钻模，它是由钻孔前钳工快速划线样板演变而来

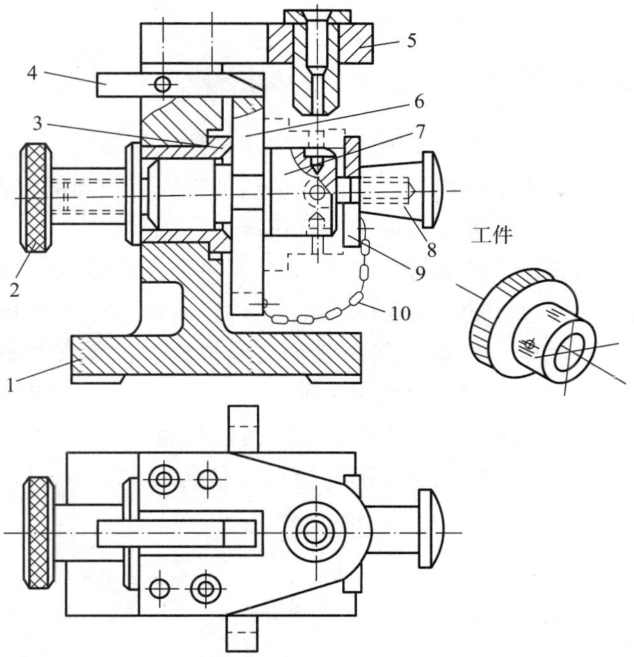

图 3－42　回转式钻模

1—夹具体；2—锁紧螺母；3—衬套；4—分度定位器；5—钻模板；6—分度板；
7—定位心轴；8—夹紧螺母；9—开口垫圈；10—链条

的。盖板式钻模没有夹具体，定位用的定位元件和夹紧装置全部安装在钻模板上。使用时，钻模板像盖子一样盖在工件上。盖板式钻模的主要特点是结构简单轻巧，清除切屑方便，但是每次须从工件上装拆，比较费事。对于体积大而笨重的工件，适合采用盖板式钻模。

图 3－43 所示为一盖板式钻模，钻模板 4 固定在内胀器定位组件上。内胀器由滚花螺钉 2、钢球 3 和三个沿圆周径向分布的滑柱 5 组成，其本体以外圆与工件定位孔配合，工件孔的端面直接由钻模板来定位。拧动滚花螺钉 2，通过钢球 3 使三个滑柱 5 均匀伸出，把工件孔胀紧。锁圈 6 用来防止滑柱掉出，内胀器和钻模板用螺钉 1 连接。

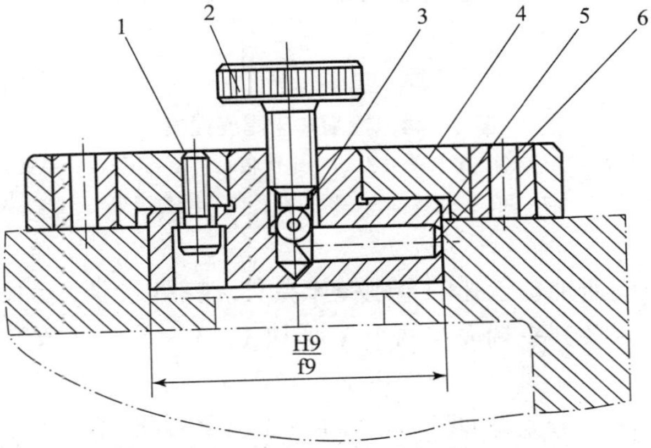

图 3－43　盖板式钻模

1—螺钉；2—滚花螺钉；3—钢球；4—钻模板；5—滑柱；6—锁圈

3.6.4 镗床夹具实例

镗床夹具又称为镗模，是一种精密夹具，主要用来加工箱体类零件的精密孔系。镗模依靠专门的引导元件——镗套来引导镗杆，从而保证所加工孔有很高的位置精度。镗模不仅应用在镗床上，而且还可以应用在摇臂钻床和组合机床上。

图 3－44 所示为镗削车床尾座镗模，在镗模上的两个支承分别设置在刀具的前方和后方，镗刀杆 9 和主轴之间通过浮动接头 10 连接。工件以底面、槽及侧面在定位板 3、4 及可调支承钉 7 上定位，限制六个自由度。采用联动夹紧机构，拧紧夹紧螺钉 6，用压板 5、8 同时将工件夹紧。镗模支架 1 上装有滚动回转镗套 2，用以支承和引导镗刀杆。镗模以底面 *A* 作为安装基面安装在机床工作台上，其侧面设置找正基面 *B*，因此可不设定位键。这种前后双支承镗模应用得最普遍，一般用于镗削孔径较大且孔径比 *L/D* >1.5 的通孔系，其加工精度较高，但更换刀具不方便。

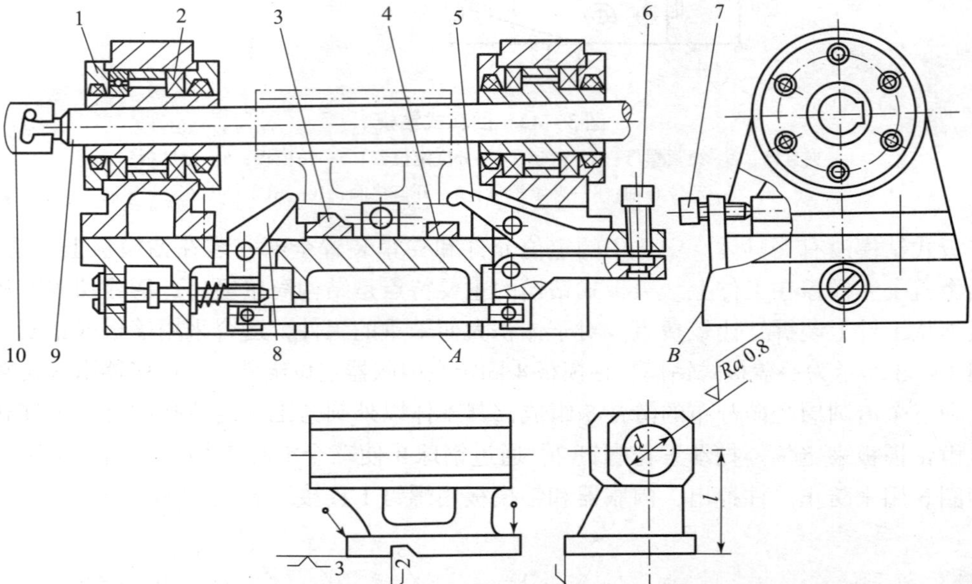

图 3－44　镗削车床尾座镗模

1—镗模支架；2—滚动回转镗套；3，4—定位板；5，8—压板；6—夹紧螺钉；
7—可调支承钉；9—镗刀杆；10—浮动接头

图 3－45 所示为镗削曲轴轴承孔的金刚镗床夹具。在卧式双头金刚镗床上可同时加工两个工件，工件以两主轴颈及其一端面在两个 V 形块 1、3 上定位。安装工件时，将前一个曲轴颈放在转动叉形块 7 上，在弹簧 4 的作用下，转动叉形块 7 使工件的定位端面紧靠在 V 形块上，并用四个浮动压块 2 分别从两个工件的主轴颈上方压紧工件。当活塞上升松开工件时，活塞杆带动浮动压板 8 转动 90°，以便装卸工件。

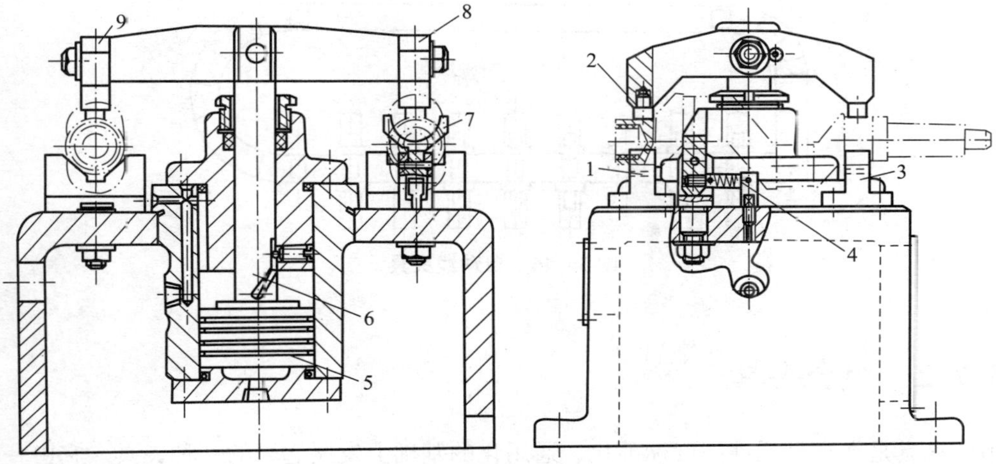

图3-45　镗削曲轴轴承孔的金刚镗床夹具

1，3—V形块；2—浮动压块；4—弹簧；5—活塞；6—活塞杆；7—转动叉形块；8，9—浮动压板

3.7　现代机床夹具

现代机械工业的生产特点：品种多、批量小、精度高、更新快。传统生产技术面临的问题：小批量生产采用先进的工艺方法和专用工艺设备不经济，但高、精、尖产品生产又不得不用；现行生产准备周期长，赶不上产品更新需要；产品更新快，采用专用夹具造成积压。为解决这一矛盾，现代机床夹具的发展方向为精密化、高效自动化、标准化和通用化。

3.7.1　自动线夹具

自动线夹具根据自动线的配置形式分主要有固定夹具和随行夹具两大类。

固定夹具用于工件直接输送的生产线，夹具安装在每台机床上；随行夹具是用于组合机床自动线上的一种移动式夹具，工件安装在随行夹具上，随行夹具除了完成对工件的定位、夹紧外，还会带着工件随自动线移动到每台机床加工台面上，再由机床上的夹具对其整体定位和夹紧，工件在随行夹具上的定位与夹紧和在一般夹具上的定位与夹紧一样。图3-46所示为自动线夹具。

工件在固定夹具上的定位和随行夹具在机床夹具上的定位要求：要有利于夹具的敞开性；有利于工件与随行夹具定位时基准统一；有利于工件与随行夹具在各台机床上定位和夹紧的自动化。为此，一般采用一面两孔定位及气动夹紧，较为容易实现。

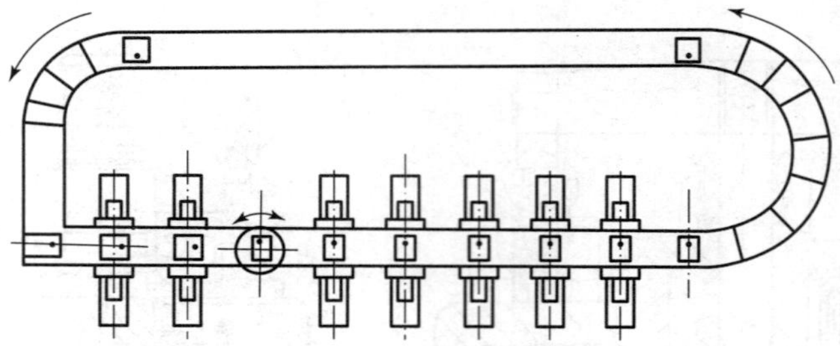

图 3-46　自动线夹具

3.7.2　组合夹具

组合夹具是在夹具元件高度标准化、通用化的基础上发展起来的一种夹具。它由一套预先制造好的，具有各种形状、功用、规格和系列尺寸的标准元件和组件组成。根据工厂的加工要求，利用这些标准元件和组件组装成各种不同夹具。图 3-47 和图 3-48 所示为常用的组合夹具标准元件和组件图。图 3-47（a）所示为基础件，用作夹具体底座的基础元件。图 3-47（b）所示为支承件，主要作用夹具体的支架或角架等。图 3-47（c）所示为定位件，用来定位工件和确定夹具元件之间的位置。图 3-47（d）所示为导向件，用于确定或导引切削刀具位置。图 3-48（a）所示为压紧件，用来压紧工件或夹具元件。图 3-48（b）所示为紧固件，用于紧固工件或夹具元件。图 3-48（c）所示为其他件，它们在夹具中起辅助作用。图 3-48（d）所示为合件，用来完成特定动作或功用（如分度）。上述是各元件的主要功用，实际情况各有不同。例如，支承件也可用作定位工件平面的定位元件。组合夹具使用特点如下：

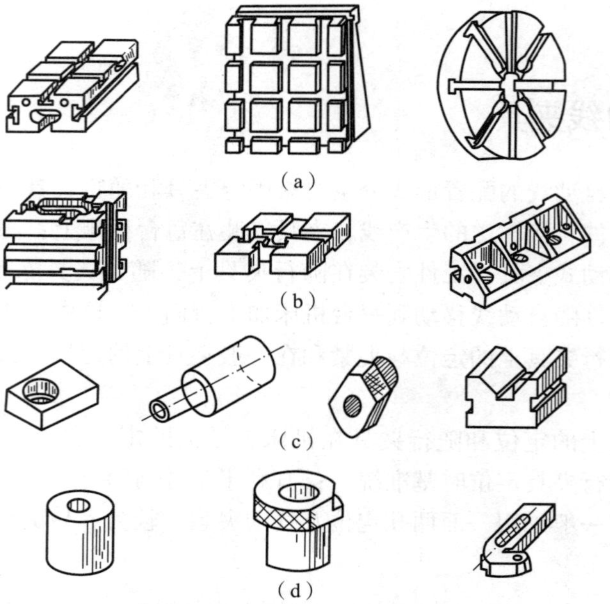

图 3-47　组合夹具的标准元件和组件图 I

（a）基础件；（b）支承件；（c）定位件；（d）导向件

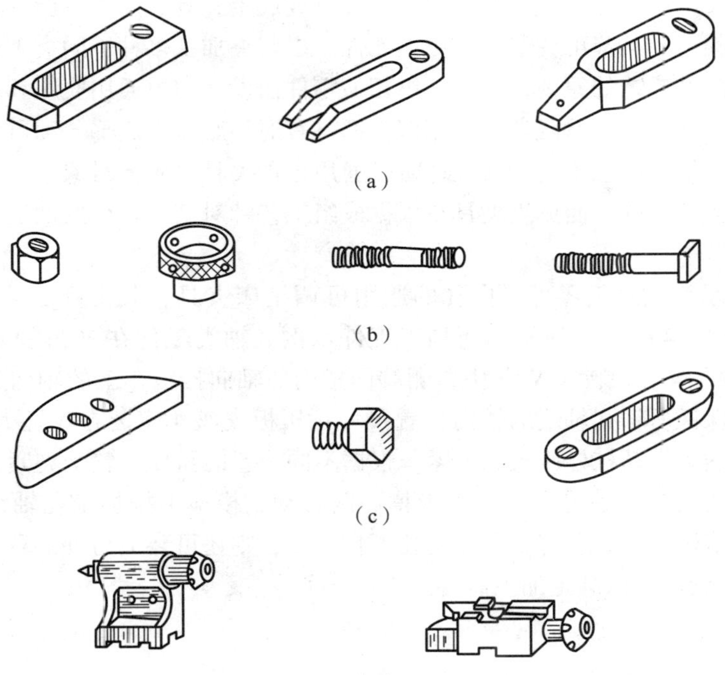

图 3-48　组合夹具的标准元件和组件图 Ⅱ

(a) 压紧件；(b) 紧固件；(c) 其他件；(d) 合件

(1) 确定采用组合夹具后，不需要设计夹具图纸，只需要填写组合夹具任务单，连同产品图纸、工艺规程和坯件实物送组装室组装。组装后的夹具送车间给操作者使用。使用完毕交还后，由组装室清点并拆开夹具，清洗元件，并归类存放备用。

(2) 组合夹具的元件要重复多次使用，但组装成某一夹具后，一般仍为某工件的某道工序使用。所以其结构是专用性的，只能使用一次。

(3) 组合夹具是由标准元件组装而成的，元件需多次重复使用。除一些尺寸可采用调节方法保证外，其他精度都靠各元件精度组合来直接保证，不允许进行修配或补充加工。因此，要求元件的制造精度高，以保证其互换性；而且还需耐磨，重要元件都采用 40Cr、20CrMnTi 等合金钢制造，渗碳淬火，并经精密磨削加工，制造费用高。

(4) 组合夹具的各元件之间采用键定位和螺栓紧固的方式连接，其刚性不如整体结构好，尤其是连接处结合面间的接触刚度更是一个薄弱环节，故组装时对提高夹具刚度问题应予足够重视。

(5) 组合夹具各标准元件尺寸系列的级差有限，使组装成的夹具尺寸不能像专用夹具那样紧凑，体积较为笨重。

3.7.3　通用可调夹具

目前，机械制造工业正向多品种、小批量生产的方向发展，原有传统的专用夹具由于设计制造周期长、成本高，产品改型或变换后无法使用而远不能满足要求。人们针对专用夹具专用性的问题发展了通用性夹具，即通用可调夹具或成组夹具。通用可调夹具是通过调节或更换装在通用底座上的某些可调节或可更换元件，以装夹加工多种不同类工件的夹具；而成组夹具则是根据成组工艺的原则，针对一组相似零件而设计的由通用底座和可调节或可更换元件组成的夹具。从结构上看两者十分相似，都具有通用底座固定部分和可调节或可更换部分，但两者的设计指导思想不同。在设计时，通用可调夹具的服务对象不明确，只提出了一个大致的加工规格和范围；而成组夹具是根据成组工艺针对某一零件的加工而设计的，服务对象十分明确。

图 3－49 所示为钻轴类零件径向孔的通用可调钻床夹具，其中图 3－49（a）所示为夹具结构图，图 3－49（b）所示为所加工工件示例。轴类零件在 V 形块 6 中定位，V 形块也起着夹具体的作用。装在 V 形块右侧端面槽内的轴向挡板 5 上的轴向定程螺钉 8 起轴向定位作用，以保证所钻孔轴线的轴向位置尺寸；压板支座 4 安装在 V 形块的侧面 T 形槽内，转动夹紧手柄 2 带动杠杆压板 3 夹紧。根据不同位置的需要，整个夹紧装置可沿 T 形槽轴向移动调节，装在 V 形块另一侧面 T 形槽内的移动钻模板 1 按加工孔轴线的轴向位置尺寸进行调节，并由螺母紧固；若轴上径向孔不止一个，则还可装上另外的移动钻模板 7（如图 3－49 中细线所示），以满足加工需要。

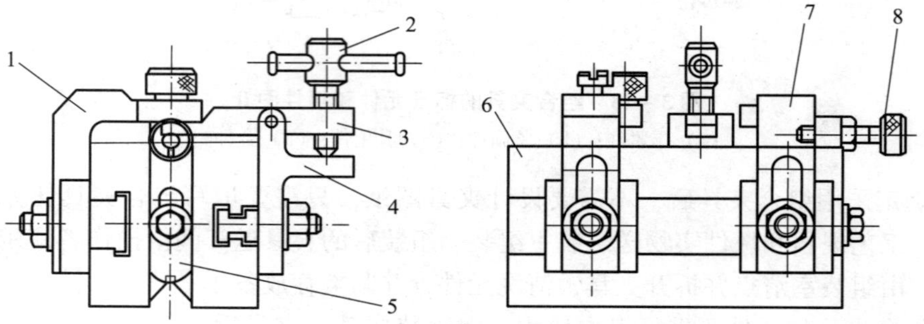

（a）

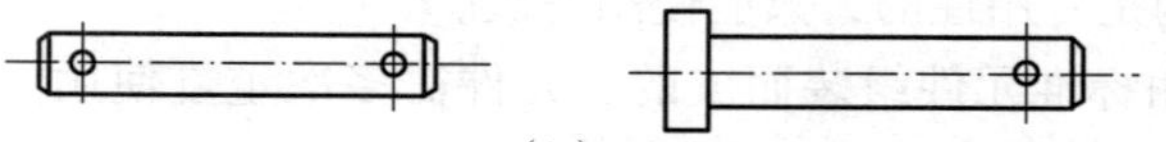

（b）

图 3－49　钻轴类零件径向孔的通用可调钻床夹具

（a）夹具结构图；（b）加工工件示例

1—移动钻模板；2—夹紧手柄；3—杠杆压板；4—压板支座；5—轴向挡板；6—V 形块；7—附加移动钻模板；8—轴向定程螺钉

3.7.4　成组夹具

成组夹具的结构特点和用途与万能可调夹具相类似，都可用作零件的成组加工，所不同的是，成组夹具的设计有一定针对性，它是为加工某一组几何形状、工艺过程、定位及夹紧相似的零件而设计的，因此与专用夹具很接近。例如，图 3－50 所示为几种柄形零件的钻孔加工，考虑其形状与工艺基本相似，所选定的基准也相同，故归为同一组。

图 3－51 所示为加工上述成组零件端面上平行孔系的成组可调钻模，当加工同组内的不

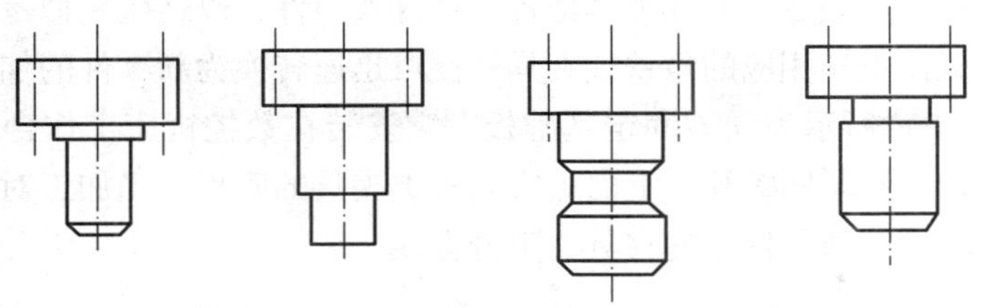

图 3－50　按零件相似性分组

同零件时，只需更换可换盘 2 和钻模板组件 3 即可。压板 4 为可调整件，可根据加工对象具体施加夹紧力的位置进行调整。

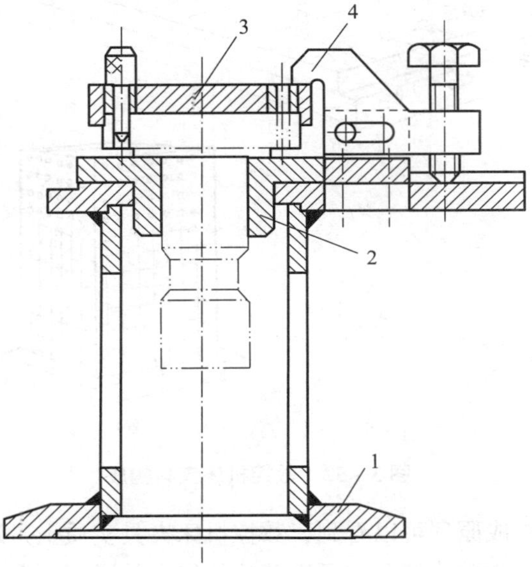

图 3－51　成组可调钻模

1—夹具体；2—可换盘；3—钻模板组件；4—压板

3.7.5　数控机床夹具

高效自动化机床——数控机床的出现，是加工设备适应多品种、小批量生产的重大标志。数控机床在工件一次装夹中能加工工件上四五个方向的表面，可实现工序高度集中，并常采用基准统一的装夹方式，且加工对象需经常变换，而专用夹具很难适应这种要求，数控机床夹具因此得到了发展。数控机床均是按编制的程序完成工件的加工，加工中机床、刀具、夹具和工件之间应有严格的相对坐标位置，所以数控机床夹具在机床上应相对数控机床的坐标原点具有严格的坐标化位置，以保证所装夹的工件处于所规定的坐标位置上。为此，数控机床夹具常采用网格状的固定基础板，如图 3－52 所示，它长期固定在数控机床工作台上，板上加工有准确孔心距位置的一组定位孔和一组紧固螺孔（也有定位孔与螺孔同轴布置形式），它们成网格分布。网格状基础板可预先调整好相对数控机床的坐标位置，并可利用基础板上的定位孔装各种夹具，图 3－52（a）所示为角铁支架式夹具。角铁支架上也有相应网格状分布的定位孔和紧固螺孔，用于安装有关可换定位元件和其他各类元件及组件，以适应相似零件的加工，当加工对象变换品种时，只需更换相应的角铁式夹具，便可迅速转换为新零件的加工，不致使机床长期等待。图 3－52（b）所示为立方固定基础板，它安装在数控机床工作台的转台上，其四面都有网格分布的定位孔和紧固螺孔，上面可安装各类夹具的底板。当加工对象变换时，只需转台转位，便可迅速转换到新零件用的夹具，十分方便。

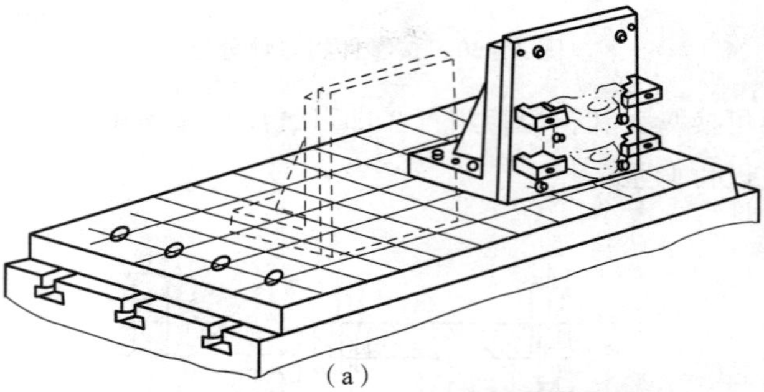

（a）

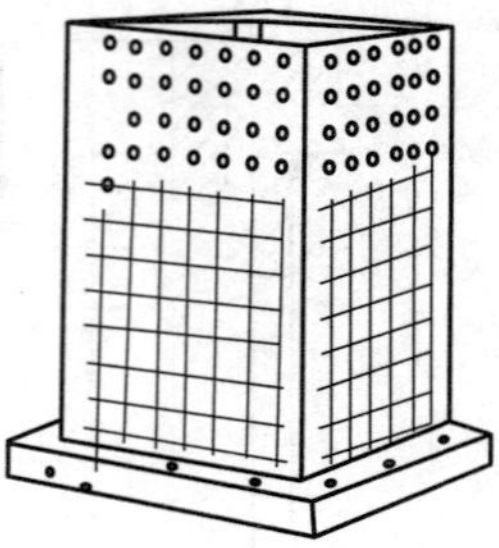

（b）

图 3－52　数控机床夹具构成

从上面所述的夹具构成原理可以看到，数控机床夹具实质上是通用可调夹具和组合夹具的结合与发展。它的固定基础板部分和可换部分的组合是通用可调夹具组成原理的应用；而它的元件与组件的高度标准化和组合化又是组合夹具标准元件的演变与发展。国内外许多数控机床夹具采用孔系列组合夹具的结构系统就是很好的例证。

【思考与训练】

1. 在机械加工中，机床夹具能起到哪些作用？专用夹具有哪些局限性？
2. 机床夹具的夹紧机构主要有哪几种？
3. 定位误差产生的原因有哪些？
4. 什么是六点定位原理？
5. 不完全定位和欠定位的区别是什么？它们在加工中是否允许出现？
6. 有人讲在车床上用三爪卡盘将工件夹紧后，工件的位置也就定下来了，所以夹紧就等于定位。举例说明这一结论是否正确，并分析原因。
7. 机床夹具对夹紧装置的基本要求是什么？
8. 组合夹具有哪些特点？

第 4 章　机械加工工艺规程的设计

【学习指南】

1. 了解生产过程、工序、工步、安装和工艺基准等概念；
2. 了解生产纲领的概念及对工艺过程设计的影响；
3. 掌握简单机械零件加工方法的合理选择及工艺路线的制定；
4. 掌握工序余量、工序尺寸计算及提高劳动生产率的基本方法。

【本章重点】

1. 简单机械零件机械加工工艺路线的制定；
2. 机械加工工序设计。

【本章难点】

1. 机械加工工艺基准概念及基准选择；
2. 机械加工工艺路线的拟定及工序尺寸的确定。

4.1　基本概念

4.1.1　生产过程和工艺过程

1. 生产过程

生产过程是指将原材料转变为成品的全过程。对机械制造而言，生产过程包括以下几方面：

（1）原材料、半成品与成品（产品）的运输和保管。

（2）生产和技术准备工作。如产品的开发和设计、工艺设计、专用工艺装备的设计和制造、各种生产资料的准备以及生产组织规划。

（3）毛坯制造。如铸造、锻造、冲压和焊接等。

（4）零件的机械加工、热处理和其他表面处理等。

（5）部件与产品的装配、调整、检验、试验、油漆和包装等。

现代机械制造全过程还应包括新产品开发的市场调研、产品销售、售后服务、维修、产品报废回收等过程。

现代机械工业的发展趋势是组织专业化生产，即一种产品的生产是分散在若干个专业化工厂进行的，最后集中由一个工厂制成完整的机械产品。例如，制造机床时，机床上的轴承、电动机、电器、液压元件等许多零部件都是由专业工厂生产的，最后再由机床厂完成关键零部件和配套件的生产，并装配成完整的机床。专业化生产有利于零部件的标准化、通用化和产品的系列化，从而能在保证质量的前提下，提高劳动生产率和降低成本。

2. 工艺过程及组成

机械加工工艺过程是指主要用机械加工方法来改变毛坯的形状、尺寸、表面相互位置和表面质量，使其成为零件的过程。

机械加工工艺过程主要由以下各部分组成。

1）工序

一个（或一组）工人在一个工作地对一个（或同时对几个）工件所连续完成的那一部分工艺过程，称为工序。关键词：同地（设备），同件（某工件），连续。

机械加工工艺过程是由若干工序组合而成的，不同的生产条件下的加工方法（工序）不同，仅列出主要工序名称及其加工顺序的简略工艺过程叫作工艺路线。

2）工步

工步是指在加工表面和加工工具不变的情况下，所连续完成的那一部分工序。关键词：加工工具、加工表面不变。

用几把刀具同时加工几个表面，视为一个工步，称为复合工步。在同一工件上钻若干相同直径的孔，也视为一个工步。

3）走刀

在一个工步中，若被加工表面需切除的金属层很厚，需分几次切削，则每一次切削称为一次走刀。

4）安装

将工件正确的定位在机床上，并将其夹紧的过程称为安装。一道工序内可以包括一次或几次安装。

5）工位

工件在一次安装后，同夹具或设备的可动部分一起相对刀具或设备的固定部分所占据的每一个位置叫作工位。

3. 工艺过程组成举例

如图 4－1 所示零件的机加工工艺各工序、安装、工步内容分解见表 4－1。

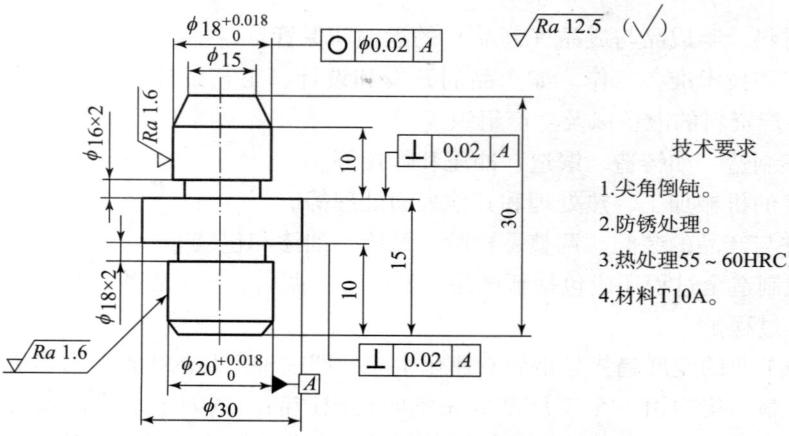

图 4－1　某定位销轴零件

表 4-1　定位销工序、安装、工步内容分解

工序号	工序名	安装	工步	工序内容
01	下料	01	01	棒料 $\phi35\times35$
02	粗车	01	01	车一端端面长 8
			02	车一端外圆到 $\phi24$
			03	继续车一端外圆到 $\phi33$，长 9
		02	01	调头车另一端到 $\phi21$，保证长 32
03	精车	01	01	夹 $\phi21$，车 $\phi24$ 到零件尺寸长 10
			02	车退刀槽 $\phi18\times2$
			03	车 $\phi33$ 到图样尺寸
			04	钻中心孔
		02	01	调头车另一端外圆到 $\phi18$
			02	车 $\phi30$ 长 5
			03	切端面，保证总长 30
			04	车锥度
			05	车退刀槽 $\phi16\times2$
			06	钻中心孔
04	磨	01	01	磨 $\phi20$
			02	磨 $\phi18$
			03	磨两端面

4.1.2　生产纲领和生产类型

1. 生产纲领

某种零件（包括备品和废品在内）的年生产量称为该零件的年生产纲领。生产纲领的大小对零件的加工过程和生产组织起着非常重要的作用。不同的生产纲领对设备的专业化程度、自动化程度、所采用的工艺方法、机床设备和工艺装备的要求也各不相同。

年生产纲领可按式（4-1）计算：

$$N = Qn(1+a)(1+b) \tag{4-1}$$

式中，N——零件的生产纲领（件/年）；

Q——产品的年产量（台/年）；

n——每台产品中该零件的数量（件/台）；

a——备品百分率（%）；

b——废品百分率（%）。

2. 生产类型

工厂根据产品大小、数量多少以及专业化程度差异的分类方式称为生产类型。机械加工

的生产可分为三种类型：单件生产、大量生产和成批生产。定量划分见表 4－2。

表 4－2　生产纲领与生产类型的关系

生产类型	零件年生产纲领/(件·年$^{-1}$)		
	重型零件	中型零件	小型零件
单件生产	<5	<10	<100
批量生产	5～300	10～500	100～5 000
大量生产	>300	>500	>500

1）单件生产

单件生产的特点是产品品种多，每种产品仅制作一件或几件，且很少重复生产。通常新产品的试制、重型机械、大型船舶、量具、夹具、模具的制作也多属于单件或小批生产。其特点是：在单件生产中，一般多采用数控机床、普通机床和标准附件，极少采用专用夹具，靠划线及试切法保证尺寸精度。因此，加工质量主要取决于操作者的技术熟练程度，其生产效率较低。

2）大量生产

大量生产的基本特点是产品品种单一而固定，同一产品产量很大，大多数工作是长期进行一个零件某道工序的加工。例如汽车、拖拉机、轴承和自行车等的制造属于大量生产。在大量生产中，广泛采用专用机床、刚性自动机床、自动生产线及专用工艺装备。由于工艺过程自动化程度高，因此对操作者的技术水平要求较低，但对于机床的调整，则要求工人的技术水平较高。

3）成批生产

成批生产是在一年中分批轮流地制造不同的产品，每种产品均有一定的数量，生产呈周期性重复。每批生产相同零件的数量称为批量。按照批量的大小，成批生产又可分为小批生产、中批生产和大批生产。小批生产在工艺上接近单件生产，常称单件小批生产；中批生产的工艺特点介于单件生产和大量生产之间；大批生产在工艺上接近于大量生产，常称大批大量生产。其特点是：在成批生产中，既采用数控机床、通用机床和标准附件，又采用高效率机床和专用工艺装备；在零件加工时，广泛采用调整法，部分采用划线法。因此，对操作者的技术水平要求比单件生产低。

3. 工艺特点

生产类型不同，则产品制造的工艺方法、设备、工装组织管理形式均不同。各种生产类型的工艺特征见表 4－3。

表 4－3　不同生产类型的工艺特点

生产类型 工艺过程特点	单件生产	成批生产	大批量生产
工件的互换性	没有互换性	大部分有互换性	全部有互换性
毛坯的制造方法及加工余量	木模铸造，自由锻，毛坯精度低，加工余量大	有金属模铸造和模锻，毛坯精度中等，加工余量中等	广泛用金属模铸造和模锻，毛坯精度高，加工余量小

续表

工艺过程特点＼生产类型	单件生产	成批生产	大批量生产
机床设备	通用或数控机床加工中心	通用或数控机床加工中心，部分专用机床	专用生产线、自动生产线、柔性制造生产线
夹具	极少采用专用夹具，靠花线和试切法达到精度要求	广泛采用夹具，部分靠加工中心一次安装	广泛采用夹具
刀具与量具	采用通用刀具和万能量具	可以采用专用刀具和专用量具	广泛采用专用刀具和专用量具
工人技术要求	熟练工人	有一定技术，会编程	操作工人技术一般、生产线维护技术高

4.2　机械加工工艺规程及其制定

4.2.1　机械加工工艺规程

1. 机械加工工艺规程的概念

在不同生产条件下所制定的较合理的机械加工工艺过程的各项内容按规定的形式书写成的工艺文件，称为机械加工工艺规程。

2. 机械加工工艺规程的作用

机械加工工艺规程是机械制造企业最主要的技术文件之一，它决定了整个工厂和车间各组成部分之间在生产上的内在联系，其具体作用如下：

（1）机械加工工艺规程是指导生产的主要依据，按照工艺规程进行生产，可以保证产品质量和提高生产效率。

（2）机械加工工艺规程是生产组织和管理工作的基本依据，可在产前根据工艺规程要求进行原材料和毛坯的供应、专用工艺装备的设计和制造、生产作业计划的编排、劳动力的组织以及生产成本的核算等。

（3）机械加工工艺规程是新建或扩建工厂、车间的基本资料，在新建或扩建工厂、车间时，可根据工艺规程及其他有关资料来确定生产所需要的设备种类、规格和数量，计算车间所需面积和生产工人的二种、等级及数量，确定车间的平面布置和厂房基本建设的具体要求，从而提出筹建计划。

（4）机械加工工艺规程也是不断完善工艺过程的基本依据。

3. 机械加工工艺规程的类型和格式

机械加工工艺规程主要包括机械加工工艺过程卡片、机械加工工艺卡片和机械加工工序卡片。

(1) 机械加工工艺过程卡片作为生产管理方面的文件，其是以工序为单位来简要说明产品（或零部件）的加工过程的，一般不用作直接指导工人操作，但在单件小批量生产中，常用这种卡片指导生产。机械加工工艺过程卡片格式见表4-4。

(2) 机械加工工艺卡片是以工序为单位来详细说明产品（或零部件）整个工艺过程的文件。其内容包括：零件的材料、重量，毛坯的制造方法，工序内容，工艺参数，操作要求及采用的设备和工艺装备等。它是用来指导工人生产和帮助车间管理人员、技术人员掌握整个零件加工过程的一种主要技术文件，广泛用于成批生产的零件及小批生产中的主要零件。

(3) 机械加工工序卡片是在工艺过程卡片或工艺卡片的基础上，按每道工序所编制的一种工艺文件。其一般具有工序简图，并详细说明了该工序每个工步的加工内容、工艺参数、操作要求以及所用设备和工艺装备等。它是直接指导工人生产的一种工艺文件，多用于大批、大量生产的零件和成批生产中的重要零件。机械加工工序卡片格式见表4-5。

4.2.2 机械加工工艺规程的制定

1. 制定机械加工工艺规程的基本要求

(1) 工艺方面：工艺规程应全面、可靠和稳定地保证达到设计上所要求的尺寸精度、形状精度、位置精度、表面质量和其他技术要求。

(2) 经济方面：工艺规程要在保证产品质量和完成生产任务的条件下，使生产成本最低。

(3) 技术方面：工艺规程应在充分利用本企业现有生产条件的基础上，尽可能采用国内外先进工艺技术和经验，并保证良好的劳动条件。

(4) 生产率方面：工艺规程要在保证技术要求的前提下，以较少的工时来完成加工制造。

(5) 完整性方面：从备料、加工到装配、检验、入库，工艺文件应细致全面。

2. 制定机械加工工艺规程的原始资料

(1) 产品整套装配图和零件图；

(2) 产品质量验收标准；

(3) 产品的生产纲领和生产类型；

(4) 现有生产条件，包括毛坯的生产条件，加工设备和工艺装备的规格及性能，工人的技术水平，专用设备及工艺装备的制造能力；

(5) 国内、外同类产品有关工艺资料及必要的标准手册。

3. 制定机械加工工艺规程的步骤

(1) 分析零件图和产品装配图；

(2) 确定毛坯类型和制造方法；

(3) 选定基准，拟定工艺路线；

(4) 确定各工序的加工余量、计算工序尺寸及公差；

(5) 确定各工序的设备、刀具、夹具、量具以及辅助工具；

表 4－4　机械加工工艺过程卡

<table>
<tr><td rowspan="2"></td><td colspan="2" rowspan="2">机械加工工艺过程卡片</td><td colspan="2">产品型号</td><td></td><td>零件图号</td><td></td><td colspan="2"></td></tr>
<tr><td colspan="2">产品名称</td><td></td><td>零件名称</td><td></td><td>共　页</td><td>第　页</td></tr>
<tr><td>材料牌号</td><td></td><td>毛坯种类</td><td></td><td>毛坯外形尺寸</td><td></td><td>每毛坯可制件数</td><td></td><td>每台件数</td><td></td><td>备注</td><td></td></tr>
<tr><td rowspan="2">工序号</td><td rowspan="2">工序名称</td><td rowspan="2">工　序　内　容</td><td rowspan="2">车间</td><td rowspan="2">工段</td><td rowspan="2">设　备</td><td rowspan="2">工　艺　装　备</td><td colspan="2">工　　时</td></tr>
<tr><td>准终</td><td>单件</td></tr>
<tr><td></td><td></td><td></td><td></td><td></td><td></td><td></td><td></td><td></td></tr>
<tr><td></td><td></td><td></td><td></td><td></td><td></td><td></td><td></td><td></td></tr>
<tr><td></td><td></td><td></td><td></td><td></td><td></td><td></td><td></td><td></td></tr>
<tr><td></td><td></td><td></td><td></td><td></td><td></td><td></td><td></td><td></td></tr>
<tr><td></td><td></td><td></td><td></td><td></td><td></td><td></td><td></td><td></td></tr>
<tr><td></td><td></td><td></td><td></td><td></td><td></td><td></td><td></td><td></td></tr>
<tr><td></td><td></td><td></td><td></td><td></td><td></td><td></td><td></td><td></td></tr>
<tr><td></td><td></td><td></td><td></td><td></td><td></td><td></td><td></td><td></td></tr>
</table>

<table>
<tr><td></td><td></td><td></td><td></td><td></td><td></td><td></td><td></td><td></td><td></td><td rowspan="2">设计(日 期)</td><td rowspan="2">校对(日期)</td><td rowspan="2">审核(日期)</td><td rowspan="2">标准化(日期)</td><td rowspan="2">会签(日期)</td></tr>
<tr><td></td><td></td><td></td><td></td><td></td><td></td><td></td><td></td><td></td><td></td></tr>
<tr><td>标记</td><td>处数</td><td>更改文件号</td><td>签字</td><td>日期</td><td>标记</td><td>处数</td><td>更改文件号</td><td>签字</td><td>日期</td><td colspan="5"></td></tr>
</table>

表 4-5　机械加工工序卡

	机械加工工序卡片	产品型号		零件图号			
		产品名称		零件名称		共　页	第　页

车间	工序号	工序名称	材料牌号
毛坯种类	毛坯外形尺寸	每毛坯可制件数	每台件数
设备名称	设备型号	设备编号	同时加工件数

夹具编号	夹具名称	切削液	
工位器具编号	工位器具名称	工序工时（分）	
		准终	单件

工步号	工　步　内　容	工艺装备	主轴转速	切削速度	进给量	切削深度	进给次数	工步工时	
			r/min	m/min	mm/r	mm		机动	辅助

								设计(日期)	校对(日期)	审核(日期)	标准化	会签

（6）确定切削用量和工时定额；

（7）确定各主要工序的技术要求及检验方法；

（8）填写工艺文件。

4.2.3　工艺文件常用定位夹紧符号（见表 4－6）

表 4－6　工艺文件常用定位夹紧符号

标注位置分类		独立		联动	
		标注在视图轮廓上	标注在视图正面	标注在视图轮廓上	标注在视图正面
定位点	固定式		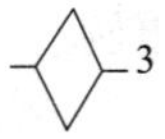	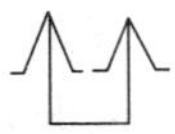	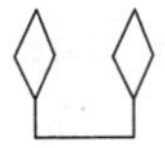
	活动式		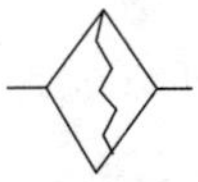	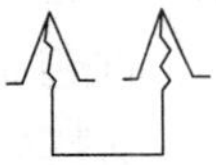	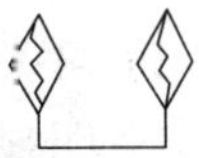
机械夹固			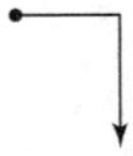		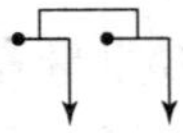
液压夹固			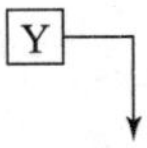	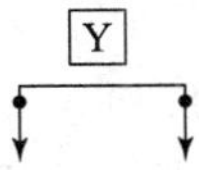	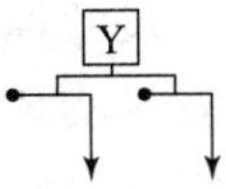
气动夹固			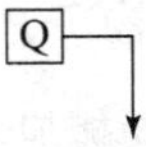	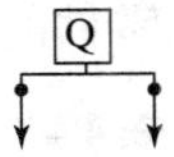	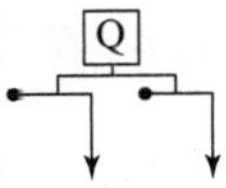
电磁夹固			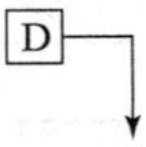	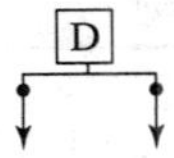	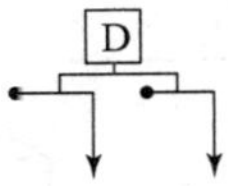

4.3　零件图分析及毛坯选择

4.3.1　零件的工艺性分析

1. 分析研究部件装配图，审查零件图

通过分析产品的装配图和零件图，可熟悉产品的用途、性能、工作状态，明确被加工零件在产品中的功用要求，进而审查设计图样是否完整和正确。了解被加工零件的功用，加深对各项技术要求的理解，这样在制定工艺规程时，就能抓住应解决的主要矛盾，为合理地制定工艺规程奠定基础。

2. 分析零件的结构工艺性

结构工艺性是指在不同生产类型和具体生产条件下，毛坯的制造、零件加工、产品的装配与维修的可行性和经济性。

在保证使用要求的前提下，结构工艺性的好坏直接影响到生产效率、劳动强度、材料消耗、生产成本以及质量的获得，这就要求在进行产品和零件设计时，一定要保证合理的结构工艺性。

（1）产品的结构工艺性包括以下几方面：

①组成产品的零件总数的多少。

②组成产品的零件平均精度的高低。

③材料种类的多少及需求量。

④制造方法的多少及在加工中所占的比例。

⑤产品装配的复杂程度及可拆装性。

⑥产品的维修及调试性能。

（2）零件的结构工艺性包括以下几方面：

①有明显的设计及定位基准。

②加工工具进出方便，内表面加工较少。

③重量轻，加工面积小。

④形状简单，易装夹，进给调刀次数少。

⑤尺寸标准化、规格化，易对刀。

⑥易实现基准重合原则。

⑦按尺寸链最短原则标注零件尺寸。

表4－7所示为常见零件的机械加工结构工艺性对比实例。

表4－7　常见零件的机械加工结构工艺性对比实例

序号	不好的结构	改后结构	说　明
1	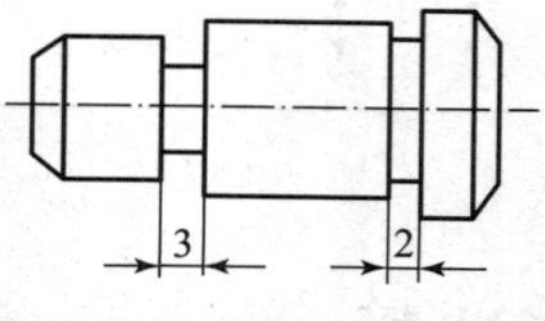	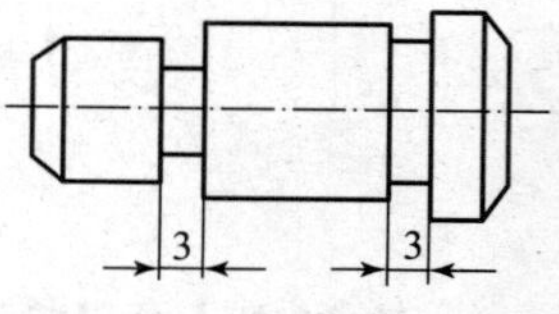	退刀槽尺寸相同，以减少刀具种类及换刀时间
2	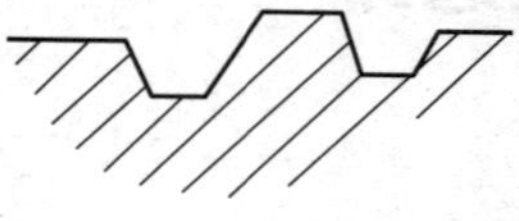	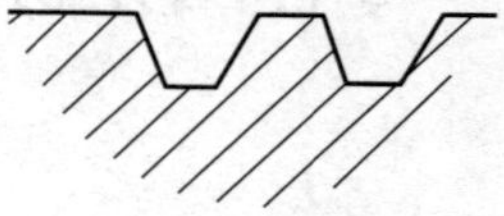	三个凸台高度相同，以便于一次加工
3	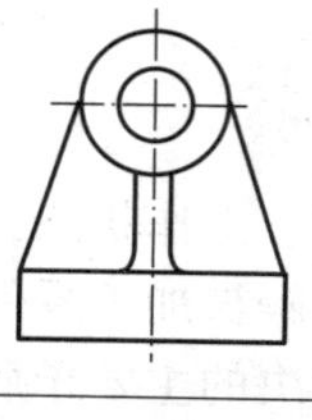	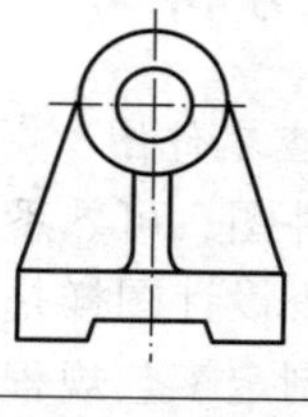	加工量减少，接触良好，定位好

续表

序号	不好的结构	改后结构	说　明
4	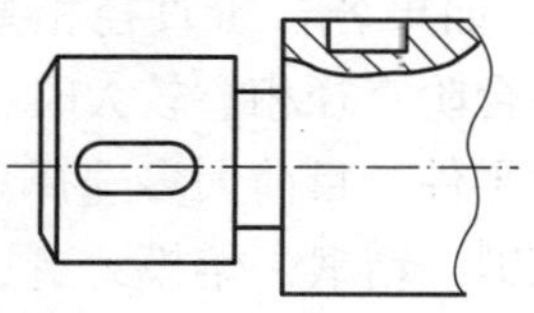	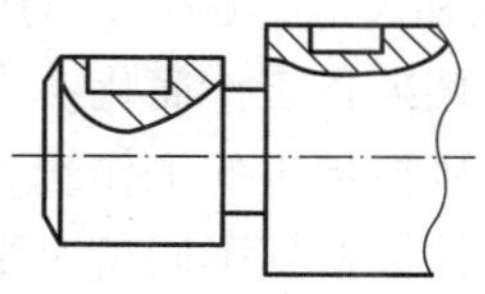	键槽位置便于一次加工，生产率高
5	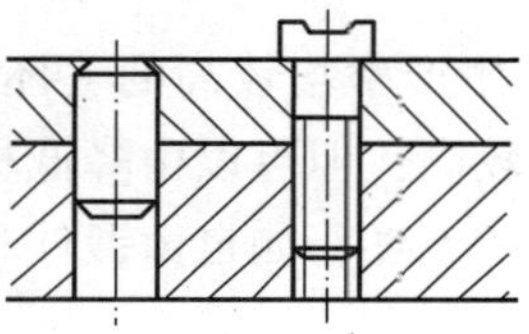	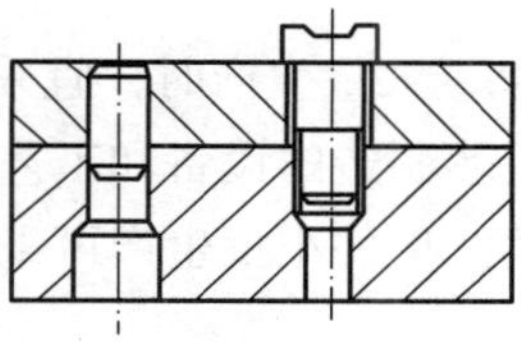	销孔长铰孔量太大，螺钉太长
6	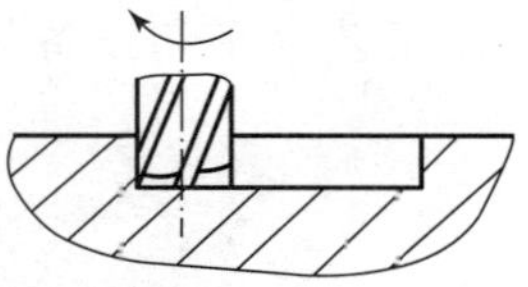	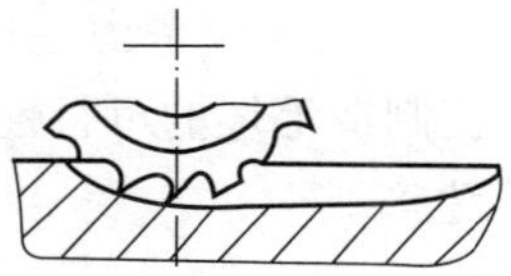	避免用端铣刀加工封闭槽
7	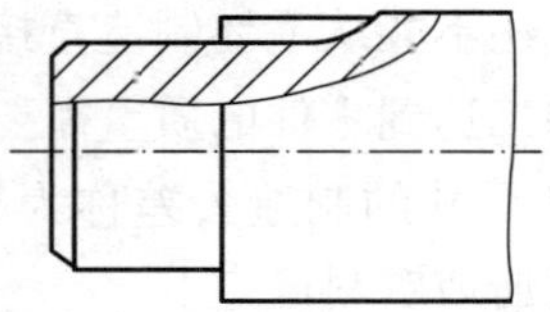	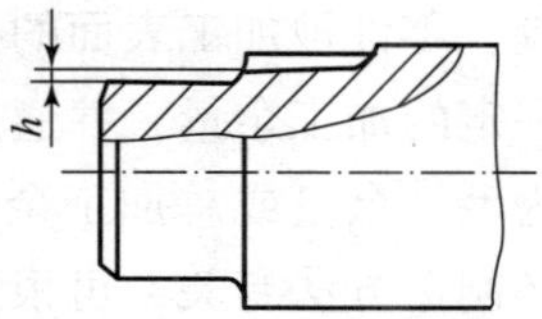	沟槽表面不要和其他表面重合

4.3.2 毛坯的确定

1. 毛坯的种类

(1) 铸件：铸件毛坯的制造方法可分为砂型铸造、金属型铸造、精密铸造和压力铸造等，适用于各种形状复杂的零件。

(2) 锻件：锻件可分为自由锻造锻件和模锻件。自由锻造锻件的加工余量大，锻件精度低，生产率不高，适用于单件和小批量生产以及大型锻件的生产；模锻件的加工余量较小，锻件精度高，生产率高，适用于产量较大的中、小型锻件。

(3) 型材：型材有热轧和冷拉两种。热轧型材尺寸较大，精度较低，多用于一般零件的毛坯；冷拉型材尺寸小，精度较高，多用于制造毛坯精度要求较高的中、小型零件，适用于自动机械加工。

(4) 焊接件：对于大型零件，焊接件简单方便，但焊接的零件变形较大，需要经过时效处理后才能进行机械加工。

2. 毛坯的选择

选择毛坯时要综合考虑以下几个方面的问题：

(1) 考虑零件材料的工艺性及对材料组织和力学性能的要求。例如，当材料具有良好的铸造性（如铸铁、铸青铜、铸铝等）时，应采用铸件作毛坯；当要求尺寸较大的钢件组织均匀、晶粒细小时，应采用锻件作毛坯；对尺寸较小的零件，一般可直接采用各种型材和棒料作毛坯。

（2）考虑零件的结构形状和尺寸。例如，对于阶梯轴，如果各台阶直径相差不大，则可直接采用棒料作毛坯，使毛坯准备工作简化。当阶梯轴各台阶直径相差较大时，宜采用锻件作毛坯，以节省材料和减少机械加工的工作量。对于大型零件，目前大多选择自由锻造和砂型铸造的毛坯；而中小型零件，根据不同情况则可选择模锻、精锻、熔模铸造、压力铸造等先进毛坯制造方法。

（3）考虑生产类型。大批、大量生产时，宜采用精度和生产率均较高的毛坯制造工艺，如模锻、压铸等。虽然用于毛坯制造的设备和工艺装备费用较高，但可以由降低材料消耗和减少机械加工费用等予以补偿。单件小批生产可采用精度低的毛坯，如自由锻件和手工造型铸造的毛坯。

（4）考虑现有生产条件。选择毛坯应考虑毛坯制造车间的工艺水平和设备状况及技术状况，同时应考虑采用先进工艺制造毛坯的可行性和经济性。

（5）考虑专业化生产厂家生产。

3. 毛坯形状与尺寸的确定

由于毛坯制造技术的限制，零件被加工表面的技术要求还不能从毛坯制造直接得到，所以毛坯上某些表面需要留有一定的加工余量，并通过机械加工达到零件的质量需要。毛坯尺寸与零件的设计尺寸之差称为毛坯余量或总加工余量。毛坯尺寸的制造公差称为毛坯公差。毛坯余量和公差的大小与毛坯制造方法有关，可根据有关手册或资料确定。

毛坯的形状尺寸不仅与毛坯余量大小有关，而且在某些情况下还受工艺需要的影响。因此，在确定毛坯形状时要注意以下问题：

（1）附加工艺凸台：为满足工艺的需要而在工件上增设的凸台称为工艺凸台，在零件加工后若工艺凸台影响零件的外观和使用性能，则应予以切除。

（2）考虑一坯多件：为了使毛坯制造方便和易于机械加工，可以将若干个零件制成一个毛坯，然后再切割成单个零件。

（3）考虑组合毛坯：某些形状比较特殊的零件，单独加工比较困难，为了保证这些零件的加工质量并保证其加工方便，常将分离零件组合成为一个整体毛坯。

（4）考虑分解毛坯：某些大型零件毛坯制作有难度，可考虑分解制作再组合加工，也可保证分解运输。

4.4 定位基准的选择

4.4.1 基准的概念

基准是用来确定生产对象上几何要素（点、线、面）间几何关系所依据的那些点、线、面。

4.4.2　基准的分类

根据基准的作用不同，可分为设计基准和工艺基准。

1. 设计基准

在零件图上用以确定其他点、线、面位置的（点、线、面）基准称为设计基准。

如图 4 – 2 所示零件：

如图 4 – 2（a）所示中 *A* 面的设计尺寸是 20，其设计基准是 *B* 面；反之，*B* 面的设计基准是 *A* 面。

如图 4 – 2（b）所示中 $\phi 30$ 圆柱的设计基准是 $\phi 50$ 圆柱的轴心线，而 $\phi 50$ 圆柱的设计基准则是其自身的轴心线。

如图 4 – 2（c）所示中尺寸 45 是 *C* 面的设计尺寸，而其设计基准则是下表面 *D*。

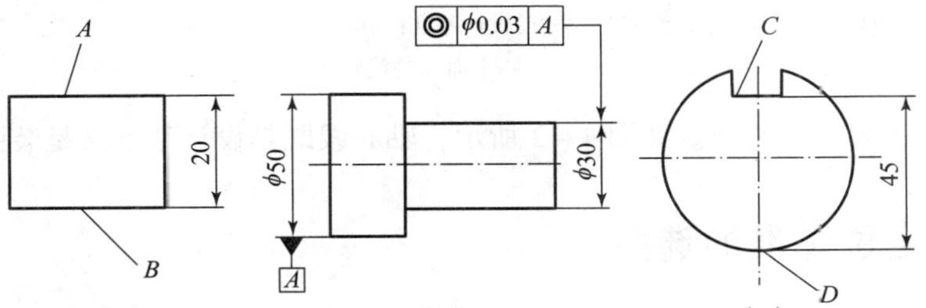

图 4 – 2　零件设计基准

2. 工艺基准

在工艺过程中采用的基准称为工艺基准。工艺基准按用途不同又可分为工序基准、定位基准、测量基准和装配基准。

1）工序基准

在工序图上用来确定本工序被加工表面加工后的尺寸、形状、位置的基准称为工序基准。

如图 4 – 3 所示，该零件 *A* 面的设计基准是轴心线 *O*—*O*，尺寸是 *C*，但是在加工过程中工序基准有如图 4 – 3（b）和图 4 – 3（c）所示的不同的变化。

2）定位基准

在加工中用作定位的基准称为定位基准。

如图 4 – 3（b）和图 4 – 3（c）所示，加工 *A* 面的工序中，工件以大端外圆柱表面在 V 形块上定位，则大端轴心线为定位基准、大端外圆柱表面为定位基面。

3）测量基准

测量时所采用的基准称为测量基准。

如图 4 – 3（d）所示，用极限量规测量零件大端侧平面位置尺寸，母线 *a*—*a* 为测量基准。图 4 – 3（e）所示为用卡尺测量，大圆柱面上距侧平面最远的圆柱母线为测量基准。

4）装配基准

在装配中用来确定零件或部件在产品中的相对位置所采用的基准称为装配基准。装配基

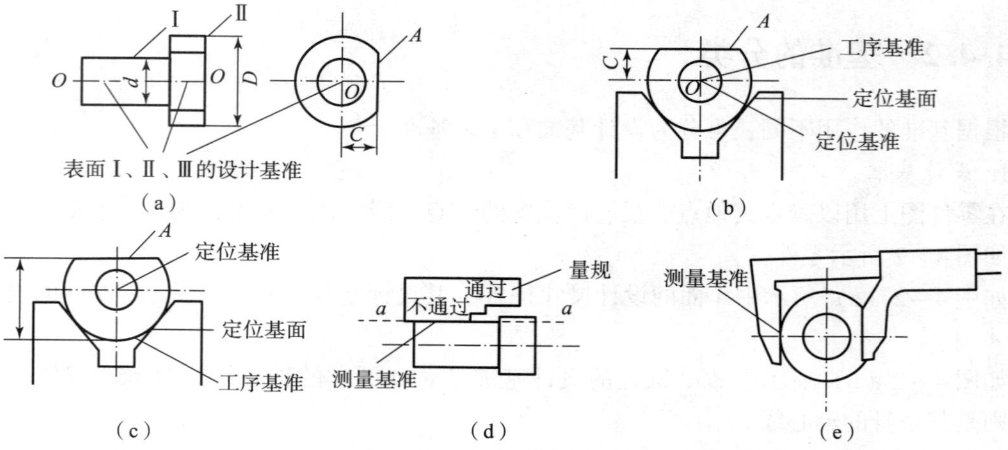

图 4-3 零件不同基准示例

(a) 短阶梯轴 d、D 和 C 三尺寸的设计基准；(b)，(c) 平面 A 的加工简图；
(d)，(e) 平面 A 的检验图

准通常是零件的主要设计基准。如图 4-2 所示，轴心线既是设计基准又是装配基准。

4.4.3 定位基准的选择

定位基准不仅会影响工件的加工精度，而且对同一个被加工表面所选用的定位基准不同，其工艺路线也可能不同，所以选择工件的定位基准是十分重要的。机械加工的最初工序只能用工件毛坯上未经加工的表面作定位基准，这种定位基准称为粗基准；用已经加工过的表面作定位基准称为精基准。在制定零件机械加工工艺规程时，总是先考虑选择怎样的精基准定位，把工件加工出来；然后考虑选择什么样的粗基准定位，把用作精基准的表面加工出来。

1. 精基准的选择

选择精基准时一般应遵循以下原则：

1）基准重合原则

选择被加工表面的设计基准为定位基准，以避免因基准不重合而引起基准不重合误差，其容易保证加工精度，如图 4-4 和图 4-5 所示。

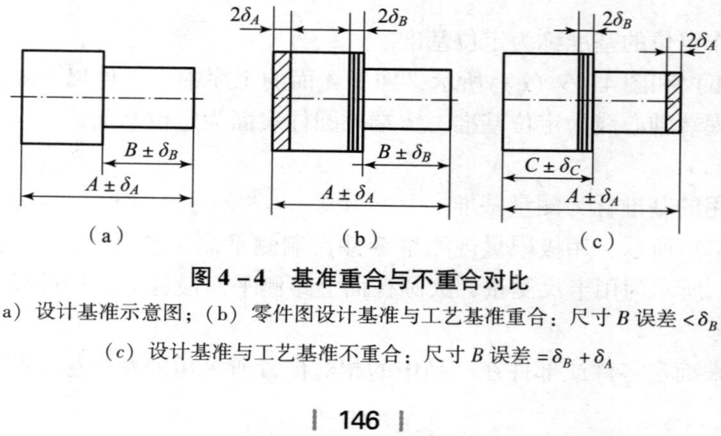

图 4-4 基准重合与不重合对比

(a) 设计基准示意图；(b) 零件图设计基准与工艺基准重合：尺寸 B 误差 $<\delta_B$；

(c) 设计基准与工艺基准不重合：尺寸 B 误差 $=\delta_B+\delta_A$

2）基准统一原则

采用同一基准来尽可能多的加工工件的几个加工表面，不仅可以避免因基准变化而引起的定位误差，而且在一次装夹中能加工出较多的表面，而多数位置精度都是通过一次装夹加工来保证的，如图 4－6 所示。这样既便于保证各个被加工表面的位置精度，又有利于提高生产率。

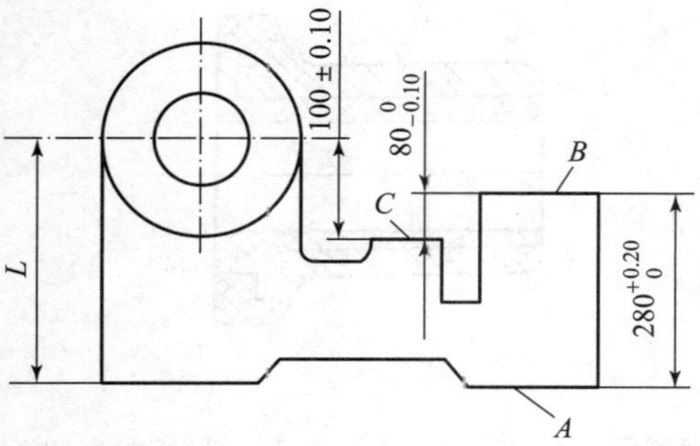

图 4－5　设计基准与工艺基准不重合实例

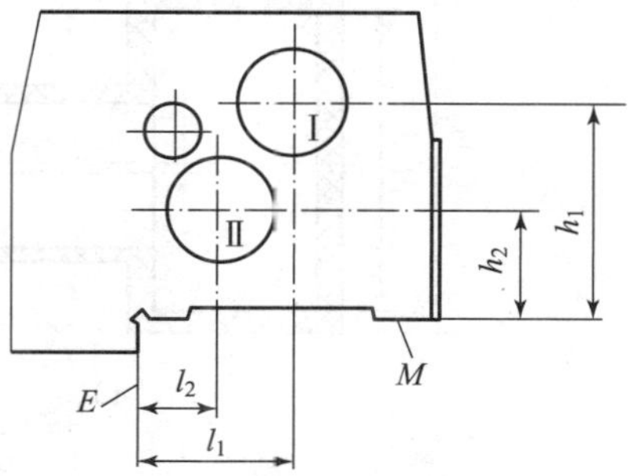

图 4－6　基准重合同时统一的实例

例如，轴类零件大多数工序都可以采用两端中心孔定位，这样可以保证各圆柱的同轴度及其与端面的垂直度，且效率较高。

3）自为基准原则

有些精加工或光整加工工序要求加工余量小而均匀，这时应尽可能用加工表面自身为精基准，而该表面与其他表面之间的位置精度应由先行工序予以保证。

例如，磨削车床床身导轨面时，为了使加工余量小而均匀，以提高导轨面的加工质量和生产率，常以导轨面本身作为精基准，用安置在磨头上的百分表和床身下面的可调支承将床身找正。

4）互为基准原则

当两个被加工表面之间位置精度较高、要求加工余量小而均匀时，多以两表面互为基准进行加工。

例如，加工精密齿轮时，常用高频淬火把齿面淬硬后进行磨齿。因齿面淬硬层较薄，所以要求磨削余量小而均匀，磨削时应先以齿面为基准磨内孔，然后再以内孔为基准磨齿面。

上述基准选择原则有它各自的适应场合，在实际应用时一定要从整个工艺路线进行统一考虑，使先行工序为后续工序创造条件，以使每个工序都有合适的定位基准和夹紧方式。

2. 粗基准的选择

选择粗基准时主要应保证各加工表面都有足够的加工余量，且不加工的表面其尺寸、位置应符合图纸要求，一般应注意以下几个问题：

（1）对于有不加工表面的工件，为保证不加工表面与加工表面之间的相对位置要求，一般应选择不加工表面为粗基准。

（2）如果零件上有几个不加工表面，则应以其中与加工表面相互位置精度较高的不加工表面作粗基准。

（3）对于工件上的重要表面，为保证其加工余量均匀，则应选择该重要表面为粗基准。

（4）对于工件上有多个重要加工面均要求保证余量均匀时，则应选择加工余量最小的表面为粗基准。

(5) 粗基准应避免重复使用，在同一尺寸方向上，通常只允许用一次。

(6) 选作粗基准的表面应尽可能平整，不能有飞边、浇口、冒口或其他缺陷，以保证工件定位稳定可靠、夹紧方便。

粗基准选择如图 4－7 所示。

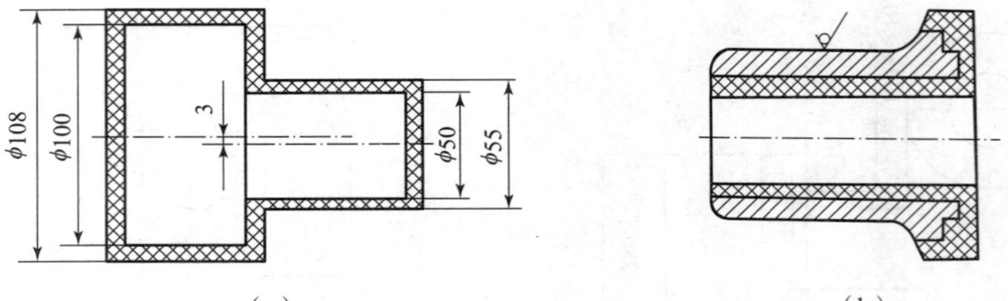

图 4－7　粗基准确定实例

(a) 以加工余量小的面为粗基准的实例；(b) 以不加工面为粗基准的实例

4.5　工艺路线的拟定

工艺路线的拟定包括以下内容：选择零件各个表面的加工方法、确定加工顺序、划分工序等。然后再根据工艺路线，选择各工序的工艺基准，确定工艺尺寸、所用设备、工艺装备、切削用量以及工时定额等。

工艺路线的拟定，一般应从工厂的实际情况出发充分考虑应用各种新工艺、新技术的可行性和经济性，多提几种方案，通过分析对比，以期实现高效、低耗、高质量、低成本的最佳工艺方案。其中，有以下基本原则和技巧可供参考。

4.5.1　表面加工方法的选择原则

确定各个表面的加工方法是拟定工艺路线的首要问题。表面加工方法的选择，应满足加工质量、生产率、经济性和可行性等方面的要求，从以下几个方面考虑。

1. 考虑被加工表面精度和表面质量要求

所选加工方法的经济加工精度（在正常的加工条件下所能保证的加工精度）应能保证零件图样所规定的精度和表面质量要求。例如，尺寸精度为 IT7、表面粗糙度 Ra 为 0.4μm 的外圆柱面，用车削、磨削加工都能达到要求，但车削在经济上不及磨削合理，所以应该选用磨削加工方法作为达到该工件加工精度的最终加工方法。当有几种加工方法的经济加工精度都能满足被加工表面的精度和表面粗糙度要求时，则应从零件的结构形状、尺寸大小、材料、热处理等因素考虑，选择最合适的加工方法。

2. 考虑工件材料的切削特性及热处理特性

如经淬火后的钢及其合金材料零件，则多采用磨削及特种加工。

3. 考虑生产率和经济性要求

不同的生产类型，应选择不同的加工方法。如大批孔用拉削、箱类大平面用铣削，效率很高。

4. 考虑具体的生产条件

充分使用现有设备，不宜投入太多的设备而增加负担。

5. 考虑利用新工艺、新技术

4.5.2　工艺阶段划分的原则

1. 工艺过程

（1）粗加工阶段：主要任务是切除各个加工表面上的大部分加工余量，使毛坯的形状和尺寸尽量接近成品。因此，在此阶段主要考虑如何提高劳动生产率。

（2）半精加工阶段：为主要表面做好必要的精度和加工余量准备，并完成一些次要表面的加工。

（3）精加工阶段：保证各主要表面达到规定的质量要求。

（4）光整加工阶段：对于尺寸精度和表面粗糙度要求很高的表面，通常必须安排光整加工阶段，其主要目的是提高尺寸精度和降低表面的表面粗糙度值。

2. 划分加工阶段的原因

（1）全方位保证加工质量：因为工件在粗加工时切除金属较多，切削变形、切削力和切削热都比较大，因而使工件产生较大的内应力和尺寸不稳定性，所以粗加工阶段不可能达到高的加工精度和较小的表面粗糙度。加工过程划分阶段后，粗加工造成的误差可通过半精加工得以消除和纠正，并逐渐提高零件的加工精度及降低表面粗糙度，同时保证尺寸的稳定性，以期保证零件的加工质量要求。

（2）便于合理使用设备：粗加工阶段可采用功率大、刚度好、精度低、效率高的机床，以提高生产率；精加工阶段则可采用精度高的机床，以确保零件的精度要求。这样既充分发挥了各类机床的性能、特点，做到合理使用，也可延长高精度机床的使用寿命。

（3）便于车间生产管理：粗、精加工分开不在同一个区域；工件放置及运输方法不同，便于管理。

（4）便于热处理工序的安排：在不同的加工阶段穿插热处理，既可以充分发挥热处理的效果，也有利于切削加工和保证加工精度。对于精密零件，粗加工后再安排去除内应力的时效处理，可减少内应力变形对精加工的影响；半精加工后安排淬火处理，不仅能满足零件的性能要求，也可使零件的粗加工和半精加工变得更加容易，零件因淬火引起的变形也可通过精加工予以消除。

（5）便于及时发现毛坯缺陷和保护工件：粗、精加工分开后，毛坯的缺陷（如气孔、砂眼和加工余量不足等）在粗加工后就可及早发现，并及时决定修补或报废，以免对报废的零件继续进行精加工而浪费工时和制造费用。精加工工序安排在后面，还可以防止损伤工件表面。

需要说明的是，拟定工艺路线及划分加工阶段的原则不是绝对的，对一些毛坯质量高、加工余量小、加工精度要求较低而刚性又好的零件，可以不划分加工阶段。对于一些刚性好的重型零件，由于装夹吊运很费工时，故也可不划分加工阶段，而是在一次安装中完成表面的粗、精加工。有些定位基准面在半精加工阶段甚至粗加工阶段就需要加工得很精确，而某些钻小孔的粗加工工序又常常安排在精加工阶段，这也是很正常的。

4.5.3 工序的集中分散原则

在每道工序中所安排的加工内容多，零件的切削加工集中在少数几道工序内完成，工艺路线短，工序少，称为工序集中。在每道工序中所安排的加工内容少，零件的切削加工分散在很多道工序内完成，工艺路线长，工序多，称为工序分散。

1. 工序集中的特点

（1）可以加工多个表面，并能较好地保证各表面之间的相互位置；可以减少安装工件的次数和辅助时间及工件在机床之间的搬运次数。

（2）可以减少机床数量，并相应地减少操作工人，节省车间生产面积，简化生产计划和生产组织工作。

2. 工序分散的特点

（1）机床设备及工艺装备比较简单，调整方便，生产工人易于掌握。

（2）可以采用最合理的切削用量，减少机动时间。

（3）设备数量多，操作工人多，生产面积大。

通常单件小批生产多为工序集中，大批量生产则工序集中和分散二者兼有，需根据具体情况而定。

4.5.4 加工顺序的安排原则

1. 机加工工序的安排

1）先主后次原则

首先考虑主要表面的加工顺序，次要表面可适当穿插在主要表面加工工序之间。

2）先粗后精原则

先安排各表面的粗加工，然后安排半精加工，最后安排主要表面的精加工和光整加工；次要表面的精度要求不高，一般在粗、半精加工阶段即可完成，对于那些同主要表面相对位置关系密切的表面，通常多放在主要表面精加工之后加工。

3）先基后面原则

先加工基准表面，后加工其他表面。在零件加工的各阶段，应先把基准面加工出来，以便于定位安装。

4）先面后孔原则

先加工平面，后加工内孔。对于箱体零件，一般总是先加工出平面作精基准，然后再加工内孔。

2. 热处理工序的安排

（1）粗加工前后进行退火、正火、调质等，以改善材料切削的加工性。

（2）半精加工之后，精加工、光整加工之前进行淬火、渗碳淬火等，以提高材料硬度及改善磨削特性。

（3）粗加工前后及精加工之前需进行时效处理，以减少工件内应力。对于高精度的零件，在加工过程中常进行多次时效处理。

3. 辅助工序的安排

辅助工序主要包括检验、去毛刺、清洗和涂防锈油等。其中检验工序是主要的辅助工序，应安排在：

（1）粗加工或半精加工结束之后；

（2）重要工序加工前后；

（3）零件送外车间（如热处理）加工之前；

（4）零件全部加工结束之后。

4.5.5　典型零件工艺路线示例

1. 轴类工件工艺路线

加工轴类工件主要是加工外圆表面及相关端面，轴线为设计基准，两端中心孔为定位基面。一般主轴的加工工艺路线如下：下料—锻造—退火（正火）—粗加工—调质—半精加工—表面淬火—粗磨—低温时效—精磨。整个加工过程可以按热处理分成四个加工阶段。如图 4－8 所示零件，其加工工艺过程见表 4－8。

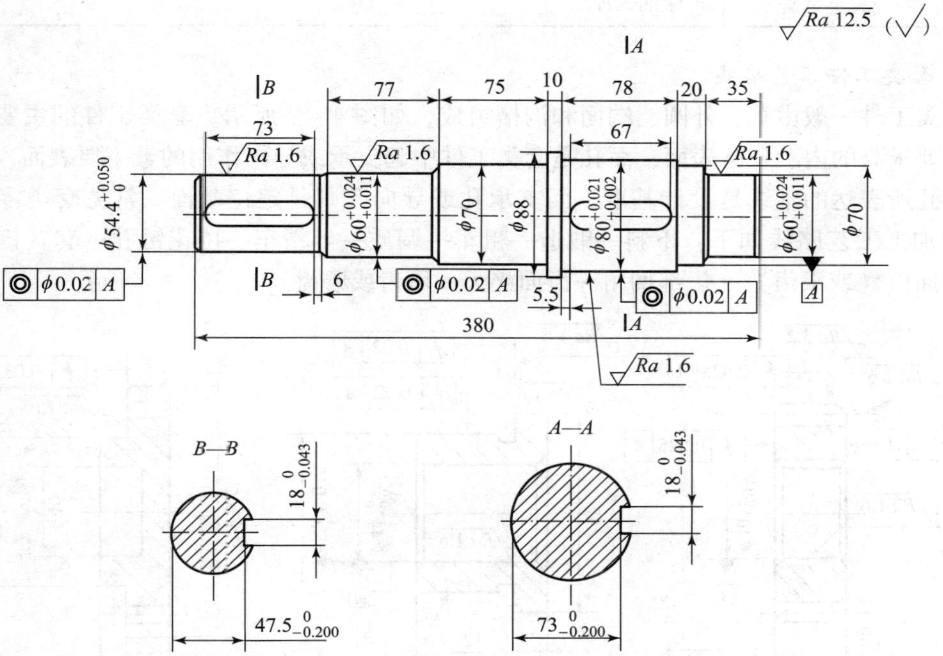

技术要求

1.未注圆角 $R1$。　　3.保留中心孔。

2.调质处理 28～32HRC。　　4.材料 45 钢。

图 4－8　输出轴

表 4-8 输出轴机械加工工艺过程

工序号	工序名称	工 序 内 容	工装
01	下料	棒料 $\phi 90 \times 400$	锯床
02	热处理	调质处理 28 ~ 32HRC	
03	车	夹左端，切右端，钻中心孔，粗车右端各部至 $\phi 88$ 见平即可，其余均留精加工余量	CA6140
04	车	掉头切断面保证总长，钻中心孔，粗车左端各部，留余量	CA6140
05	精车	夹左端顶右端，精车右端各部，其中 $\phi 60$、$\phi 80$ 留磨削余量	CA6140
06	精车	掉头，一夹一顶精车另一端各部，其中 $\phi 54.4$、$\phi 60$ 留余量	CA6140
07	磨	两顶工件磨 $\phi 60$ 两处、$\phi 80$ 至零件尺寸	M1432
08	磨	掉头，两顶磨 $\phi 54.4$ 至图样尺寸	M1432
09	钳	划两处键槽线	M1432
10	铣	铣两处键槽	X52K
11	检验	按图样检验各处尺寸	
12	入库	涂油入库	

2. 套类工件工艺路线

套类工件一般由孔、外圆、端面和沟槽组成，如图 4-9 所示。套类工件的主要表面是同轴度要求高的内、外圆表面，而孔是套类工件中起支承或导向作用的最主要表面。支承孔或导向孔所表达的轴线是设计基准，而支承孔或导向孔则是定位基面。常见套类零件（齿轮）的加工工艺路线如下：下料—锻造—粗车—调质—半精车—拉花键孔—套花键心轴车外圆—插齿（或滚齿）—齿部倒角—齿面淬火—珩齿或磨齿。

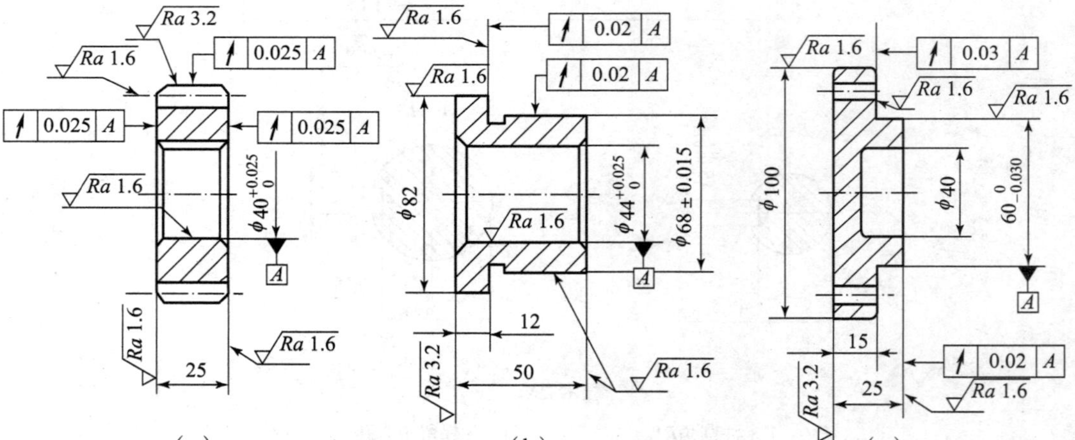

图 4-9 套类工件

3. 支架、箱体类工件加工工艺路线

常见的支架和箱体类工件如图 4－10 所示。箱体的结构较复杂，箱壁上有相互平行或垂直的孔系。箱体的底平面（或侧平面、上平面）既是装配基准，也是加工过程中的定位基准。一般先加工主要平面，后加工支承孔。对于刚度较低、要求较高的支架类工件，为了减少加工后的变形，宜分粗、精加工工序。

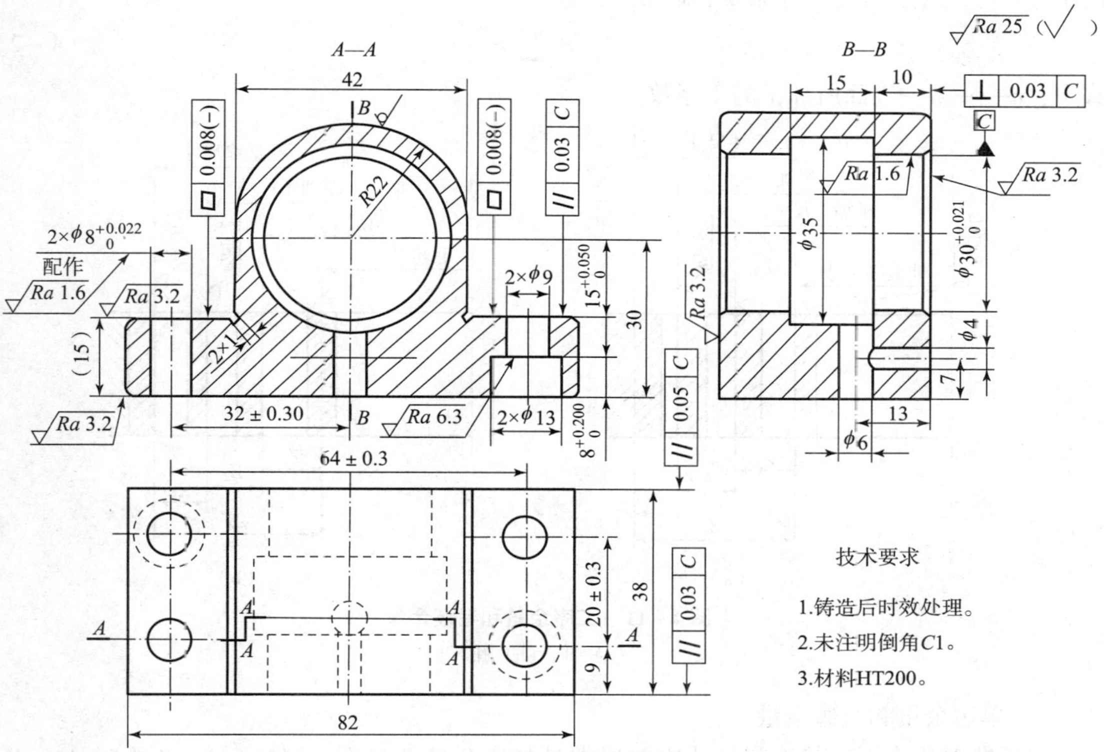

图 4－10　支架和箱体类工件

单件小批量生产，精度要求较高的支架和箱体类工件的加工工艺路线如下：铸造毛坯—退火—划线—粗加工主要平面—粗加工支承孔—精加工主要平面—精加工支承孔。其他次要表面的加工可根据情况穿插安排，螺钉孔的加工往往放在最后进行。

4.6　加工余量与工序尺寸

4.6.1　加工余量与工序尺寸概念

1. 加工余量

1）概念

在用材料去除法制造零件时，是通过从毛坯上切除一层层材料之后，得到符合图样规定的零件的，而毛坯上留作加工用的材料层，称为加工余量。加工余量又有总余量和工序余量之分。

2）总余量与工序余量

如图 4－11 所示，某一表面从毛坯到最后成品切除掉的总金属层厚度，即毛坯尺寸与零件设计尺寸之差，称为总余量，以 Z_n 表示。该表面每道工序切除掉的金属层厚度，即相邻两工序尺寸之差，称为工序余量，以 Z_i 表示。

$$Z_n = \sum Z_i \tag{4-2}$$

式中，n——某一表面所加工的工序数。

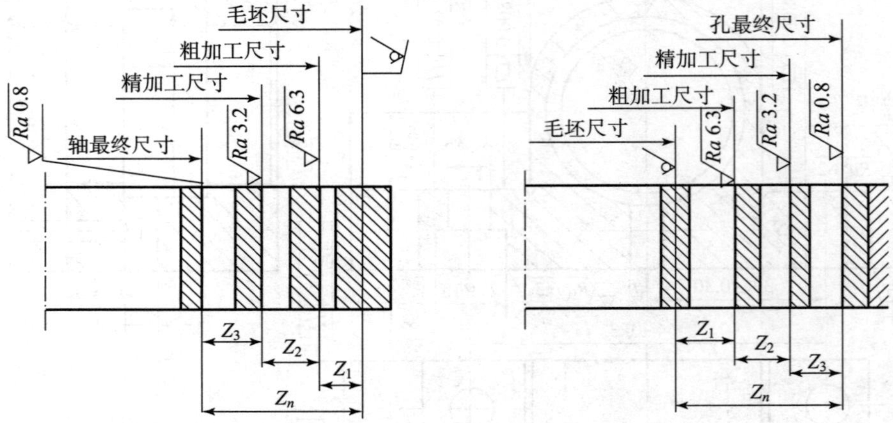

（a）　　　　　　　　　　（b）

图 4－11　工序余量和毛坯余量

（a）轴；（b）孔

3）单边余量和双边余量

对于非对称表面，其工序尺寸之差通常是单边余量［见图4－12（a）和图 4－12（b）内外表面］；对于外圆与内孔这样的对称表面［见图 4－12（b）和图 4－12（c）］，其加工余量用双边余量 $2Z_b$ 表示，分别表示如下：

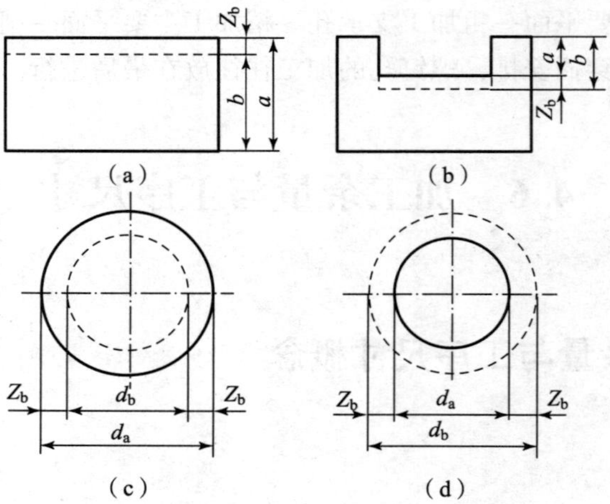

图 4－12　加工余量

单边余量：

$$Z_b = a - b \tag{4-3}$$

$$(或\ Z_b = b - a)$$

式中，Z_b——本道工序的工序余量；

b——本道工序的基本尺寸；

a——上道工序的基本尺寸。

双边余量（对于外圆表面）：

$$2Z_b = d_a - d_b \tag{4-4}$$

双边余量（对于内孔表面）：

$$2Z_b = d_b - d_a \tag{4-5}$$

4）公称余量（简称余量）Z_b、最大余量 Z_{max} 和最小余量 Z_{min}

如图 4－13 所示被包容面加工情况，本工序加工的公称余量：

$$Z_b = a - b \tag{4-6}$$

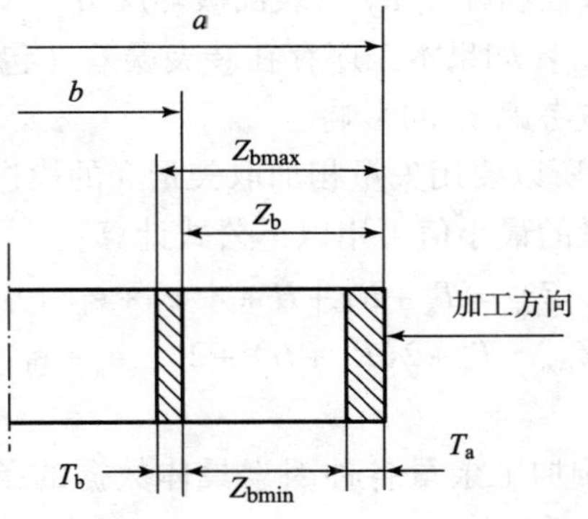

图 4－13　工序尺寸及其公差与余量之间的关系

本工序加工的最大余量：

$$Z_{max} = a_{max} - b_{min} \tag{4-7}$$

本工序加工的最小余量：

$$Z_{min} = a_{min} - b_{max} \tag{4-8}$$

公称余量的变动范围：

$$T_z = Z_{max} - Z_{min} = T_b + T_a \tag{4-9}$$

式中，T_b——本工序工序尺寸公差；

T_a——上道工序工序尺寸公差。

2. 工序尺寸及公差

（1）概念：该工序所保证的尺寸，即工序尺寸。

（2）工序基本尺寸：

$$b = a - Z_b \tag{4-10}$$

（3）工序尺寸标注：一般按“入体原则”标注，对被包容尺寸（轴径），上偏差为 0，最大尺寸就是基本尺寸；对包容尺寸（孔径、槽宽），下偏差为 0，最小尺寸就是基本尺寸。

4.6.2 余量、工序尺寸及其公差的确定

1. 加工余量的影响因素

影响加工余量的因素有以下四个方面：

（1）上道工序留下的表面粗糙度值 Ry：表面轮廓最大高度和表面缺陷层深度 H 必须全部切去，因此，本工序加工余量必须包括 H 和 Ry 这两项因素。

（2）上道工序的尺寸公差 T_a：由于上道工序加工表面存在尺寸误差，为了使本工序能全部切除上道工序留下的表面粗糙度和表面缺陷层，本工序加工余量必须包含上道工序的尺寸公差 T_a。

（3）形状误差和位置误差 $\boldsymbol{e}_a$：工件上有一些形状误差和位置误差是没有包括在加工表面的工序尺寸公差范围之内的，在确定加工余量时，必须考虑它们的影响，否则本工序加工将无法去除上道工序留下的表面粗糙度 Ry 及表面破坏层 H。

（4）本工序的装夹误差 $\boldsymbol{e}_b$：如果本工序存在装夹误差（包括定位误差、夹紧误差），则在确定本工序加工余量时还应考虑 $\boldsymbol{e}_b$ 的影响。

由于 $\boldsymbol{e}_a$ 与 $\boldsymbol{e}_b$ 都是矢量，所以要用矢量相加取矢量和的模进行余量计算。

综上分析可知，工序余量的最小值可用以下公式计算：

对于单边余量： $$Z_{min} = T_a + Ry + H + |\boldsymbol{e}_a + \boldsymbol{\varepsilon}_b|$$

对于双边余量： $$2Z_{min} = T_a + 2(R_y + H) + 2|\boldsymbol{e}_a + \boldsymbol{\varepsilon}_b|$$

2. 加工余量的确定

（1）计算法：在掌握影响加工余量各种因素具体数据的条件下，用计算法确定加工余量是比较科学的。目前应用较少。

（2）经验估计法：加工余量由一些有经验的工程技术人员或工人根据经验确定。此法常用于单件小批生产。

（3）查表法：此法以工厂生产实践和实验研究积累的经验为基础，制成各种表格数据，再结合实际加工情况加以修正。用查表法确定加工余量，方法简便，比较接近实际，在生产上广泛应用。

3. 工序尺寸及其公差的确定

计算工序尺寸是工艺规程制定的主要工作之一，通常有以下几种情况：

1）工艺基准与设计基准重合时的情况

对于加工过程中基准面没有变换（工艺基准与设计基准重合）的情况，工序尺寸的确定比较简单。在决定了各工序余量和工序所能达到的经济精度之后，就可以由最后一道工序开始往前推算。

如某孔类零件的加工方案为：粗镗—半精镗—精镗—铰孔；设计要求为：从机械加工手册所查得的各工序的加工余量和所能达到的经济精度，见表 4－9 中第二、三列，各工序尺寸及偏差的计算结果列于表 4－9 第四、五列。其中关于毛坯的公差，可根据毛坯的类型、结构特点、制造方法和生产工厂的具体条件，参照有关毛坯的手册资料确定。

表 4－9　工序尺寸及公差的计算　mm

工序名称	工序余量	工序经济加工精度	工序基本尺寸	工序尺寸
浮动镗	0.1	H7 $\left({}^{+0.035}_{0}\right)$	100	$100^{+0.035}_{0}$
精镗	0.5	H9 $\left({}^{+0.087}_{0}\right)$	100－0.1＝99.9	$99.9^{+0.087}_{0}$
半精镗	2.4	H11 $\left({}^{+0.022}_{0}\right)$	99.9－0.5＝99.4	$99.4^{+0.022}_{0}$
粗镗	5	H13 $\left({}^{+0.054}_{0}\right)$	99.4－2.4＝97	$97^{+0.054}_{0}$
毛坯	8	±1.2	100－8＝92	92±1.2

2）工艺基准与设计基准不重合时的情况

在复杂零件的加工过程中，常常出现定位基准、设计基准和测量基准不重合或加工过程中需要多次转换工艺基准，故工序尺寸的计算较为复杂，不能用上面所述的反推计算法，而是需要借助尺寸链分析和计算，并对工序余量进行验算以校核工序尺寸及其上下偏差。

【思考与训练】

1. 什么是生产过程、工艺过程和工艺规程？工艺规程在生产中起何作用？
2. 什么是工序、安装、装夹、工位、工步和行程？
3. 生产类型的实质是什么？生产类型是如何划分的？目前有几种生产类型？其各有何工艺特征？
4. 机械加工工艺过程卡和工序卡的区别是什么？简述它们的应用场合。
5. 零件的机械加工结构工艺性有哪些内容？
6. 何为基准？基准分哪几种？
7. 粗、精基准选择的原则各有哪些？
8. 机械加工过程通常分哪几个阶段？划分加工阶段有何作用？

第5章　典型零件加工工艺分析

【学习指南】

1. 了解轴类零件的结构特点、基准特点及工艺过程特点；
2. 了解箱体类零件的结构特点、基准选择、加工方法及工艺特点；
3. 了解套类零件的结构特点、加工方法及工艺特点；
4. 了解齿轮零件的基准特点、齿形加工方法及圆柱齿轮加工工艺特点。

【本章重点】

1. 轴类零件、箱体类的结构工艺特点及基准选择；
2. 轴类零件、箱体类零件的工艺过程特点。

【本章难点】

工艺基准的选择。

5.1　轴类零件加工

5.1.1　概述

1. 轴类零件的功能和结构特点

轴类零件是机器中常见的典型零件之一，主要用来支承传动零件（齿轮带轮离合器等）和传递扭矩。常见轴的种类如图5-1所示。

一般来说，轴类零件是回转体零件，其长度大于直径。轴类零件的主要加工表面是内外旋转表面，其次要表面有键槽、花键、螺纹和横向孔等。轴类零件按结构形状可分为光轴、阶梯轴、空心轴和异型轴（如曲轴、凸轮轴、偏心轴等）；按长径比（$L:d$）又可分为刚性轴（$L/d \leqslant 12$）和挠性轴（$L/d > 12$）。

2. 轴类零件的技术要求

1）尺寸精度

尺寸精度包括直径尺寸精度和长度尺寸精度。精密轴颈为IT5级，重要轴颈为IT6～IT7级，一般轴颈为IT8～IT9级。对于同一个轴来说，支承轴颈与轴承结合的尺寸精度要求比较高，安装传动件的轴颈及轴向的尺寸精度一般要求较低。

2）位置精度

相互位置精度主要指装配传动件的轴颈相对于支承轴颈的同轴度及端面对轴心线的垂直度等，通常用径向圆跳动来标注（便于测量）。普通精度轴的径向圆跳动为0.01～0.03mm，

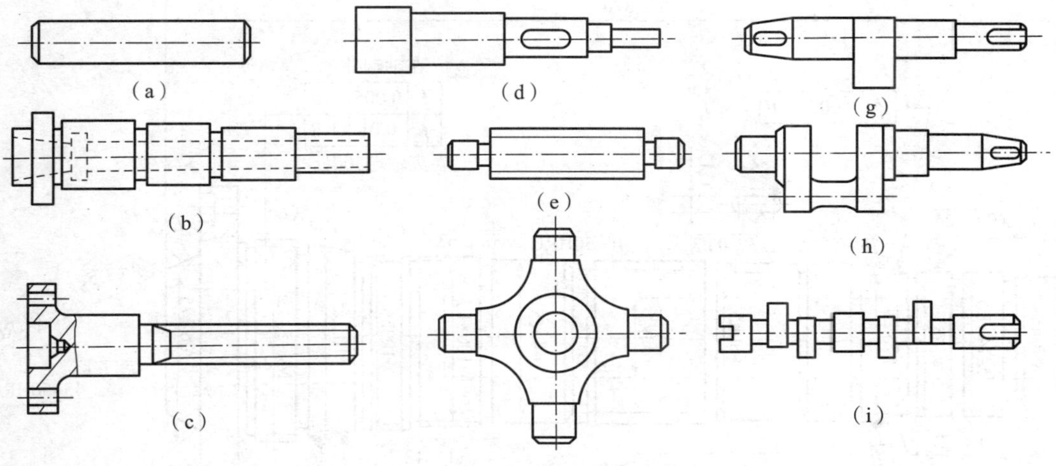

图5-1 轴的种类

高精度的轴径向圆跳动通常为0.006~0.01mm。

3）形状精度

几何形状精度主要指轴颈的圆度、圆柱度，一般应符合包容原则（即形状误差包容在直径公差范围内）。当几何形状精度要求较高时，零件图上应单独标注出规定允许的偏差。

4）表面粗糙度

轴类零件的表面粗糙度和尺寸精度应与表面工作要求相适应。通常支承轴颈的表面粗糙度值 *Ra* 为0.8~0.16μm，配合轴颈的表面粗糙度值 *Ra* 为0.63~3.2μm。

3. 轴类零件的材料与热处理

轴类零件应根据不同的工作情况，选择不同的材料和热处理方法。一般轴类零件用中碳钢，如45钢，经正火、调质及部分表面淬火等热处理，得到所要求的强度、韧性和硬度；对中等精度而转速较高的轴类零件，一般选用合金钢（如40Cr等），其经过调质和表面淬火处理，使其具有较高的综合力学性能；对在高转速、重载荷等条件下工作的轴类零件，可选用20CrMnTi、20Mn2B、20Cr等低碳合金钢，其经渗碳淬火处理后，具有很高的表面硬度，芯部则获得较高的强度和韧性；对高精度和高转速的轴，可选用38CrMoAl钢，其热处理变形较小，经调质和表面渗氮处理后可达到很高的心部强度和表面硬度，从而获得优良的耐磨性和耐疲劳性。

4. 轴类零件的毛坯

轴类零件的毛坯常采用棒料、锻件和铸件等毛坯形式。一般光轴或外圆直径相差不大的阶梯轴采用棒料；对于外圆直径相差较大或较重要的轴常采用锻件；对某些大型或结构复杂的轴（如曲轴）可采用铸件。

5.1.2 CA6140车床主轴加工工艺

1. CA6140车床主轴的工艺性分析

图5-2所示为CA6140车床的主轴简图。

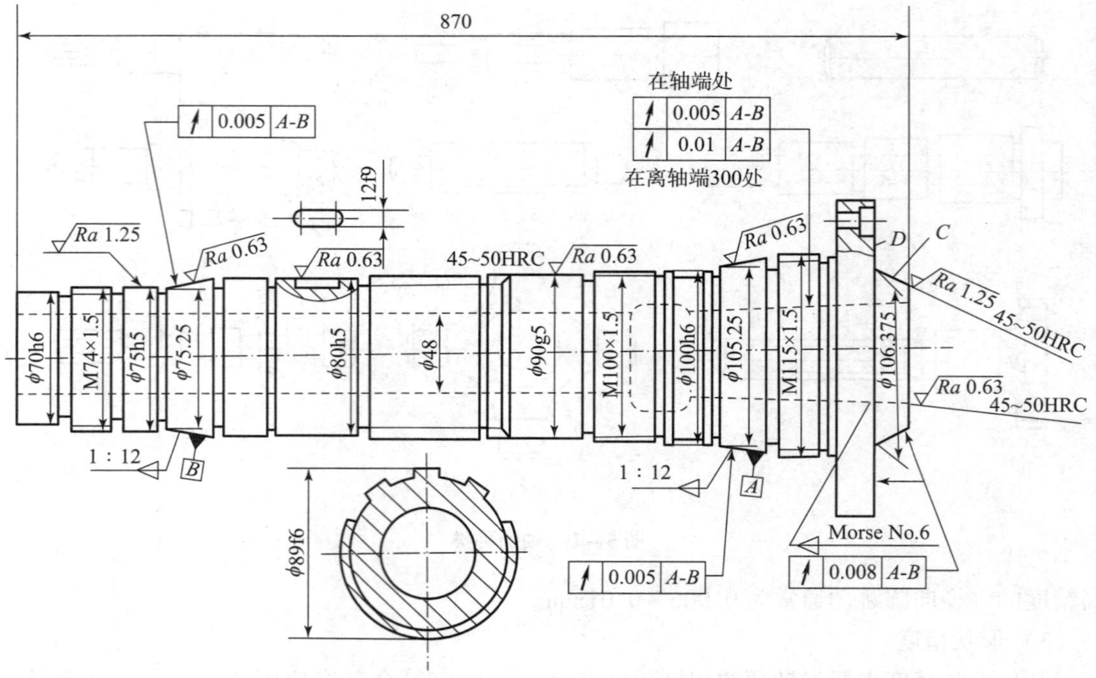

图 5－2　车床主轴零件图

1）结构工艺性分析

车床主轴结构比较复杂，有外圆外锥、内孔内锥、端面台阶及螺纹花键等结构。

主轴的支承轴颈是主轴的装配基准，它的制造精度直接影响到主轴的回转精度，且主轴其他各重要表面均以支承轴颈为设计基准，有严格的位置要求。支承轴颈为了使轴承内圈能涨大以便调整轴承间隙，故采用锥面结构。轴承内圈是薄壁零件，装配时轴颈上的形状误差会反映到内圈的滚道上，影响主轴回转精度，故轴颈形状精度要求比较高。从使用情况来看，主轴不仅要传递运动，同时还要传递一定的扭矩，故在保证其形状尺寸的同时，还要保证其一定的物理机械特性。

2）主轴工作表面的技术要求

（1）尺寸精度：*A*、*B* 轴颈是该零件的安装基准，有非常高的要求，由于采用了特殊的结构形式，故将这一尺寸精度转化为形状精度。其他各安装轴颈的尺寸精度均为 IT5 ~ IT6 级。如：ϕ75h5、ϕ80h5、ϕ90g5、ϕ70h6、ϕ100h6。

（2）形状精度：*A*、*B* 轴颈的形状精度在位置精度 0. 005 以内；车床主轴锥孔是用来安装顶尖或刀具锥柄的，前端圆锥面和端面是安装卡盘或花盘的。这些安装夹具或刀具的定心表面均是主轴的工作表面，其形状精度也应控制在位置精度 0. 005 ~ 0. 008 以内。

（3）位置精度：定心表面相对于支承轴颈 *A*、*B* 轴心线的同轴度；定位端面 *D* 相对于支承轴颈 *A*、*B* 轴心线的跳动等。其误差会造成夹具、工件、刀具的安装误差，从而影响工件的加工精度，故而它们对于定性轴线的位置精度均在 0. 005 以内。

表面粗糙度：*A*、*B* 支承表面安装表面的表面粗糙度为 0. 63μm，其他表面的表面粗糙度为 1. 25μm。

2. 定位基准的选择

1）精基准的选择（特别注意，通常应该先选择精基准，然后再选择粗基准）：轴类零件的定位基准，最常用的是两中心孔（对高精度的轴更应如此），它是辅助基准，工作时没有作用。采用两中心孔作为统一的定位基准加工各外圆表面，不但能在一次装夹中加工出多处外圆和端面，而且可确保各外圆轴线间的同轴度以及端面与轴线的垂直度要求符合基准统一原则。因此，只要有可能，就应尽量采用中心孔定位。

对于空心主轴零件，在加工过程中，作为定位基准的中心孔因钻出通孔而消失，为了在通孔加工之后还能使用中心孔作定位基准，一般都采用带有中心孔的锥堵或锥套心轴，如图 5－3 所示。采用锥堵时，锥堵应具有较高的精度，同时在使用锥堵过程中，应尽量减少锥堵的装拆次数，因为工件锥孔与锥堵上的锥角不可能完全一致，重新拆装会引起安装误差，所以对中小批生产来说，锥堵安装后一般不中途更换。

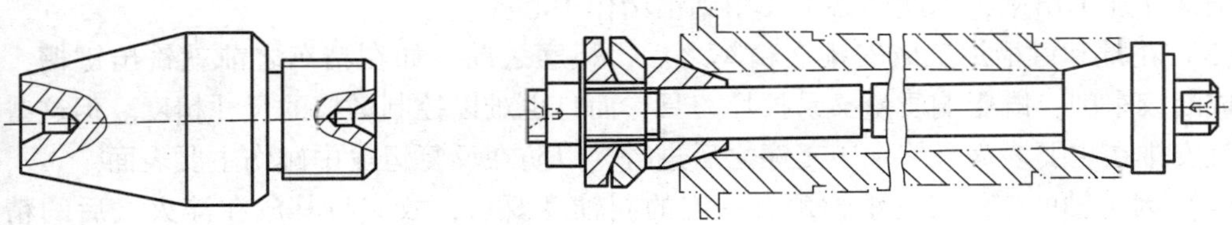

（a）　　（b）

图 5－3　锥堵与锥套心轴

为了保证锥孔轴线和支承轴颈（装配基准）轴线同轴，磨主轴锥孔时（锥堵已去掉），选择主轴的装配基准即前后支承轴颈作为定位基准（辅助精基准，与第一精基准互为基准），这样符合基准重合及互为基准的原则，使锥孔的径向圆跳动易于控制。而在外圆表面粗加工时，为了提高零件的装夹刚度，应采用一夹一顶方式，即主轴的一头外圆用卡盘夹紧，另一头使用尾座顶尖顶住中心孔。用外圆作为中间过渡基准，也是互为基准，不影响精加工阶段精基准的使用和加工精度的准确性，属于基准的合理转换。

2）粗基准的选择

应当强调，粗基准通常先用，但是后选择，可以说粗基准主要是为加工精基准而确立的。因此，只有当精基准确定之后才可合理的确定粗基准。从表 5－1 所示主轴加工工艺过程来看，其定位基准的选择与使用大体如下：

（1）以外圆为粗基准铣端面、钻中心孔（精基准），为粗车外圆准备好定位基准；

（2）采用中心孔作为统一基准，车大端各部外圆（辅助精基准），为深孔加工准备好定位基准；用已车过的一端外圆和另一端中心孔作为定位基准（一夹一顶方式），车小端各部；钻深孔，采用前后两挡外圆作为定位基准（一夹一托方式）；均采用两中心孔作为定位基准，精车和磨削各挡外圆；终磨锥孔之前，必须磨好轴颈表面（辅助精基准），以便使用支承轴颈作为定位基准，使主轴装配基准与加工基准一致，消除基准不重合引起的定位误差，获得锥孔加工的精度。

3. 加工方法确定

该零件属于轴类零件，伴有端面孔、花键和螺纹，且精度较高，故确定的加工方法有车、铣、钻、磨。

4. 加工顺序的安排

轴类零件各表面的加工顺序通常受定位基准转换的影响，即先行工序往往为后续工序准备定位基准。粗、精基准选定后，加工顺序也就大致排定，所以必须强调基准选择的重要性。

由表 5-1 可见，主轴的工艺路线安排大体如下：

毛坯制造—正火—粗车端面，钻中心孔—粗车各外圆—调质—半精车各表面及各次要表面—表面淬火—粗、精磨外圆—粗、精磨圆锥面—磨锥孔。

在加工顺序安排时，通常还应注意以下几个问题：

（1）轴类零件最好始终以顶尖孔为定位基准。

（2）主轴零件加工要考虑主轴本身的刚度及变形问题，先加工大直径后加工小直径。深孔加工是粗加工，要切除大量金属，加工过程中会引起主轴变形，所以最好在粗车外圆之后就把深孔加工出来，如此则必须要用到锥堵作中心孔。

（3）花键和键槽加工应安排在精车之后、粗磨之前。如在精车之前就铣出键槽，则将会造成断续车削，既影响质量又易损坏刀具，而且也难以控制键槽的尺寸精度。但这些表面也不宜安排在主要表面最终加工工序之后进行，以防在反复运输中碰伤主要表面。

（4）因主轴的螺纹对支承轴颈有一定的同轴度要求，故应将其放在淬火之后的精加工阶段进行，以免受半精加工所产生的应力以及热处理变形的影响。

（5）有位置精度要求的表面最好在基准重合的情况下一次性加工。

5. 加工阶段划分

对较复杂结构零件通常应考虑划分加工阶段。由于主轴是多阶梯带通孔的零件，切除大量的金属后会产生残余应力，因此在安排工序时，应将粗、精加工分开，并将主要表面的精加工放在最后进行。对主轴加工阶段的划分大体如下：

（1）荒加工阶段为准备毛坯；

（2）正火后，粗加工阶段为车端面和钻中心孔、粗车外圆；

（3）调质处理后，半精加工阶段是半精车外圆、端面和锥孔；

（4）表面淬火后，精加工阶段是主要表面的精加工，包括粗、精磨各级外圆及精磨支承轴颈、锥孔。

各阶段的划分大致以热处理为界。整个主轴加工的工艺过程就是以主要表面（特别是支承轴颈）的粗加工、半精加工和精加工为主线，穿插其他表面的加工工序而组成。

6. 主轴毛坯的确定

主轴毛坯选为精锻。通常轴类零件毛坯形式有棒料和锻件两种，前者适用于单件小批量生产，尤其适用于光滑轴和外圆直径相差不大的阶梯轴，对于直径较大的阶梯轴则往往采用锻件。锻件还可获得较高的抗拉、抗弯和抗扭强度。单件小批量生产一般采用自由锻；批量生产则采用模锻件；大批量生产时若采用带有贯穿孔的无缝钢管毛坯，则能大大节省材料和机械加工量。

7. 主轴的热处理

毛坯热处理：采用正火。

预备热处理：在粗加工之后、半精加工之前，安排调质处理，目的是获得均匀细密的回火索氏体组织，提高其综合力学性能，同时，细密的索氏体金相组织有利于零件精加工后获得光洁的表面。

最终热处理：主轴的某些重要表面需经高频淬火。最终热处理一般安排在半精加工之后、精加工之前，局部淬火产生的变形一般在最终精加工时得以纠正。

精度要求较高的主轴，在淬火回火后还要进行定性处理。定性处理的目的是消除加工的内应力，提高主轴的尺寸稳定性，使它能长期保持精度。

5.1.3　CA6140 车床主轴加工工艺流程制定（见表 5－1）

表 5－1　CA6140 车床主轴加工工艺流程

序号	工序名称	工序简图	设　备
05	备料		
10	模锻		
15	热处理	正火	
20	铣端面钻中心孔		中心孔机床
25	粗车外圆		卧式车床
30	热处理	调质 220～240HBS	
35	车大端各外圆	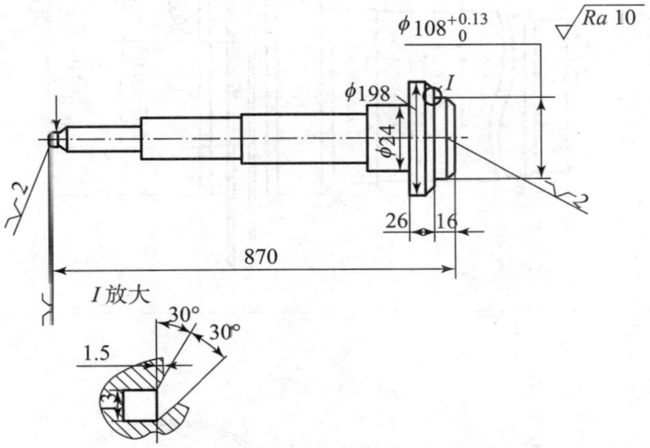	卧式车床
40	仿形车小端各部	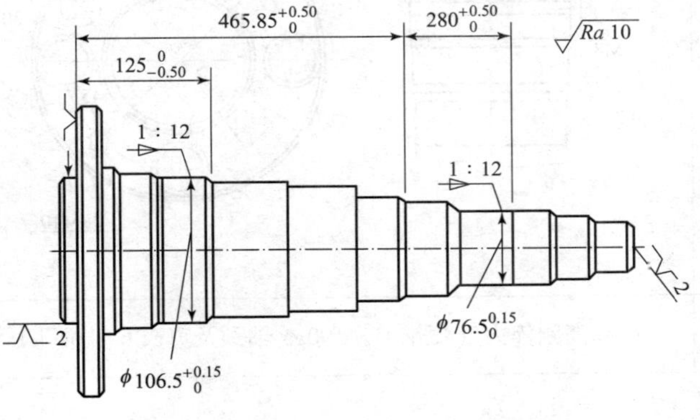	仿形多刀半自动车床 CE7120

续表

序号	工序名称	工序简图	设　　备
45	钻 ϕ48 深孔	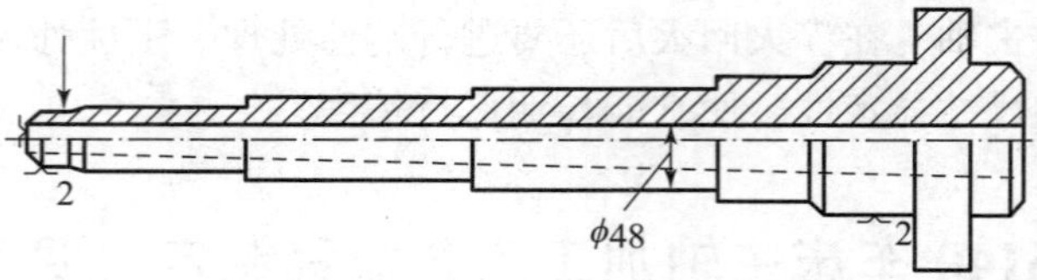	深孔钻床
50	车小端内锥孔（配 1∶20Q 锥堵）	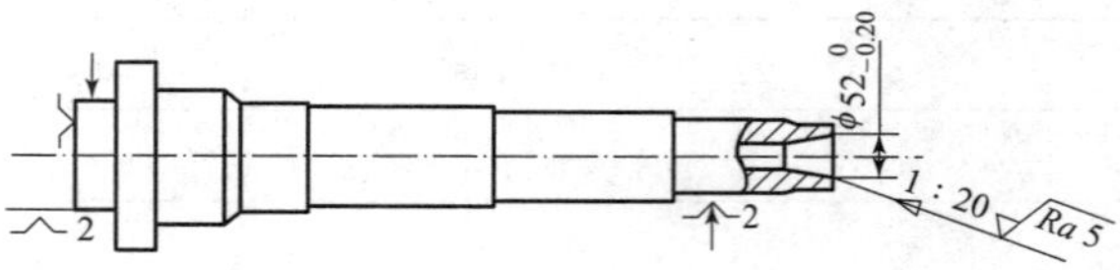	卧式车床 C620B
55	车大端锥孔（配 6 号莫氏锥堵），车外短锥及端面	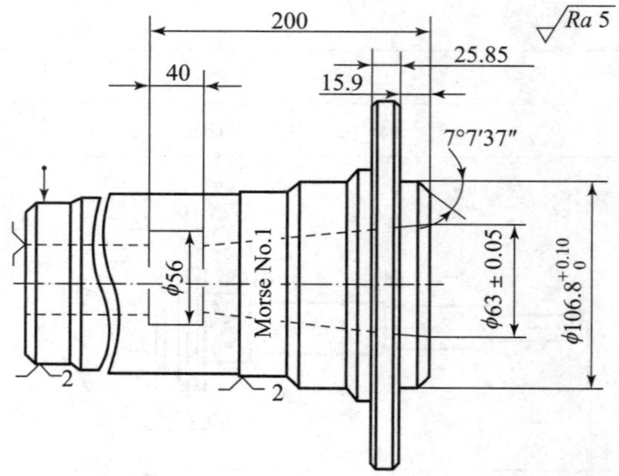	卧式车床 C620B
60	钻大端面各孔	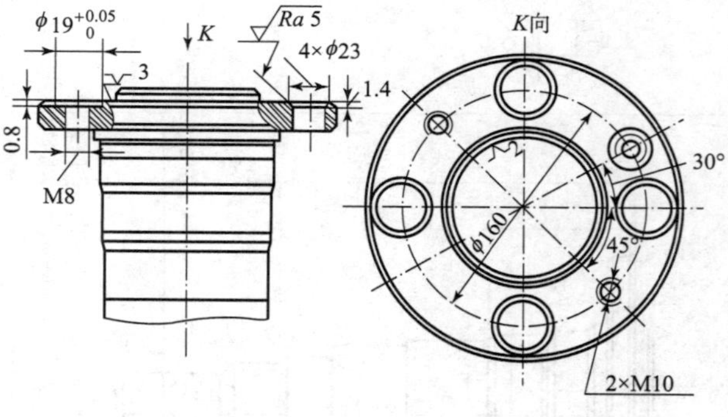	钻床 Z55
65	热处理	局部高频淬火（短锥 C，ϕ90g5 轴颈及莫氏 6 号锥孔）	

续表

序号	工序名称	工序简图	设　备
70	精车名外圆并切槽（两端锥堵定心）	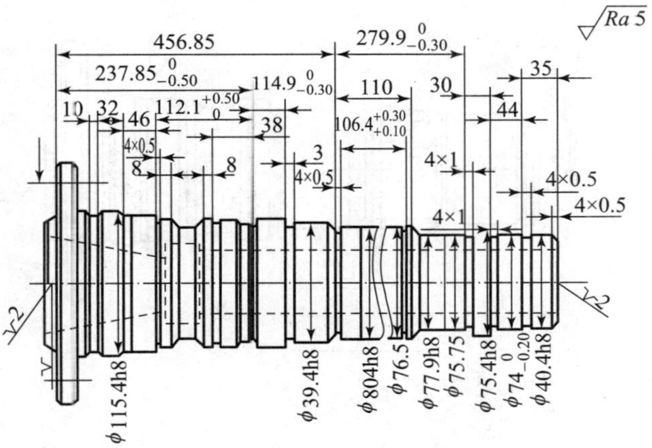	数控车床 CSK6136
75	粗磨外圆	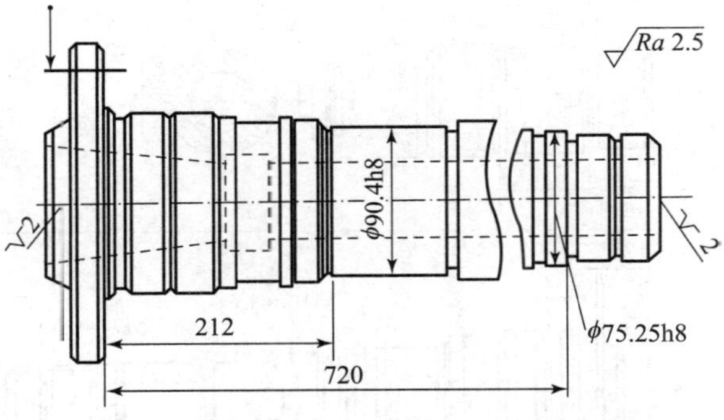	外圆磨床
80	粗磨莫氏 6 号内锥孔（重配莫氏 6 号锥堵）	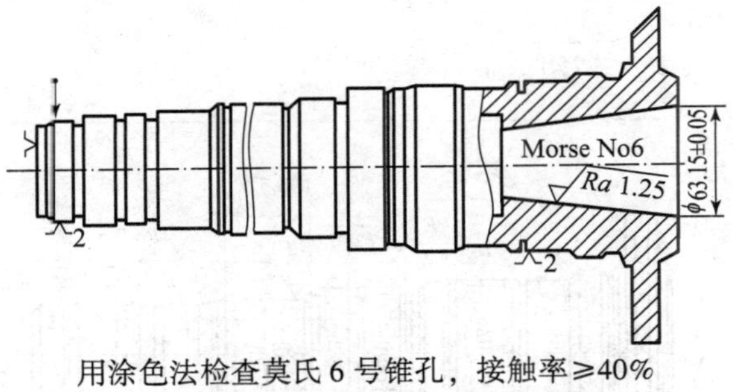 用涂色法检查莫氏 6 号锥孔，接触率≥40%	内孔磨床 M212

续表

序号	工序名称	工序简图	设　　备
85	滚花键	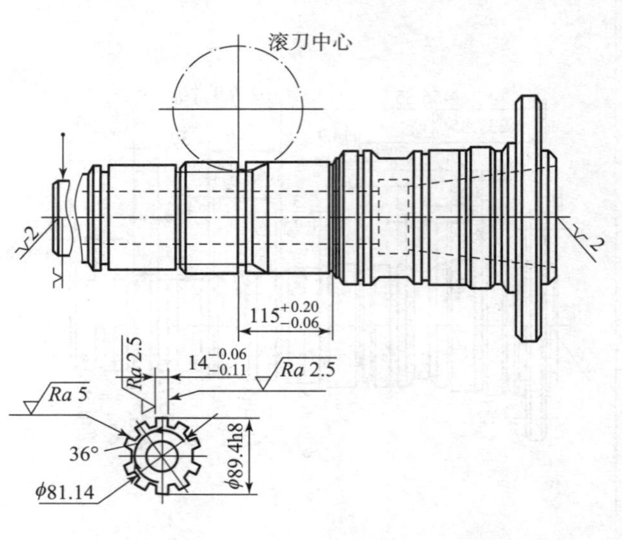	
90	铣键槽	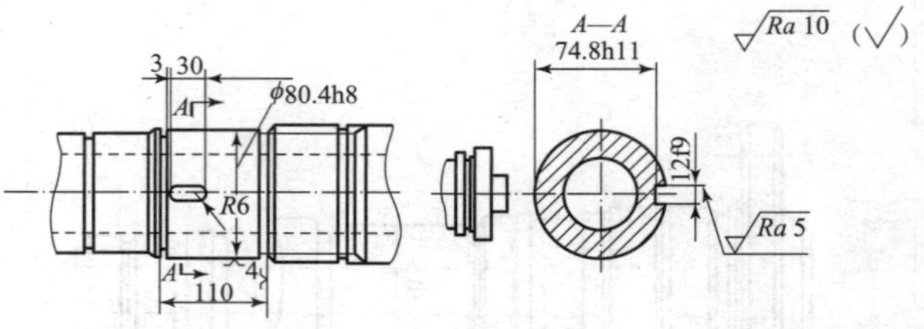	铣床 X25
95	车大端内侧面，车三处螺纹（配螺母）	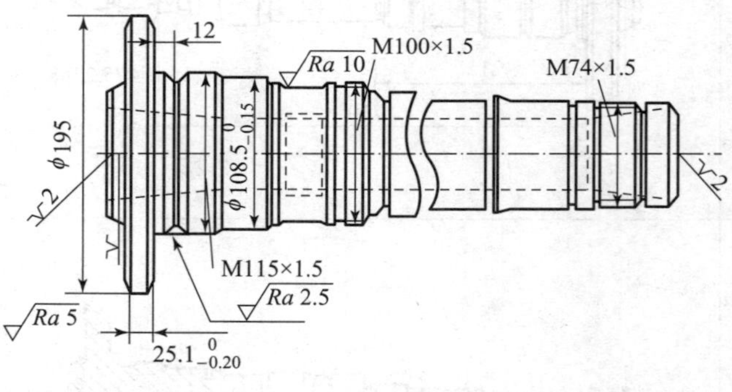	卧工车床 CA6140
100	精磨各外圆及 *E*、*F* 两端面	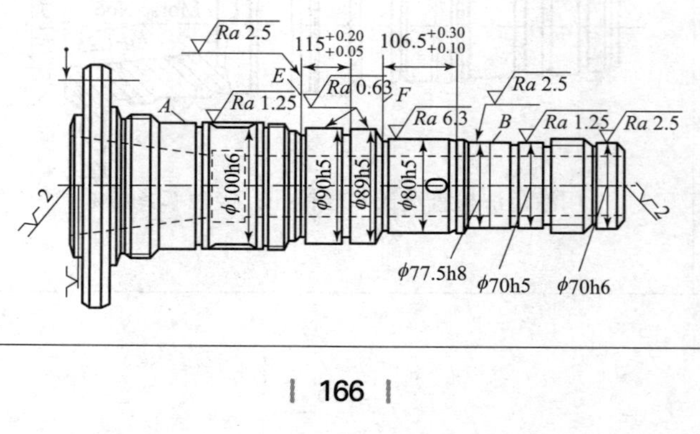	外圆磨床

续表

序号	工序名称	工序简图	设　备
105	精磨两处1:12 外锥面	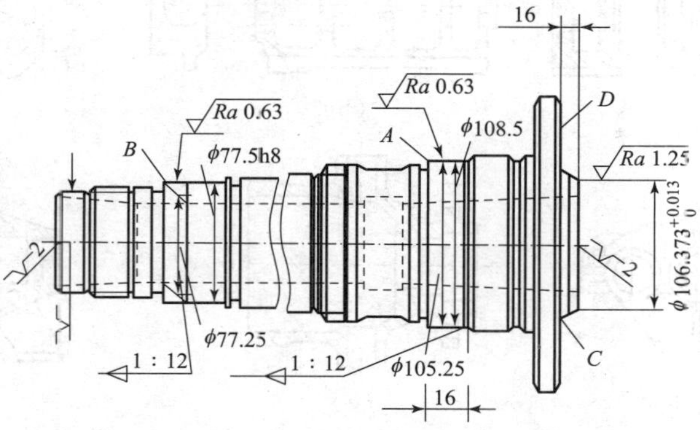	专用组合磨床
110	精磨两处1:12 外锥面和 D 端面及短锥面等	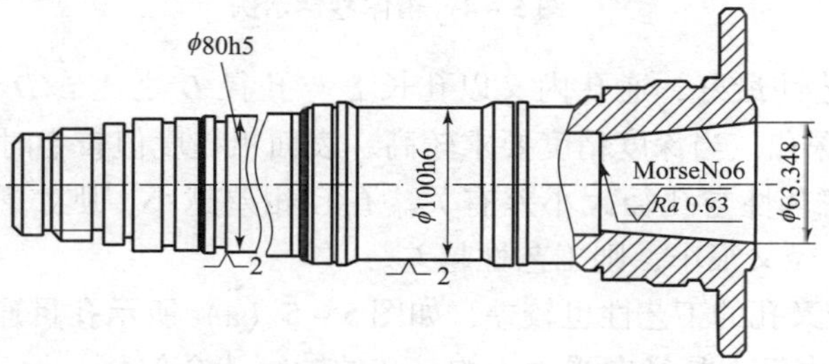	专用组合磨床
115	精磨莫氏 6 号内锥孔（卸锥堵）	略	专用主轴锥孔磨床
120	钳工	4 × φ23 钻孔处锐边倒角	
125	检验	按图纸技术要求或检验卡检验	

5.2　箱体类零件加工

5.2.1　概述

1. 箱体零件的功用及结构工艺性

箱体是将机器和部件中的轴、套、齿轮等有关零件连接成一个整体，并使之保持正确的位置，以传递转矩或改变转速来完成规定的运动的基础零件。因此，箱体的加工质量直接影响机器的性能、精度和寿命。

箱体的种类很多，图 5 – 4 所示为几种箱体零件的结构简图。

箱体零件的结构通常都比较复杂，有孔有面，尤其是零件图看起来更复杂。箱体零件壁薄且壁厚不均匀；加工部位多，既有一个或数个基准面及一些支承面，又有一对或数对加工难度大的轴承支承孔。箱体的基本孔又可分为通孔、阶梯孔、盲孔、交叉孔等几类。

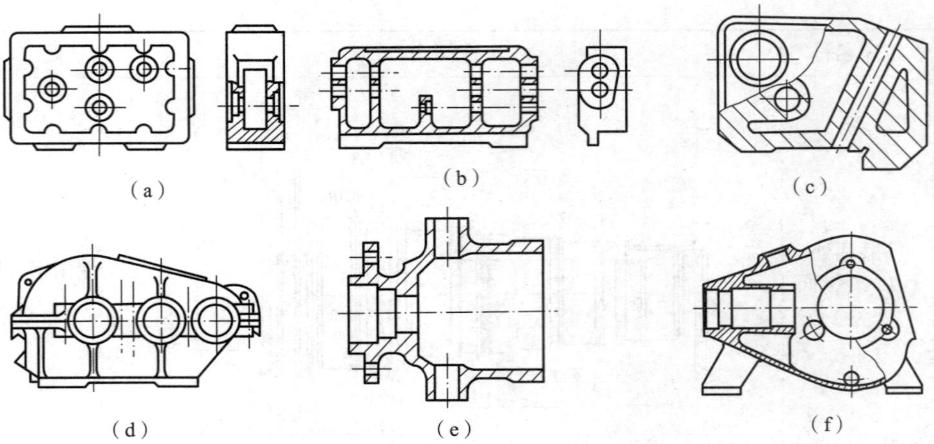

图 5-4　箱体零件示例

(1) 通孔的工艺性最好，通孔内又以孔长 L 与孔径 D 之比 $L/D\leq5$ 的短孔工艺性为最好；$L/D>5$ 的孔为深孔，当深度精度要求较高、表面粗糙度值较小时，加工就很困难。

(2) 阶梯孔的工艺性与孔径大小差有关。孔径相差越小，则工艺性越好；孔径相差越大，且其中最小的孔径又很小，则工艺性越差。

(3) 相贯通的交叉孔的工艺性也较差，如图 5-5 (a) 所示孔贯通相交，在加工主孔时，刀具走到贯通部分，由于刀具径向受力不均，孔的轴线就会偏移，故采取如图 5-5 (b) 所示 $\phi70$ 孔不铸通，加工主孔后再加工 $\phi65$ 孔即可。

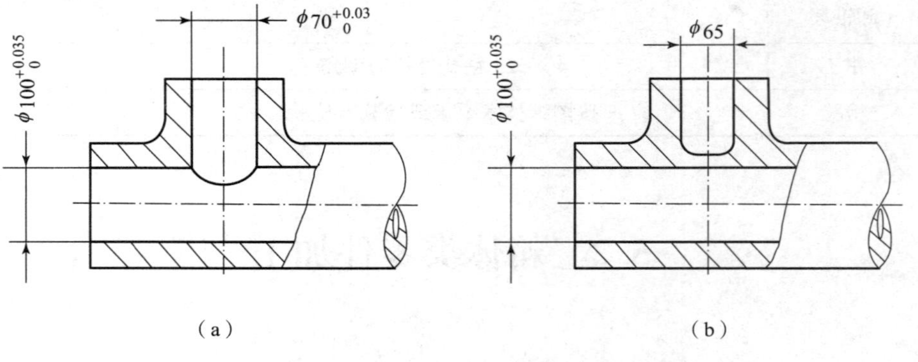

图 5-5　箱交孔工艺性示例

(4) 盲孔的工艺性最差，因为在精铰或精镗盲孔时，刀具送进难以控制，加工情况不便于观察。盲孔内端面的加工也特别困难。

(5) 同一轴线上孔径大小向一个方向递减，便于镗孔时镗杆从一端伸入，逐个加工或同时加工同轴线上几个孔，以保证较高的同轴度和生产率。单件小批量生产时一般采用这种分布形式，如图 5-6 (a) 所示。同孔径大小从两边向中间递减，加工时便于组合机床以两边同时加工，镗杆刚度好，适合大批大量生产，如图 5-6 (b) 所示。

(6) 若同轴线上孔的直径的分布形式是中间壁上的孔径大于外壁的孔径，则此分布形式不合理。因为这样不便于加工、装配和检验。

(7) 箱体外壁上的凸台若在一个平面上，便可以在一次走刀中加工出来，而无须调整

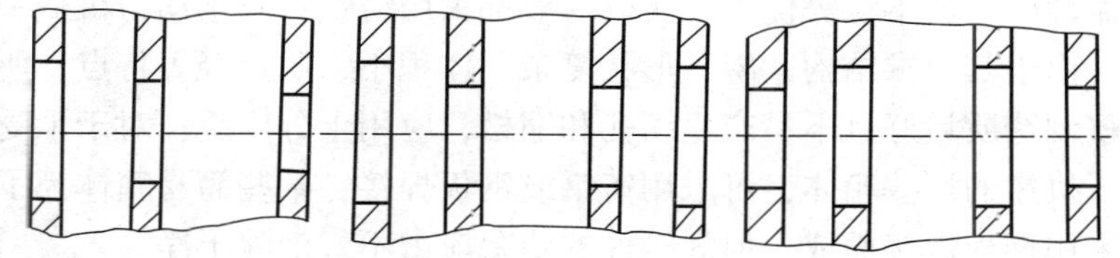

图 5-6　同轴孔工艺性示例

刀具的位置，加工简单方便。箱体上的紧固孔和螺孔的尺寸规格若一致，则刀具数量和换刀次数会相对少。

2. 箱体零件的技术条件

1）孔径的尺寸精度

孔径的尺寸误差和形状误差会造成轴承与孔的配合，通常对孔的精度要求都比较高。主要孔的尺寸公差为 IT6，其余孔为 IT6 ~ IT7。孔的形状精度未作规定，通常应控制在尺寸公差范围内。

2）孔径的位置精度

同一轴线上各孔的同轴度误差和孔端面对轴线的垂直度误差，会使轴和轴承装配到箱体内时出现歪斜，从而使轴产生径向圆跳动和轴向圆跳动，也加剧了轴承磨损。为此，一般同轴上各孔的同轴度约为最小孔尺寸公差的一半。孔系之间的平行度误差会影响齿轮的啮合质量，故也有一定的位置精度，但相对精度要低一些。

3）孔和平面的位置公差

孔和箱体安装基面的平行度要求，决定了轴与安装基面的位置关系，这项精度在装配中关系较大。车床箱体安装是通过刮研来达到的，为了减少刮研量，一般都要规定主轴轴线对安装基面的平行度公差，且在包含轴线的垂直和水平两个平面上，只允许主轴前端向上和向前偏。而不同的装配关系则有不同的安装要求。

4）平面的精度

装配基面的平面度会影响箱体安装连接时的接触刚度，并且该基面在箱体加工过程中常作为定位基面，故会影响孔的加工精度，因此规定底面（基面）必须平直。车床主传动箱顶面的平面度要求是保证箱盖密封、防止工作时润滑油泄出；当在大批大量生产中将其顶面用作定位基面加工孔时，对它的平面度要求还要提高。

5）表面粗糙度

孔和主要平面的表面粗糙度会影响连接面的配合性质或接触刚度，一般要求主要孔表面粗糙度 Ra 值为 0.4μm；其余各纵向孔的表面粗糙度 Ra 值为 1.6μm；孔的内端面表面粗糙度 Ra 值为 3.2μm，装配基准面和定位基准面表面粗糙度 Ra 值为 0.63 ~ 3.2μm；其他平面的表面粗糙度值为 3.2 ~ 6.3μm。

3. 箱体零件的材料、毛坯及热处理

箱体材料采用最多的是灰铸铁，如 HT200、HT250、HT300 等。对一些要求较高的箱体也有用耐磨合金铸铁（MTCrMCu-300）的。箱体毛坯制造方法有两种，一种是采用铸造，另一种是采用焊接。对金属切削机床的箱体，其形状较为复杂，而铸铁具有成形容易、可加工性良好、吸振性好、成本低等优点，所以一般都采用铸铁；对于动力机械中的某些箱体及减速器壳体等，由于其要求结构紧凑、形状复杂、体积小、质量轻等特点，所以通常采用铝合金压铸，不仅制造质量好且不易产生缩孔和缩松，应用十分广泛；对于承受重载和冲击的工程机械、锻压机床的一些箱体，可采用铸钢或钢板焊接；某些简易箱体为了缩短毛坯制造周期，也常常采用钢板焊接而成，但焊接件的残余应力不好消除干净。

箱体零件的热处理在加工过程中是很重要的工序。由于箱体零件结构复杂，壁厚也不均匀，因此，在铸造时会产生较大的残余应力。为了消除残余应力、减少加工后的变形、保证加工质量稳定，在铸造之后必须安排人工时效或自然时效处理。

普通精度的箱体零件，一般在铸造之后要安排一次人工时效处理。对一些高精度或形状特别复杂的箱体零件，在粗加工之后还要安排一次人工时效处理，以消除粗加工所造成的残余应力。有些精度要求不高的箱体零件毛坯，有时不安排时效处理，而是利用粗、精加工工序间的停放和运输时间，使之得到自然时效。箱体零件人工时效处理的方法，除了加热保温法外，也可采用振动时效法来达到消除残余应力的目的。

4. 定位基准的选择

（1）精基准的选择：箱体类零件的精基准比较好确定，通常均以设计安装基准面为工艺基准面，零件结构不同或批量不同时可能会稍有变化，但只有以平面为基准才能使加工工艺更简单。

（2）粗基准的选择：与精基准相比，粗基准可选性较多，可以以重要孔作为粗基准，也可以以某些不加工的台阶面或者以互为基准的平面作为粗基准，目的是能够较容易的得到高精度的精基准。

5. 箱体类零件的加工方法

箱体零件的加工是以平面和孔的加工为主的。平面加工可通常采用粗刨—精刨或粗刨—半精刨—磨削或粗铣—精铣或粗铣—磨削（可分粗磨和精磨）等方案。其中，刨削生产率低，多用于特殊结构零件或中小批生产。铣削生产率比刨削高，多用于大平面或中批以上生产。当生产批量较大时，可采用组合铣和组合磨的方法来对箱体零件各平面进行多刃、多面同时铣削或磨削，其效率很高。箱体零件上轴孔加工可用粗镗（扩）—精镗（铰）或粗镗（钻、扩）—半精镗（粗铰）—精镗（精铰）方案。对于精度在 IT6、表面粗糙度 Ra 值小于 1.6μm 的高精度轴孔（如主轴孔），则须进行精细镗或珩磨、研磨等光整加工。对于箱体零件上的孔系加工，当生产批量较大时，可在组合机床上采用多轴、多面、多工位和复合刀具等方法来提高生产率。

5.2.2 主传动箱零件加工工艺流程分析（见表 5－2）

表 5－2 主轴箱零件批量加工工艺流程

序号	工序内容	定位基准
01	铸造	
02	时效	
03	油漆	

续表

序号	工序内容	定位基准
04	铣顶面 *A*（精基准）	Ⅰ孔与Ⅱ孔
05	钻扩铰 $2\times\phi 8H7$ 工艺孔	*A* 面及外形
06	铣两端面 *E*、*F* 及前面 *D*	*A* 面及工艺孔
07	铣导轨面 *B*、*C*	*A* 面及工艺孔
08	磨顶面 *A*（提高精基准精度）	*B*、*C* 面
09	粗镗各纵向孔	*A* 面及工艺孔
10	精镗各纵向孔	*A* 面及工艺孔
11	精镗主轴孔	*A* 面及工艺孔
12	加工个横向孔及次要孔	
13	磨导轨面 *B*、*C* 及前面 *D*	*A* 面及工艺孔
14	扩 $2\times\phi 8H7$ 孔并攻丝	
15	清洗去毛刺	
16	检验	

其主传动箱零件如图 5－7 所示。

1. 基准选择

(1) 批量加工孔系，以上平面 *A* 面作为精基准，在箱体孔系的镗削加工过程中，基准始终不变，即基准统一。

(2) 选择箱体上的重要基准孔作粗基准，可以保证主要孔的加工精度。

2. 加工顺序安排

箱体类零件的加工顺序均为先加工面，以加工好的平面定位，再来加工孔。因为箱体孔的精度要求高、加工难度大，故先以孔为粗基准加工好平面，再以平面为精基准加工孔，这样既能为孔的加工提供稳定可靠的精基准，同时可以使孔的加工余量均匀。由于箱体上的孔一般分布在外壁和中间隔壁的平面上，故先加工平面可切去铸件表面的凹凸不平及夹砂等缺陷，有利于以后工序的孔加工（例如，钻孔时可减少钻头引偏），也有利于保护刀具。

3. 加工阶段划分

箱体重要加工表面的加工都要分为粗、半精和精加工三个阶段，这样可减小或避免粗加工产生的内应力和切削热对加工精度的影响，以保证加工质量；粗、精加工分开可以根据不同的加工特点和要求，合理选择加工设备，便于低精度、高功率设备充分发挥其功能，而高精度设备则可以延长使用寿命，提高经济效益；粗、精加工分开也可以及时发现毛坯缺陷，避免浪费。对单件小批量的箱体加工，如果从工序上严格区分粗、精加工，则机床、夹具数量要增加，工件运输工作量也会增加，所以实际生产中多将粗、精加工在一道工序内完成，但要采取一定的工艺措施，如粗加工后将工件松开一点，然后再用较小的夹紧力夹紧工件，使工件因夹紧力而产生的弹性变形在精加工前得以恢复。

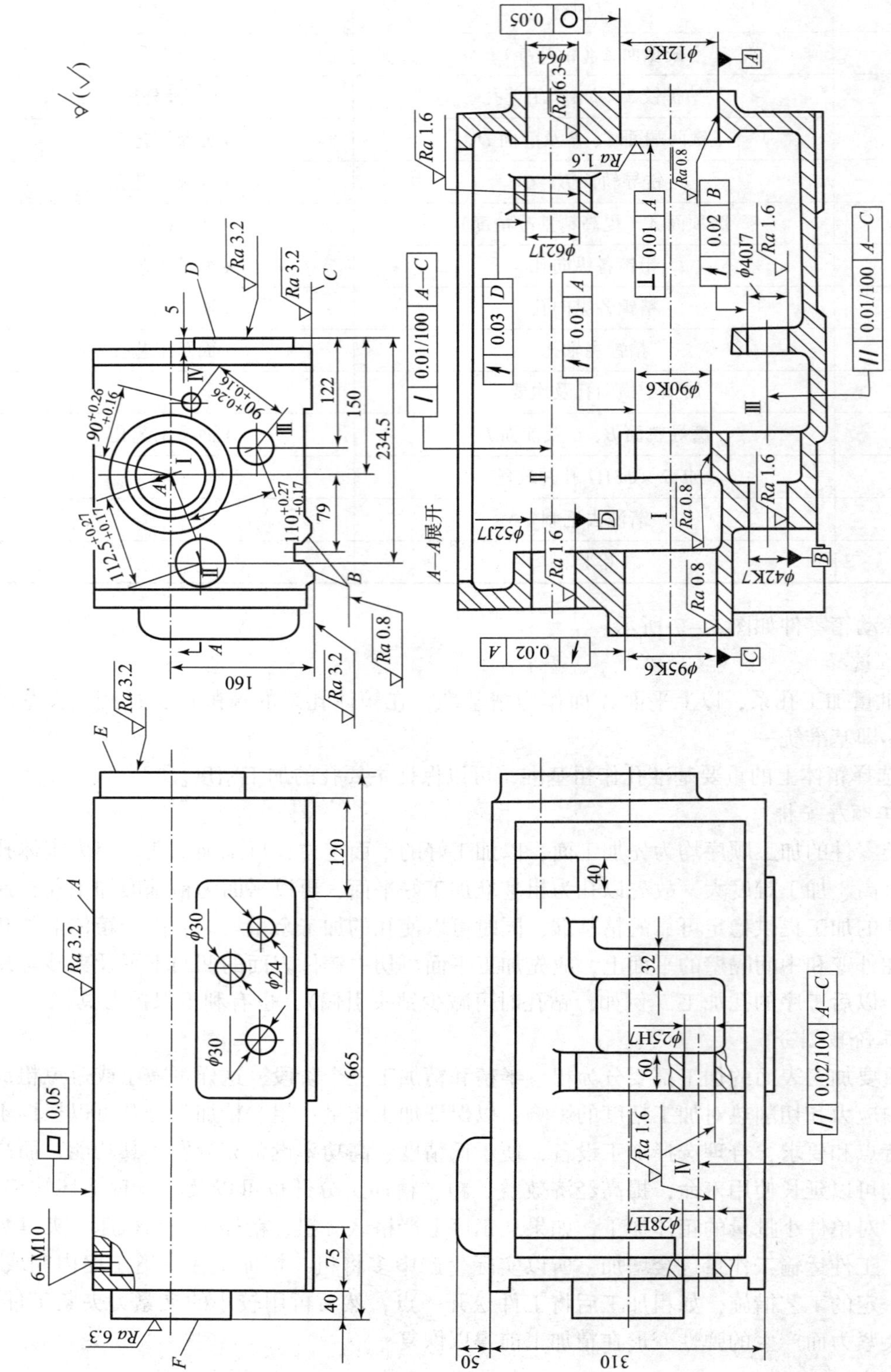

图 5－7　CA6140 主轴箱零件简图

5.2.3　箱体零件加工的具体工艺问题（阅读资料）

1. 箱体的平面加工

箱体平面加工的常用方法有刨、铣和磨。刨削和铣削常用作平面的粗加工和半精加工，而磨削则用作平面的精加工。

刨削刀具结构简单，机床调整方便，通用性好。在龙门刨床上可以用几个刀架，在工件的一次安装中完成几个表面的加工，能比较经济地保证这些表面间相互位置精度要求。精刨（宽刃）可以代替刮研来精加工箱体平面。精刨后的表面粗糙度 *Ra* 可达 0.63μm，平面度可达 0.02mm/m。因为宽刃精刨的进给量很大，故其生产率较高。

铣削生产率高于刨削，在中批量以上生产中多用铣削加工平面，其加工表面的表面粗糙度 *Ra* 可达 1.6μm。当加工尺寸较大的箱体平面时，常在龙门铣床上用几把铣刀同时加工各有关平面，以保证平面间的相互位置精度并提高生产率。

平面磨削的加工质量比刨和铣都高，而且还可以加工淬硬零件。磨削平面的表面粗糙度 *Ra* 可达 0.4μm，生产批量较大时，箱体的平面常用磨削来精加工。

2. 箱体孔系的加工方法

箱体上一系列有相互位置精度要求的孔的组合，称为孔系。孔系可分为平行孔系、同轴孔系和交叉孔系。由于箱体功用及结构需要，箱体上的孔往往本身精度要求较高，而且孔距精度和相互位置精度要求也较高，所以孔系加工是箱体加工的关键。根据箱体生产批量不同和孔系精度要求不同，其加工所用的方法也不同。

1）平行孔系的加工

所谓平行孔系是指它们的轴线互相平行的孔系，其孔距也有精度要求。因此，平行孔系加工主要是保证各平行孔轴心线之间以及轴心线与基面之间的尺寸精度和相互位置精度。常用方法如下。

（1）找正法。

找正法是工人在通用机床上利用辅助工具来找正要加工孔的正确位置的加工方法。这种方法加工效率低，一般只适用于单件小批量生产。找正法又可分为以下几种：

①划线找正法。加工前按照零件图纸要求在毛坯上划出各孔的加工位置线，然后按划线进行找正和加工。其划线和找正时间较长，生产率低，而且加工出来的孔距精度也较低，一般为 ±0.3mm。为了提高划线找正的精度，往往结合试切法进行，即先按划线镗出一个孔，再按划线将机床主轴调至第二孔中心，试镗出一个比图样尺寸小的孔，测量两孔的实际中心距，若不符合图样要求，则重新调整主轴的位置，进行试镗、测量、调整。反复进行，直至达到要求的孔距尺寸。划线找正法操作难度较大，对工人技术要求比较高，生产效率低，孔距精度较低，适用于单件小批量生产中孔距精度要求不高的孔系加工。

②心轴和块规找正法。如图 5－8（a）所示，镗第一个孔时将精密心轴插入轴孔内（或直接利用镗床主轴），然后根据孔和定位基准的距离组合一定尺寸的块规来校正主轴位置。校正时用塞尺测量块规与心轴之间的间隙，以避免块规与心轴直接接触而损伤块规，镗第二个孔时，分别在机床主轴（或直接利用镗床主轴）和已加工孔中插入心轴，并采用同样的方法校正主轴轴线的位置，如图 5－8（b）所示。

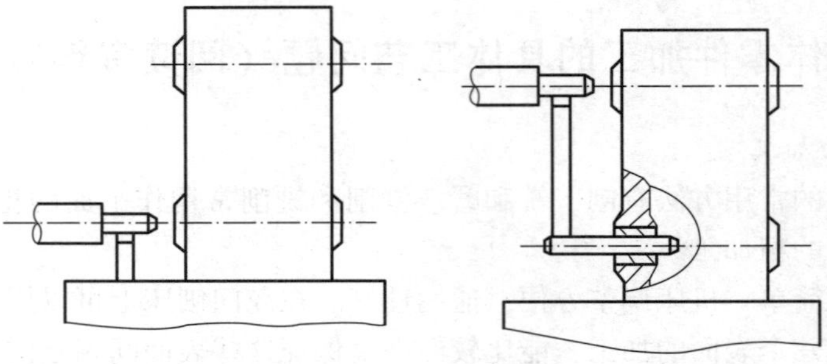

图 5－8 用心轴和块规找正

(a) 第一工位；(b) 第二工位

样板找正法如图 5－9 所示，用 10～20mm 厚的钢板按箱体的孔系关系制造样板，样板上的孔距精度较箱体孔系的孔距精度高（一般为 ±0.01mm），样板上的孔径较工件孔径大，以便于镗杆通过。样板上孔径尺寸精度要求不高，但有较高的形状精度和较小的表面粗糙度。此法加工孔系的孔距精度可达 ±0.05mm。

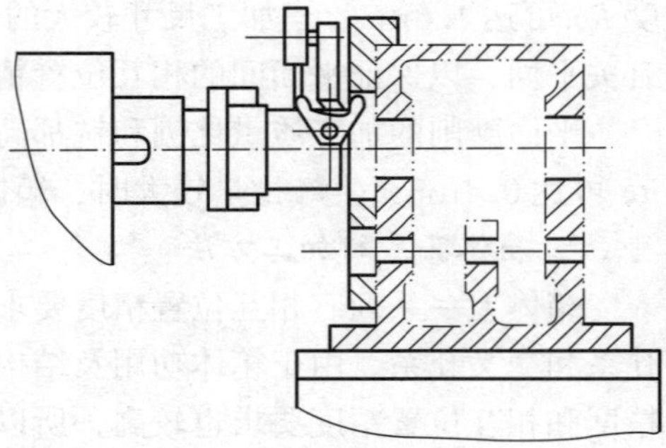

图 5－9 样板找正法

（2）坐标法。

坐标法镗孔是加工前先将图纸上被加工孔系间的孔距尺寸及其公差换算为以机床主轴中心为原点的相互垂直的坐标尺寸及公差，加工时借助于机床设备上的测量装置，调整机床主轴与工件在水平和垂直方向的相对位置，从而保证孔距精度的一种镗孔方法。

坐标法镗孔的孔距精度取决于坐标位移精度，并最终取决于机床坐标测量装置的精度。目前，生产实际中采用坐标法加工孔系的机床有两类：一类如坐标镗床、数控镗床或加工中心，其自身具有精确的坐标测量系统；另一类没有精密坐标位移及测量装置，如普通镗床等。用前一类机床加工孔系，孔距精度主要由机床本身的坐标控制精度决定；用后一类机床加工孔系，往往采用相应的工艺措施以保证坐标位移精度。

（3）镗模法。

镗模法加工孔系是利用镗模板上的孔系保证工件上孔系位置精度的一种方法，在中批量生产和大批量生产中被广泛采用。镗孔时，工件装夹在镗模上，镗杆被支撑在镗模的导套里，由导套引导镗杆在工件的正确位置上镗孔。当用两个或两个以上的支架引导镗杆时，镗杆与机床主轴大多采用浮动连接，这种情况下，机床主轴的回转精度对加工精度影响很小，孔距精度主要取决于镗模的制造精度。图 5－10 所示为镗杆与机床主轴浮动连接的一种结构形式。

用镗模法加工孔系时，工艺系统的刚度大大提高，有利于多刀同时切削，定位夹紧迅速，节省了找正、调整等辅助时间，生产效率高。由于镗模自身存在制造误差，导套与镗杆之间存在间隙和磨损，故孔系的加工精度不会很高，孔距精度一般为 ±0.05mm。

同轴度和平行度可达 0.02～0.05mm。另外，镗模精度高、制造成本高、周期长，所以

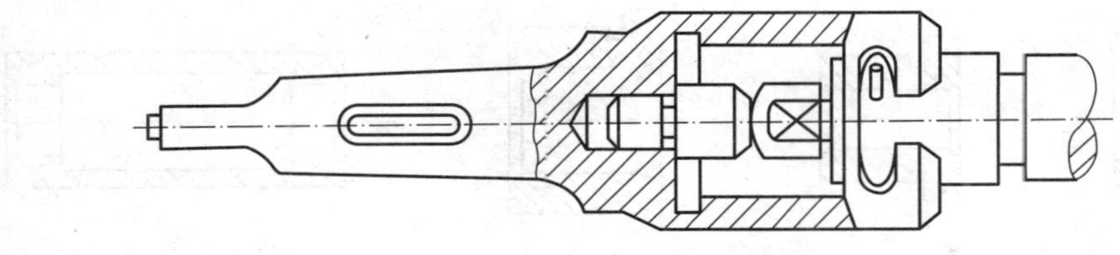

图 5－10　镗杆浮动连接头

镗模法主要适合于批量生产的中小型箱体。

2）同轴孔系的加工

在成批生产中，同轴孔系的同轴度精度由镗模保证。在单件小批量生产中，可以采取如下的工艺方法保证同轴度。

（1）利用已加工孔作支承导向：如图 5－11 所示，当加工孔距较近时，箱体前壁上的孔加工完毕后，在孔内装一导向套，支承和引导镗杆加工后壁上的孔，以保证两孔的同轴度要求。

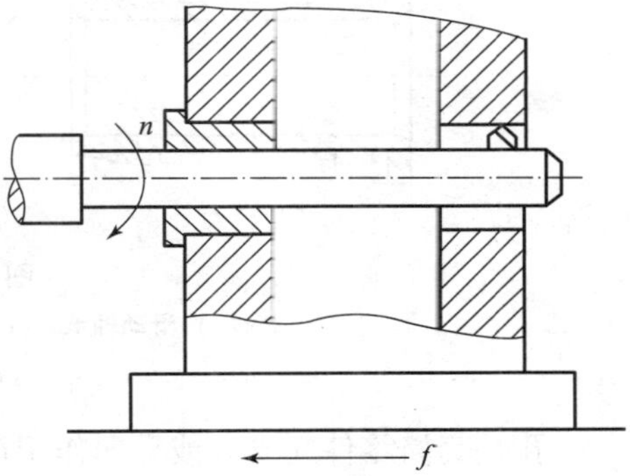

图 5－11　用成孔作支承

（2）采用调头镗：当箱体箱壁上的同轴孔相距较远时，采用调头镗较为合适。加工时，工件一次装夹完，镗好一端的孔后，将镗床工作台回转 180°，再镗另一端的孔。

3）交叉孔系的加工

交叉孔系加工的主要技术要求是控制相关孔的垂直度误差。垂直度误差主要由镗模保证。单件小批量生产时，一般靠普通镗床工作台上的 90°对准装置，该装置是挡块结构，对准精度低，所以还要借助找正来加工。

5.3　套筒零件加工

5.3.1　概述

1. 套筒零件的功用与结构特点

套筒零件很常见，通常起支承或导向作用。它的应用范围很广，例如支承旋转轴及其轴承、夹具上引导刀具的导向套、内燃机上的气缸套以及液压缸、车床尾座导向套等，图 5－12 所示为常见套筒零件示例。

由于它们功能作用不同，故套筒零件的结构和尺寸有着很大的差别，但结构上仍有共同特点：零件的主要表面为同轴度要求较高的内外旋转表面，且薄壁易变形，零件长度一般大于直径等。

2. 套筒零件的技术要求

1）孔的技术要求

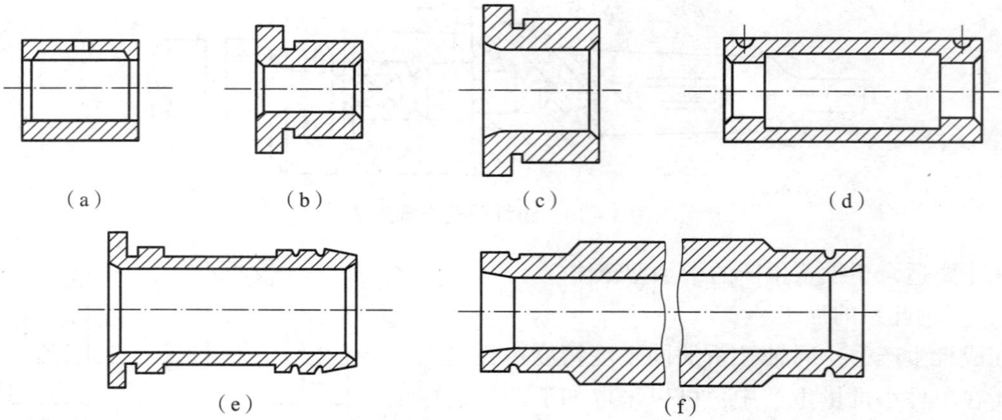

图 5-12 常见套筒零件

(a) 滑动轴承；(b) 滑动轴承；(c) 钻套；(d) 轴承衬套；
(e) 气缸套；(f) 液压缸

孔是套筒零件起支承或导向作用最主要的表面。孔的直径尺寸精度一般为 IT7，精密轴套取 IT6；由于与气缸和液压缸相配的活塞上有密封圈，要求较低，故通常取 IT9。孔的形状精度应控制在孔径公差以内，一些精密套筒控制在孔径公差的 1/2 ~ 1/3。对于长套筒，除了圆度要求以外，还应有圆柱度要求。为了保证零件的功用和提高其耐磨性，孔的表面粗糙度 Ra 为 3.2 ~ 0.16μm，要求高的表面其表面粗糙度 Ra 达 0.04μm。

2）外圆表面的技术要求

外圆是套筒的支承面，常采用过盈配合或过渡配合同箱体或机架上的孔相连接。外径尺寸精度通常取 IT6 ~ IT7，形状精度控制在外径公差以内，表面粗糙度 Ra 为 3.2 ~ 0.63μm。

3）孔与外圆柱的同轴度要求

如果孔的最终加工方法是通过将套筒装入机座后合件进行加工的，故其套筒内、外圆间的同轴度要求可以低一些；如果最终加工是在装入机座前完成的，则同轴度要求较高，一般为 0.01 ~ 0.05mm。

4）孔轴线与端面的垂直度要求

套筒的端面若在工作中承受轴向载荷，或虽不承受载荷，但在装配或加工中作为定位基准时，端面与孔轴线的垂直度要求较高，一般为 0.02 ~ 0.05mm。

3. 套筒零件的材料与毛坯

套筒零件一般用钢、铸铁、青铜或黄铜制成。有些滑动轴承采用双金属结构，以离心铸造法在钢或铸铁套筒内壁上浇铸巴氏合金等轴承合金材料，既可节省贵重的有色金属，又能提高轴承的寿命。对于一些强度和硬度要求较高的套筒，可选用优质合金钢（38CrMoAlA、18CrNiWA），套筒的毛坯选择与其材料、结构、尺寸及生产批量有关。孔径小的套筒一般选择热轧或冷拉棒料，也可采用实心铸件；孔径较大的套筒常选择无缝钢管或带孔的铸件和锻件。大批量生产时，采用冷挤压和粉末冶金等先进毛坯制造工艺，既可节约用材，又可提高毛坯精度及生产率。

5.3.2　液压缸零件加工工艺过程分析

套筒零件由于功用、结构形状、材料、热处理以及尺寸不同，其工艺差别很大。对于短套筒（如钻套），通常可在一次装夹中完成内、外圆表面及端面加工（车或磨），工艺过程较为简单，精度容易达到。对于长套筒的加工，以如图 5－13 所示液压缸加工工艺过程为例进行叙述和分析。

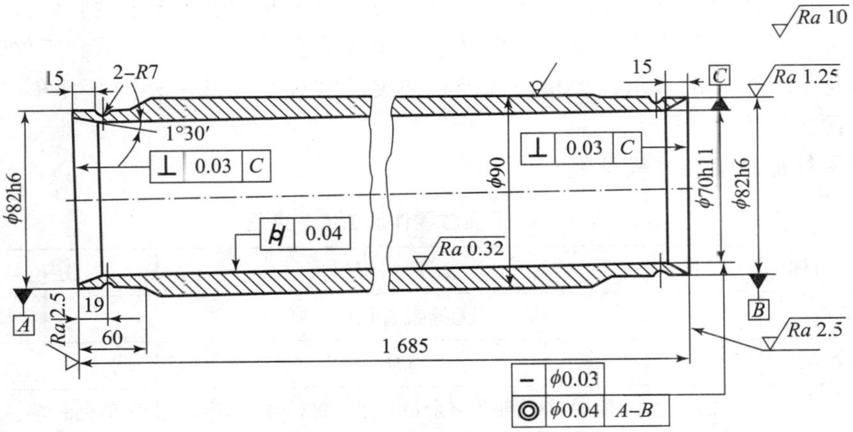

图 5－13　液压缸

1. 液压油缸体的技术条件

液压缸体主要加工表面为两端 ϕ82h6 及 ϕ70H11 的内孔，尺寸精度、形状精度要求较高。为保证活塞在液压缸体内移动顺利且不漏油，还特别要求内孔光洁无划痕。两端面对内孔有垂直度要求，外圆面为非加工面，且两端在 60mm 以内有配合面。其表面粗糙度 Ra 为 1.25μm，内孔表面粗糙度 Ra 为 0.32μm。

2. 基准选择

（1）精基准选为内孔，由于该零件内外圆柱的同轴度要求比较高，应争取在一次装夹中完成切削，以保证较高的位置精度，但对于大件不太合适，故采用以内孔作精基准、一夹一顶掉头找正的切削方法。

（2）粗基准选为外圆，分几次掉头，一夹一顶，把内孔一次切成。

3. 加工方法的选择

套筒零件的主要加工表面是孔的加工，多采用车或镗削加工；为提高生产率和加工精度，也可采用磨削加工。孔加工方法的选择比较复杂，需要考虑生产批量、零件结构及尺寸、精度和表面质量的要求及长径比等因素。对于精度要求较高的孔往往需要采用多种方法依次进行加工，该液压缸内孔的加工方法及加工顺序为粗车（镗）—精车（镗）—精铰—滚压。

4. 液压缸零件机加工工艺分析

（1）保证套筒表面位置精度的方法。

保证液压缸零件内、外表面轴线的同轴度以及端面与孔轴线的垂直度的基本方法就是选择合理的基准，即在一次装夹中完成内、外表面及端面的加工。该液压缸内、外表面加工分在几次装夹中进行，通过掉头找正，由于这种方法所用夹具（心轴）的结构简单、定心精度高，故可获得较高的位置精度，因此应用广泛。另一种方法是先终加工外圆，然后以外圆为精基准，最后加工孔。采用这种方法时，工件装夹迅速、可靠，但夹具较上述孔定位复杂，且加工精度要稍差一些。

（2）套筒零件孔壁较薄，加工中常因夹紧力、切削力、残余应力和切削热等因素的影响而发生变形。为了防止变形，应注意减少切削力与切削热的影响，粗、精加工应分开进行，使粗加工产生的变形在精加工中得到纠正；减少夹紧力的影响，对于普通精度的套筒，如果需径向夹紧，则也应尽可能使径向夹紧力均匀，例如可采用开缝过渡套筒套在工件的外圆上，并一起夹在三爪自定心卡盘内；也可采用软卡爪装夹，以增大卡爪和工件间的接触面积。软卡爪是未经淬硬的卡爪，形状与直径和被夹的零件直径基本相同，并车出一个台阶，以使工件端面正确定位。

液压缸零件加工工艺过程见表 5－3。

表 5－3　液压缸零件加工工艺过程

序号	工序名称	工步	工序内容	定位与加紧
01	备料		无缝钢管切断	
02	热处理		调质	
03	车	01	车 ϕ82 外圆（留余量）及 M88×1.5 螺纹	三爪夹一端，顶尖顶一头
		02	车端面及倒角	三爪夹一端，中心架
		03	掉头车 ϕ82 外圆（留余量）	三爪夹一端，顶尖顶一头
		04	车端面及倒角，总长留余量	三爪夹一端，中心架
04	镗	01	半精镗孔	中心架及螺纹
		02	精镗孔	
		03	精铰孔	
05	滚		滚压到图样要求	中心架及螺纹
06	车	01	车掉工艺螺纹，车 ϕ82 到尺寸要求，车 R7 槽	三爪夹一端，顶尖顶一头
		02	镗内锥孔 1°30′及车端面	三爪夹一端，顶尖顶一头
		03	掉头车 ϕ82 到尺寸要求	三爪夹一端，顶尖顶一头
		04	镗内锥孔 1°30′及车端面，并取总长	三爪夹一端，顶尖顶一头

5.3.3　套筒零件的孔加工工艺

1. 套筒类零件的内孔表面的普通加工方法

套筒类零件的加工表面主要有端面、外圆表面和内圆（孔）表面。端面和外圆加工通常在车床上进行，相对比较容易。内圆（孔）与外圆相比，内圆（孔）加工的难度较大，所使用刀具的直径、长度和安装等都受到被加工孔尺寸的限制。因此，加工同样尺寸精度的内孔和外圆时，孔加工比较困难，往往需要较多的工序。常用的孔加工方法有钻孔、扩孔、铰孔、镗孔、拉孔、磨孔以及各种孔的光整加工和特种加工。

1）钻孔

钻孔是用钻头在实体材料上加工孔的方法，通常采用麻花钻在钻床或车床上进行钻孔，但由于钻头切削参数缺陷以及强度和刚性比较差，排屑比较困难，切削液不易注入，因此，加工出的孔的精度和表面质量比较低，一般精度为IT11～IT13级，表面粗糙度*Ra*为50～12.5μm。在钻孔时，钻头往往容易产生偏移，其主要原因是：切削刃的刃磨角度不对称；钻削时工件端面和钻头没有定位好；工件端面与机床主轴线不垂直等。为了防止和减少钻孔时钻头偏移，工艺上常用下列措施：

（1）钻孔前先加工工件端面，保证端面与钻头中心线垂直；

（2）先用钻头或中心钻在端面上预钻一个凹坑，以引导钻头钻削；

（3）刃磨钻头时，应使两个主切削刃对称；

（4）钻小孔或深孔时选用较小的进给量，可减小钻削轴向力，并可防止钻头产生弯曲而引起偏移；

（5）采用工件旋转的钻削方式；

（6）采用钻套来引导钻头。钻孔时，钻头直径一般不超过75mm，钻较大的孔时，常采用两次钻削，即先钻较小（被加工孔径的0.5～0.7倍）的孔，第二次再用大直径钻头进行扩钻，以减小进给抗力。

2）扩孔

扩孔是用扩孔刀具对已钻的孔做进一步加工，以扩大孔径并提高精度和降低表面粗糙度。扩孔后的精度可达IT10～IT13级。表面粗糙度*Ra*为6.3～3.2μm；通常采用扩孔钻扩孔，扩孔钻与麻花钻相比，没有横刃，工作平稳，容屑槽小，刀体刚性好，工作中导向性好，故对于孔的位置误差有一定的校正能力。扩孔通常作为铰孔前的预加工，也可作为孔的最终加工。

3）铰孔

铰孔是对未淬火孔进行精加工的一种方法。铰孔时，因切削速度低、加工余量少、使用的铰刀刀齿多、刚性好、精度高等，故铰孔后的质量比较高，尺寸精度可达IT7级。手铰尺寸精度可达IT6级，表面粗糙度*Ra*为0.4～0.2μm；机铰生产率高，劳动强度小，适宜于大批大量生产。铰孔主要用于加工中、小尺寸的孔，孔径一般为3～150mm。铰孔时以本身孔作导向，故不能纠正位置误差，因此，孔的有关位置精度应由铰孔前的预加工工序保证。

4）镗孔

镗孔是最常用的孔加工方法，可作为粗加工，也可作为精加工，并且加工范围很广，可以加工各种零件上不同尺寸的孔。镗孔是用镗刀对已经钻出、铸出或锻出的孔做进一步的加工。镗孔一般在镗床上进行，也可以在车床、铣床、数控机床和加工中心上进行。镗孔的加工精度为IT7～IT10，表面粗糙度*Ra*为6.3～0.8μm。由于镗孔时刀具（镗杆和镗刀）尺寸受到被加工孔径的限制，因此，一般刚性较差，会影响孔的精度，并容易引起弯曲和扭转振动，特别是小直径且距离支承较远的孔，振动情况更为突出。与扩孔和铰孔相比，镗孔生产率比较低，但在单件小批生产中采用镗孔是比较经济的（因刀具成本较低，且镗孔能保证孔中心线的准确位置，并能修正毛坯或上道工序加工后所造成的孔的轴心线歪曲和偏斜）。由于镗孔工艺范围广，故是孔加工的主要方法之一。直径很大的孔和大型零件的孔，最多使用的是镗孔的加工方法。

5）拉孔

拉孔大多是在拉床上用拉刀通过已有的孔来完成孔的半精加工或精加工的。拉刀是一种多齿刀具。拉削过程只有主运动，没有进给运动。在拉削时，由于切削刀的齿高逐渐增大，因此，每个刀齿只切下一层较薄的切屑，最后由几个刀齿对孔进行校准切削，拉削不仅参加切削的刀刃长度长，而且同时参加切削的刀齿也多，因此，孔径能在一次拉削中完成，其是一种高效率的加工方法。一般拉削孔径为 10 ~ 100mm，拉孔深度一般不宜超过孔径的 3 ~ 4 倍。拉刀能拉削各种形状的孔，如圆孔、多边孔和花键孔等。

6）磨孔

对于淬硬零件中的孔加工，磨孔是主要的加工方法。内孔为断续圆周表面（如有键槽或花键的孔）、阶梯孔及盲孔时，常采用磨孔作为精加工的方法。磨孔时砂轮的尺寸受被加工孔径尺寸的限制，故一般砂轮直径为工件孔径的 0.5 ~ 0.9 倍。磨头轴的直径和长度取决于被加工孔的直径和深度，故磨削速度低，磨头的刚度差，且磨削质量和生产率均受到影响。磨孔的方式有中心内圆磨削和无心内圆磨削。中心内圆磨削是在普通内圆磨床或万能磨床上进行的；无心内圆磨削是在无心内圆磨床上进行的，被加工工件多为薄壁件，不宜用夹盘夹紧，工件的内、外圆同轴度要求较高。这种磨削方法多用于磨削轴承内环类型的零件，其工艺特点是精度高，要求机床具有高的精度、高的自动化程度和高的生产率，以适应大批大量生产。内圆磨削有以下特点：

（1）砂轮直径 D 因受到工件孔径 d 的限制（$D=0.5d \sim 0.9d$），故砂轮尺寸较小，损耗快，并时常修整和更换，影响了磨削生产率。

（2）磨削速度低。由于砂轮直径较小，即使砂轮转速高达每分钟几万转，但要达到线速度 21 ~ 30m/s 也是十分困难的，因此，孔的磨削速度比外圆磨削低得多，且磨削效率及表面粗糙度也比外圆磨削差。

（3）砂轮轴受到工件孔径与长度的限制，刚性差，容易引起弯曲变形与振动，因而会影响加工精度和表面粗糙度；同时，磨削深度也会因砂轮轴的刚性因素而受到限制。

（4）砂轮与工件内切，接触面积大，散热条件差，易发生烧伤，故应采用较软的砂轮。

（5）因为切削液不易进入磨削区，故排屑困难。脆性材料为了排屑方便，有时会采用干磨。

虽然磨孔方法存在很多缺点，但其仍是套筒类零件内孔精加工的主要方法，特别是淬硬孔、断续表面孔（带键槽或花键孔）及长度很短的精密孔的加工更是如此。

5.4 圆柱齿轮加工

5.4.1 概述

1. 圆柱齿轮的结构特点

齿轮是机械传动中应用极其广泛的零件之一，其功用是按规定的传动比传递运动和动力。圆柱齿轮一般分为齿圈和轮体两部分。在齿圈上可切出直齿、斜齿等齿形；而在轮体上有孔或轮体本身就是一根轴。轮体的结构形状直接影响齿轮加工工艺的制定。因此，齿轮可根据齿轮轮体的结构形状来划分。常见的圆柱齿轮有以下几类（见图 5-14）。

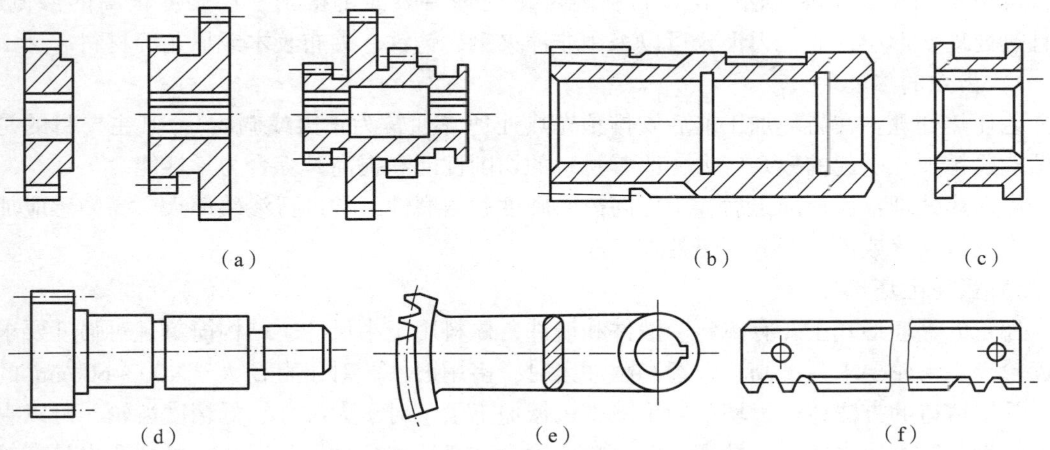

图 5-14　圆柱齿轮的形式

（a）盘类齿轮；（b）套类齿轮；（c）内齿轮；（d）轴类齿轮；（e）扇形齿轮；（f）齿条

一个圆柱齿轮可以有一个或多个齿圈。普通单齿圈齿轮的工艺性最好。如果齿轮精度要求高，需要剃齿或磨齿，则通常将多齿圈齿轮做成单齿圈齿轮的组合结构。

2. 圆柱齿轮零件的精度要求

齿轮传动精度的高低，直接影响到整个机器的工作性能、承载能力和使用寿命。根据齿轮的使用条件，对齿轮零件主要提出以下三个方面的精度要求（齿轮传动则有四项精度要求）。

（1）传递运动的准确性。要求齿轮能准确地传递运动且传动比恒定，即要求齿轮一转中的转角误差不超过一定范围。

（2）传递运动的平稳性。齿轮转动时瞬时传动比的变化量在一定限度内。要求齿轮在一齿转角内的最大转角误差在规定范围内，从而减小齿轮传递运动中的冲击、振动和噪声。

（3）载荷分布的均匀性。要求齿轮工作时齿面接触均匀，并保证有一定的接触面积和符合要求的接触位置，从而保证齿轮在传递动力时不致因载荷分布不均匀而使接触应力过大，引起齿面过早磨损。

3. 精度等级与公差组

齿轮的精度等级分 12 级，其中第 1 级最高，第 12 级最低。此外，按误差特性及其对传动性能的主要影响，还将齿轮的各项公差分成三个公差级。

一般情况下，一个齿轮的三个公差组应选用相同的精度等级。当对使用的某个方面有特殊要求时，也允许各公差组选用不同的精度等级，但在同一公差组内，各项公差与极限偏差必须保持相同的精度等级。齿轮精度等级应根据齿轮传动的用途、圆周速度和传递功率等进行选择。

4. 齿轮的材料、热处理与毛坯

1）齿轮材料的选择

齿轮材料的选择对齿轮的加工性能和使用寿命都有直接的影响。一般来讲，对于低速、重载的传力齿轮，其齿面受压会产生塑性变形或磨损，且轮齿容易折断，故应选用机械强度、硬度等综合力学性能好的材料（如20CrMnTi），其经渗碳淬火，芯部具有良好的韧性，齿面硬度可达56～62HRC；线速度高的传力齿轮，齿面易产生疲劳点蚀，所以齿面硬度要高，可用38CrMoAlA渗氮钢，这种材料经渗氮处理后表面可得到一层硬度很高的渗氮层，而且热处理变形小；非传力齿轮可以采用非淬火钢、铸铁、夹布胶木或尼龙等材料。

2）齿轮的热处理

毛坯热处理：在齿坯加工前后安排预先热处理（通常为正火或调质）。其主要目的是消除锻造及粗加工引起的残余应力，改善材料的切削性能和提高其综合力学性能。

齿面热处理：齿形加工后，为提高齿面硬度和耐磨性，常进行渗碳淬火、高频感应加热淬火、碳氮共渗或渗氮等表面热处理工序。

3）齿轮毛坯选择

齿轮的毛坯形式主要有捧料、锻件和铸件，棒料用于小尺寸、结构简单且对强度要求低的齿轮。当齿轮要求强度高、耐磨和耐冲击时，多用锻件。对于直径大于400～600mm的齿轮，常用铸造的方法铸造齿坯。为了减少机械加工量，对于大尺寸、低精度齿轮，可以直接铸出轮齿；对于压力铸造、精密锻造、粉末冶金、热轧和冷挤等新工艺，可制造出具有轮齿的齿坯，以提高劳动生产率、节约原材料。

5.4.2 圆柱齿轮的机加工工艺

1. 定位基准选择

齿轮加工时的定位基准应尽可能与设计基准相一致，以避免由于基准不重合而产生的误差，即要符合“基准重合”原则。在齿轮加工的整个过程中（如滚、剃、珩、磨等）也应尽量采用相同的定位基准，即符合“基准统一”的原则。对于小直径轴齿轮，可采用两端中心孔或锥体作为定位基准，符合“基准统一”原则；对于大直径的轴齿轮，通常用轴颈和一个较大的端面组合定位，符合“基准重合”原则；带孔齿轮则以孔和一个端面组合定位，其既符合“基准重合”的原则，又符合“基准统一”的原则。

2. 齿坯加工

齿形加工前的齿轮加工称为齿坯加工。齿坯的外圆、端面或孔经常作为齿形加工、测量和装配的基准，所以齿坯的精度对于整个齿轮的精度有着重要的影响。另外，齿坯加工在齿轮加工总工时中占有较大的比例，因而齿坯加工在整个齿轮加工中占有重要的地位。但齿坯加工可以看成是轴、套、盘等类零件的加工，即齿轮的加工主要就是齿形的加工。

3. 齿形加工

齿圈上的齿形加工是整个齿轮加工的核心。尽管齿轮加工有许多工序，但都是为齿形加工服务的，其目的在于最终获得符合精度要求的齿轮。按照加工原理不同，齿形加工方法主要有成形法和展成法。如指状铣刀铣齿、盘形铣刀铣齿及齿轮拉刀拉内、外齿等，均是用成形法加工的齿形；而滚齿、剃齿、插齿、磨齿等则是用展成法加工的齿形。

齿形加工方案的选择，主要取决于齿轮的精度等级、结构形状、生产类型和齿轮的热处理方法及生产工厂的现有条件，对于不同精度的齿轮，常用的齿形加工方案如下：

(1) 8 级精度以下的齿轮：调质齿轮用滚齿或插齿就能满足要求。对于淬硬齿轮，可采用滚（插）齿—剃齿或冷挤—齿端加工—淬火—校正孔的加工方案。根据不同的热处理方式，在淬火前齿形加工精度应提高一级以上。

(2) 6 ~ 7 级精度齿轮：对于淬硬齿面的齿轮，可采用滚（插）齿—齿端加工—表面淬火—校正基准—磨齿（蜗杆砂轮磨齿）的加工方案，该方案加工精度稳定；也可采用滚（插）—剃齿或冷挤—表面淬火—校正基准—内啮合珩齿的加工方案，这种方案加工精度稳定，生产率高。

(3) 5 级以上精度的齿轮：一般采用粗滚齿—精滚齿—表面淬火—校正基准—粗磨齿—精磨齿的加工方案；大批大量生产时也可采用粗磨齿—精磨齿—表面淬火—校正基准—磨削外珩自动线的加工方案，这种加工方案加工的齿轮精度可稳定在 5 级以上，且齿面加工纹理错综复杂，噪声极低，是品质极高的齿轮。磨齿是目前齿形加工中精度最高、表面粗糙度值最小的加工方法，最高精度可达 3 ~ 4 级。

4. 齿端加工

齿轮的齿端加工方式有倒圆、倒尖、倒棱和去毛刺，如图 5 – 15 所示。经倒圆、倒尖、倒棱后的齿轮，沿轴向移动时容易进入啮合。齿端倒圆应用最多，图 5 – 16 所示为用指状铣刀倒圆的原理图。

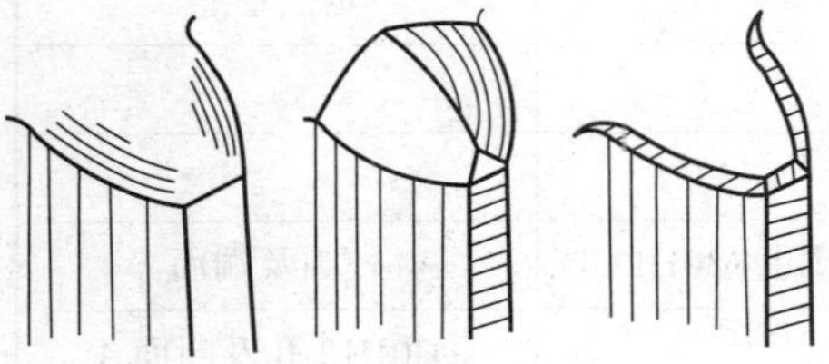

(a)　(b)　(c)

图 5 – 15　齿端形状

(a) 倒圆；(b) 倒尖；(c) 倒棱

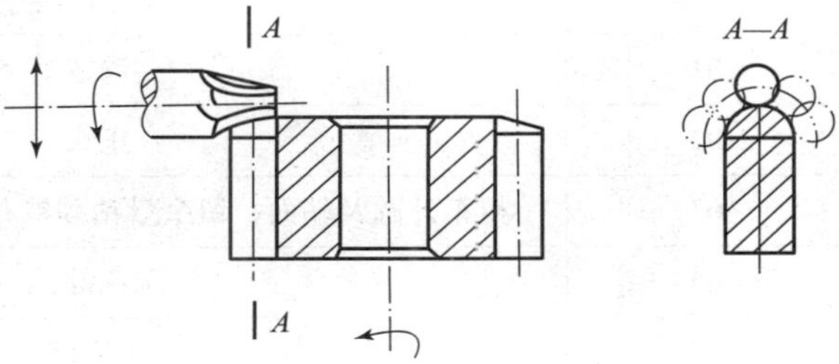

图 5 – 16　齿端倒圆

齿端加工必须安排在齿形淬火之前、滚（插）齿之后进行。许多齿轮在磨后出现齿根裂纹多数是由此引起的。

5. 精基准的修整

齿轮淬火后其孔常发生变形，孔直径可缩小 0.01 ~ 0.05mm。为确保齿形精加工质量，必须对基准孔予以修整。修整时一般采用磨孔或推孔的方法。对于成批或大批大量生产的未淬硬的外径定心的花键孔及圆柱孔齿轮，常采用推孔。推孔生产率高，并可用加长推刀前导引部分来保证推孔的精度。对于以小径定心的花键孔或已淬硬的齿轮，以磨孔为好，可稳定地保证精度。磨孔应以齿面定位，符合互为基准原则。

5.4.3　圆柱齿轮及加工工艺示例

圆柱齿轮的加工工艺通常和其结构形状、精度等级、生产批量及生产条件有关。现以某双联齿轮为例（见如图 5 – 17），介绍圆柱齿轮加工的工艺特点。

双联圆柱齿轮机的加工工艺过程见表 5 – 4。

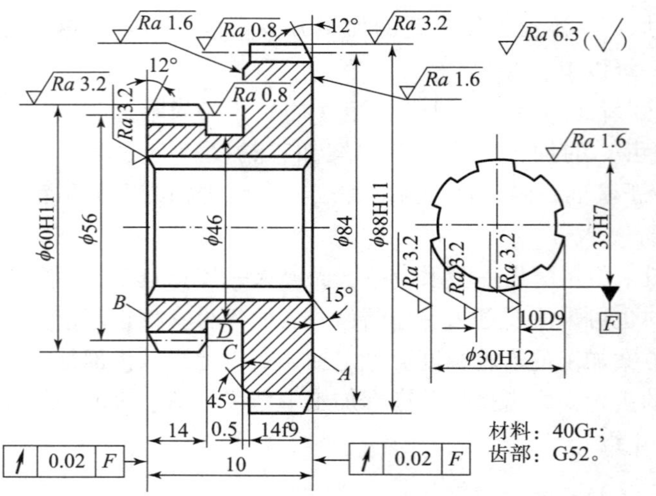

项目	齿轮	Ⅰ	Ⅱ
模数	m	2	2
齿数	z	28	42
精度等级		7 GK	7 JL
齿圈径向圆跳动	ΔF_r	0.036	0.036
公法线长度变动	ΔF_{∞}	0.028	0.028
基节极限偏差	ΔF_{pb}	±0.013	±0.013
齿形公差	ΔF_f	0.011	0.011
齿向公差	F_{β}	0.011	0.011
跨齿数		4	5
公法线平均长度		$21.36_{-0.05}^{0}$	$27.61_{-0.05}^{0}$

图 5－17　双联齿轮

表 5－4　双联圆柱齿轮机加工工艺过程

序号	工序内容	定位基准
01	锻造	
02	正火	
03	粗车外圆及端面，留余量钻并镗花键孔至尺寸 ϕ30H12	外圆及端面
04	拉花键孔	ϕ30H12 孔及断面 A
05	去毛刺	
06	精车外圆及槽至尺寸要求	花键孔及端面 A
07	检验	
08	滚齿留余量（大齿轮）	花键孔及端面 A
09	插齿留余量（小齿轮）	花键孔及端面 A
10	倒角（两齿轮）	花键孔及端面 A
11	去毛刺	
12	剃齿（大齿轮）	花键孔及端面 A
13	剃齿（小齿轮）	花键孔及端面 A
14	齿面高频淬火	
15	推孔	花键孔及端面 A
16	珩齿至图样尺寸	花键孔及端面 A
17	检验	

5.4.4　圆柱齿轮齿形加工方法

1. 滚齿

滚齿加工原理即滚刀和工件之间的运动相当于齿轮齿条啮合，如图 5－18 所示。齿轮滚刀是一个经过开槽和铲齿的蜗杆，具有切削刃和后角，其法向剖面近似于齿条，滚刀旋转时，就相当于齿条在连续地移动，被切齿轮的分度圆沿齿条节线做无滑动的纯滚动，滚刀切削刃的包络线就形成被切齿轮的齿廓曲线。滚齿法是齿形加工中生产效率最高、应用最广的一种方法，用一把滚刀可加工模数相同而齿数和螺旋角不同的直齿圆柱齿轮、斜齿轮，滚齿法还可用于蜗轮加工。滚齿既可用于齿形的粗加工，也可用于精加工。滚齿加工精度一般为 6～9 级，对于 8～9 级精度齿轮，可直接滚齿得到，对于 7 级精度以上的齿轮，通常滚齿可作为齿形的粗加工或半精加工。当采用 AA 级齿轮滚刀（标准齿轮滚刀精度分四级即 AA、A、B、C 级）和高精度滚齿机时，可直接加工出 7 级精度以上的齿轮（A 级可以加工出 7～8 级齿轮、B 级加工 8～9 级齿轮、C 级加工 9～10 级齿轮）。滚齿加工时齿面是由滚刀的刀齿包络而成的，由于参加切削的刀齿数有限且齿面的表面质量不高，为提高加工精度和齿面质量，故常将粗、精滚齿分开。精滚的加工余量一般比较小（＜1mm），且应取较高的切削速度和较小的进给量。

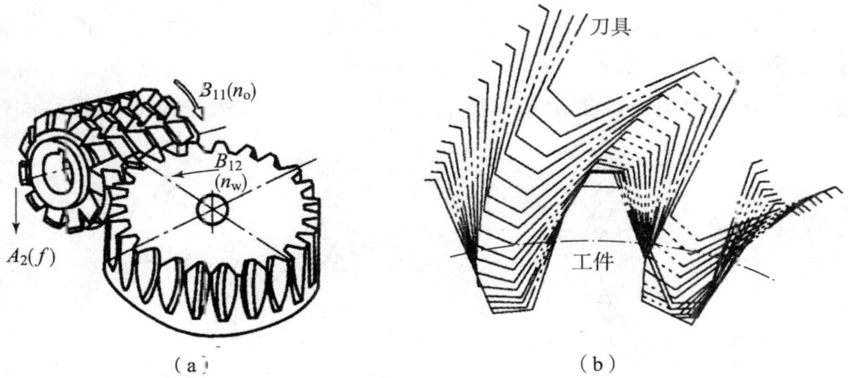

（a）　　　　（b）

图 5－18　滚齿原理示意图

2. 插齿

插齿刀与工件相当于一对平行轴的圆柱直齿轮啮合，如图 5－19 所示。一个齿轮磨出前、后角以形成切削刃即插刀，通过严格的啮合运动，其包络线形成齿形。插齿是齿形切削加工方法中应用范围最广的一种，可加工圆柱直齿轮、多联齿轮、内齿轮、扇形齿轮和齿条等；配上专门附件，也可加工斜齿轮。插齿既可用于齿形的粗加工，也可用于精加工。插齿精度一般为 7～9 级，最高可达 6 级。插齿过程为往复运动，有空行程；插齿系统刚度较差，切削用量不宜太大，故一般插齿的生产率比滚齿低。插齿多用于中小模数齿轮的加工。插齿刀有三个精度等级：AA 级适用于加工 6 级精度的齿轮；A 级适用于加工 7 级精度的齿轮；B 级适用于加工 8 级精度的齿轮。一般可根据被加工齿轮的传动平稳性精度等级选取相应的插齿刀。

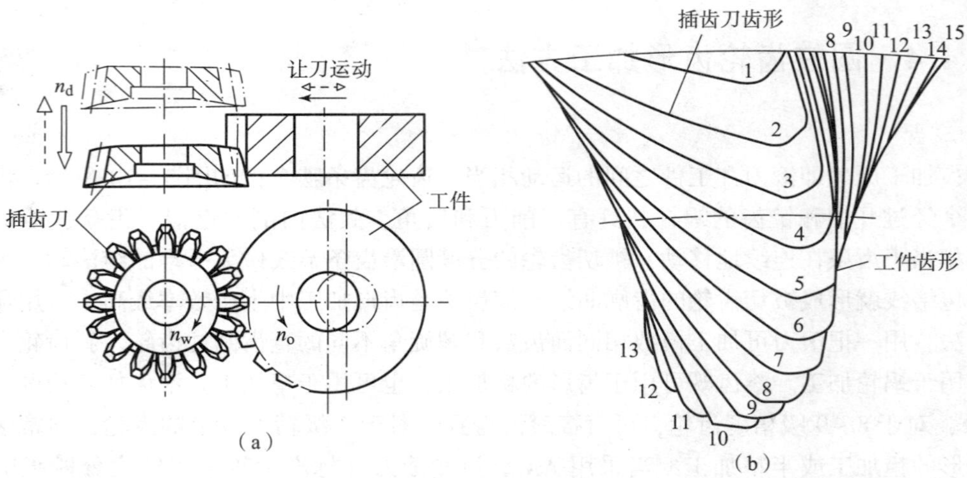

图 5-19　插齿原理

3. 剃齿

剃齿加工如同一对斜齿轮啮合，如图 5-20（a）所示，因螺旋角不同，其轴线交错一个角度 φ，剃齿刀回转时，其圆周速度 $\boldsymbol{v}_1$ 可分解为两个分量，一个为与轮齿方向垂直的法向分速度移 $\boldsymbol{v}_{n1}$，以带动工件旋转；另一个为与轮齿方向平行的齿向分速度 $\boldsymbol{v}_{t1}$，以使两啮合齿面产生相对滑移。剃齿刀实质上是一个高精度的斜齿轮，在齿面上开有小槽，沿渐开线方向形成刀刃，如图 5-20（b）所示。剃齿刀在 $\boldsymbol{v}_{t1}$ 和一定压力的作用下，从工件齿面上剃下很薄的切屑，且在啮合过程中逐渐把余量切除。剃齿时剃齿刀和齿轮是无侧隙双面啮合，剃齿

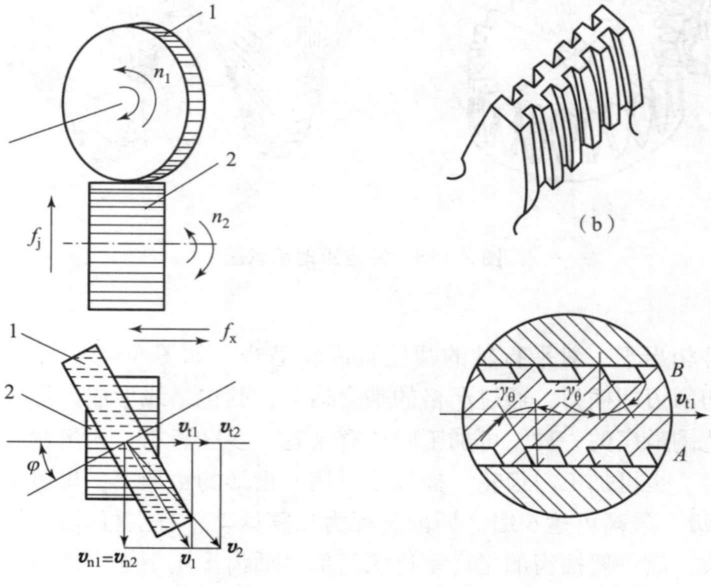

图 5-20　剃齿原理示意图

1—剃齿刀；2—齿轮

刀刀齿的两侧面都能进行切削。由图 5－20（c）截面可见，按 $\boldsymbol{v}_{t1}$ 方向，刀齿两侧的切削角是不同的，A 侧为锐边，具有正前角，起切削作用；B 侧为钝边，具有负前角，起挤压作用。当剃齿刀反向时，$\boldsymbol{v}_{t1}$ 也反向，剃齿刀两侧刀刃的作用互换，使轮齿两侧均能得到剃削。剃齿需具备以下运动：

（1）剃齿刀高速正反转（主运动）；

（2）工件沿轴向往复进给运动（剃出全齿宽）；

（3）工件每一往复行程后的径向进给运动（剃出全齿深）。

由上述剃齿原理可知，剃齿刀由机床传动链带动旋转，而工件由剃齿刀带动，它们之间并无强制性的展成运动，是自由对滚，故机床传动链短，结构简单。通用剃齿刀的制造精度分 A、B、C 三级，分别用于加工 6、7、8 级齿轮；剃齿刀的螺旋角有 15°、10°、5°三种，15°和 5°应用最广，15°多用于加工直齿圆柱齿轮，5°多用于加工斜齿轮和多联齿轮中的小齿轮。剃齿时两轴线交错角 φ 不宜超过 20°，否则剃齿效果不好。

4. 珩齿

珩齿是齿轮热处理后的一种光整加工方法。珩齿原理与剃齿相似，如图 5－21 所示。珩轮与工件是一对斜齿轮副无侧隙的自由紧密结合，珩齿所用的刀具（即珩轮）是一个由磨料、环氧树脂等原料混合后在铁芯上浇铸而成的斜齿轮。珩齿的运动与剃齿基本相同，即珩轮带动工件高速正反转；工件沿轴向往复运动及工件径向进给运动。所不同的是其径向进给是在开车后一次进给到预定位置的。因此，珩齿开始时齿面压力较大，随后逐渐减小，直至压力消失时珩齿结束。珩齿时，齿面间除沿齿向产生相对滑移进行切削外，沿渐开线方向的滑动使磨粒也能切削，因此齿面形成交叉复杂的刀痕，其齿面的表面粗糙度 Ra 可达 0.8～0.4μm，且齿面不会烧伤，表面质量较好。

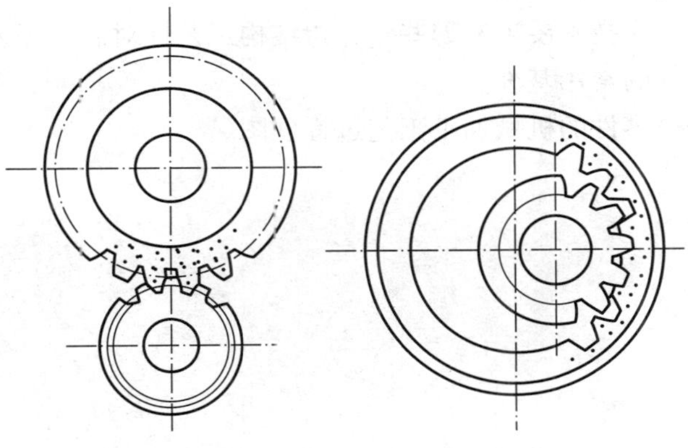

图 5－21　齿轮珩齿法

5. 磨齿

一般磨齿机均采用展成法来磨削齿面，常见的有大平面砂轮磨齿机、碟形双砂轮磨齿机、锥面砂轮磨齿机和蜗杆砂轮磨齿机。其中，大平面砂轮磨齿机的精度最高，可达 3 级精度，但效率较低，而蜗杆砂轮磨齿机的效率最高，被加工齿轮的精度为 6 级。蜗杆砂轮磨齿法的加工原理和滚齿相似，如图 5－22 所示。砂轮为蜗杆状，磨齿时，砂轮与工件两者保持严格的速比关系，为磨出全齿宽，砂轮还须沿轴线方向进给。由于砂轮的转速很高（约

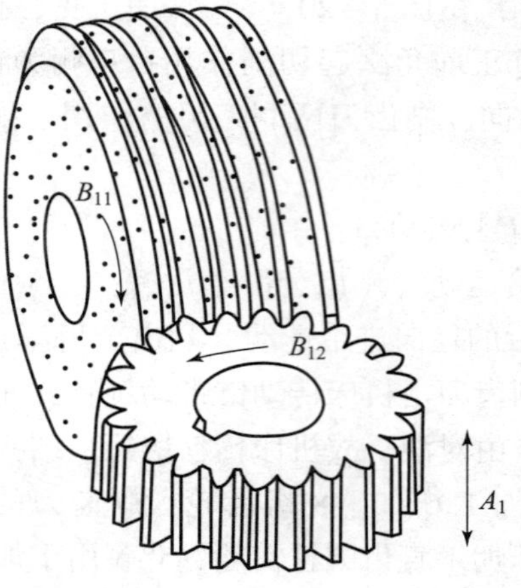

图 5－22　蜗杆砂轮磨齿加工原理

2 000r/min)，工件相应的转速也较高，因此，磨削效率高。被磨削齿轮的精度主要取决于机床传动链的精度和蜗杆砂轮的形状精度。

磨齿加工的主要特点是：加工精度高，一般条件下加工精度可达 4～6 级，表面粗糙度 Ra 为 0.8～0.2μm；由于采用强制啮合的方式，不仅修正误差的能力强，而且可以加工表面硬度很高的齿轮。但是，磨齿加工的效率低、机床复杂、调整困难，故加工成本较高，主要应用于齿轮精度要求很高的场合。

【思考与训练】

1. 试分析轴类零件的结构工艺性。
2. 主轴的结构特点和技术要求有哪些？分析结构工艺性对制定工艺路线有何作用。
3. 试分析轴类零件的常用基准。
4. 试列出普通轴类零件的机械加工工艺过程框图。

第 6 章　机械装配工艺基础

【学习要点】

1. 了解机械装配工艺及其与机械加工工艺的关系；
2. 了解保证装配精度的几种方法；
3. 熟悉机械装配工艺规程的制定方法。

【本章重点】

1. 保证装配精度的方法；
2. 机械装配工艺规程的制定。

【本章难点】

装配工艺规程的制定。

6.1　机械装配工艺概述

6.1.1　装配的概念

任何机械产品都是由许多零件、组件和部件组成的。根据规定的技术要求，将若干零件结合成组件和部件，并进一步将零件、组件和部件结合成机械产品的过程称为装配。前者称为部件装配；后者称为总装配。装配是机械产品制造过程中的最后一个阶段。为了使产品达到规定的技术要求，装配不仅包括零、部件的结合过程，还应包括调整、检验、试验、油漆和包装等工作。

6.1.2　装配精度

装配精度是装配工艺环节的质量指标，不同的机器设备有不同的装配质量指标。正确地规定机器和部件的装配精度是产品设计的重要环节之一，它不仅关系到产品质量，也影响产品制造的经济性。装配精度是制定装配工艺规程的主要依据，也是选择合理的装配方法和确定零件加工精度的依据，所以应正确规定机器的装配精度。装配精度一般包括以下几个方面：

1）尺寸精度

尺寸精度是指装配后相关零部件间应该保证的距离和间隙。如轴孔的配合间隙或过盈，车床床头和尾座两顶尖的等高度等。

2）位置精度

位置精度是指装配后零部件间应该保证的平行度、垂直度、同轴度和各种跳动等。如普通车床溜板移动对尾座顶尖套锥孔轴心的平行度要求等。

3）相对运动精度

相对运动精度是指装配后有相对运动的零部件间在运动方向和运动准确性上应保证的要求。如普通车床尾座移动对溜板移动的平行度、滚齿机滚刀主轴与工作台相对运动的准确性等。

4）接触精度

接触精度是指两配合表面、接触表面与连接表面间达到规定的接触面积和接触点分布的情况。它会影响部件的接触刚度和配合质量的稳定性。如齿轮啮合、锥体配合、移动导轨间均有接触精度的要求。

5）其他质量标准

比如平衡、协调、灵活性等质量标准，这些指标也可能是上述精度的综合表现，而有些装配精度通常只有通过最后的性能测试才可以得到验证。

不难看出，上述各装配精度之间存在一定的关系，如接触精度是尺寸精度和位置精度的基础，而位置精度又是相对运动精度的基础。

6.1.3 装配精度与零件精度间的关系

机器及其部件都是由零件所组成的。显然，零件的精度特别是关键零件的加工精度，对装配精度有很大影响。如图 6－1 所示，普通车床尾座移动对溜板移动的平行度要求，就主要取决于床身上溜板移动的导轨 A 与尾座移动的导轨 B 的平行度以及导轨面间的接触精度。

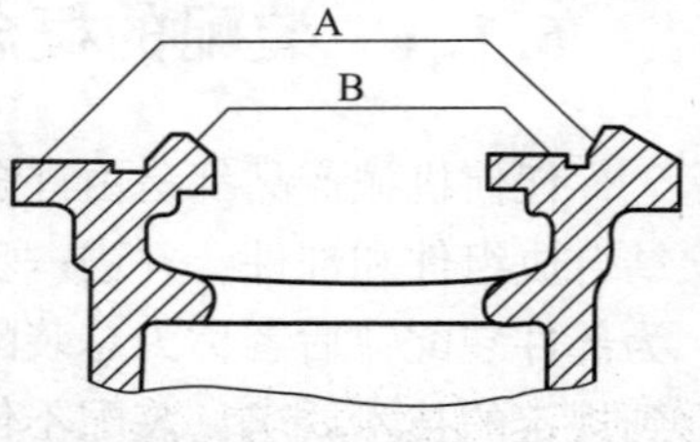

图 6－1　床身导轨示意图

一般而言，多数的装配精度均和它相关的若干个零部件的加工精度有关，所以应合理地规定和控制这些相关零件的加工精度，在加工条件允许时，它们的加工误差累积起来，仍能满足装配精度的要求。但是，当遇到有些要求较高的装配精度时，如果完全靠相关零件的制造精度来直接保证，则零件的加工精度要求将会很高，给加工带来较大的困难。如图 6－2 所示，普通车床床头和尾座两顶尖的等高度要求主要取决于主轴箱 1、尾座 2、底板 3 和床身 4 等零部件的加工精度，该装配精度很难由相关零部件的加工精度直接保证。在生产中，常按较经济的精度来加工相关零部件，而在装配时则采用一定的工艺措施（如选择、修配、调整等），从而形成不同的装配方法，来保证装配精度。本例中即采用修配底板 3 的工艺措施保证装配精度，这样做虽然增加了装配的劳动量，但从整个产品制造的全局分析，还是很经济的。由此可见，产品的装配精度和零件的加工精度有密切的关系，零件精度是保证装配精度的基础，但装配精度并不完全取决于零件的加工精度。装配精度的保证，应从产品的结构、机械加工和装配方法等方面进行综合考虑。

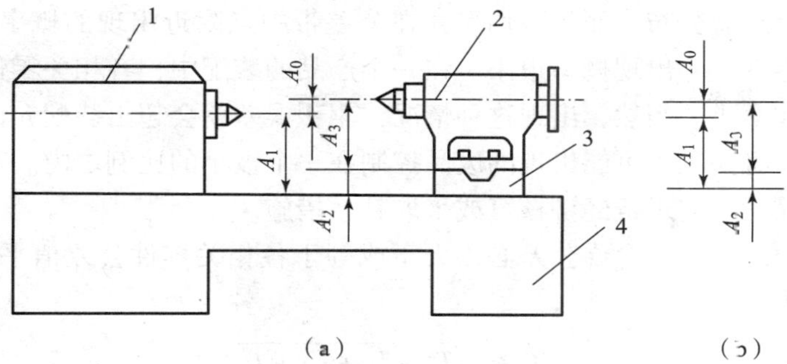

图 6-2　卧式车床尾座安装要求

1—主轴箱；2—尾座；3—底板；4—床身

6.2　保证装配精度的工艺方法

经过长期以来的研究和探索，人们创造了许多巧妙的装配工艺方法，这些方法已成为有理论指导、有实践基础的科学方法，归纳为互换法、选配法、修配法和调整法四大类。

6.2.1　互换法

用控制零件的加工误差来保证装配精度的方法称为互换法。按其程度不同，分为完全互换法与部分互换法两种。

1. 完全互换法

完全互换法就是机器在装配过程中每个待装配零件无须挑选、修配和调整，装配后就能达到装配精度要求的一种装配方法。装配工作较为简单，生产率高，有利于组织生产协作和流水作业，对工人技术要求较低，也有利于机器的维修。

这种装配方法要求装配后各相关零件公差之和小于或等于装配允许公差。用公式表达如下：

$$T_{\Sigma} \geqslant T_1 + T_2 + \cdots + T_m \tag{6-1}$$

式中，T_{Σ}——装配允许公差；

T_m——各相关零件的制造公差；

m——组成环数。

这样，装配后各相关零件的累积误差变化范围就不会超出装配允许公差范围。因此，只要制造公差能满足机械加工的经济精度要求，不论何种生产类型，均应优先采用完全互换法。当装配精度较高、零件加工困难而又不经济时，在大批量生产中，即可考虑采用部分互换法装配工艺。

2. 部分互换法

部分互换法又称不完全互换法，它是将各相关零件的制造公差适当放大，使加工容易而经济，又能保证绝大多数产品达到装配要求的一种方法。

部分互换法是以概率论原理为基础的。在零件的生产数量足够大时，加工后的零件尺寸一般在公差带上呈正态分布，而且平均尺寸在公差带中点附近出现的概率最大；在接近上、下极限尺寸处，零件尺寸出现概率很小。在一个产品的装配中，各相关零件的尺寸恰巧都是极限尺寸的概率非常小。当然，出现这种情况，累积误差就会超出装配允许公差。因此，可以利用这个规律，将装配中可能出现的废品控制在一个极小的比例之内。对于这一小部分不能满足要求的产品，也需进行经济核算或采取补救措施。

根据概率论原理，装配允许公差必须大于或等于各相关零件公差值平方之和的平方根。用公式可以表示为：

$$T_r \geqslant \sqrt{T_1^2 + T_2^2 + \cdots + T_m^2}$$

6.2.2 选配法

选配法就是当装配精度要求极高、零件制造公差限制很严而致使零件几乎无法加工时，可将零件的制造公差放大到经济可行的程度，然后选择合适的零件进行装配来保证装配精度的一种装配方法。按其选配方式不同，可分为直接选配法、分组装配法和复合选配法。

1. 直接选配法

零件按经济精度制造，凭工人经验直接从待装零件中选择合适的零件进行装配。这种方法简单，装配质量与装配工时在很大程度上取决于工人的技术水平，质量不稳定，同时装配效率不高，一般用于装配精度要求不高、装配节拍要求不严的小批量装配工艺中。

2. 分组装配法

对于制造公差要求很严的互配零件，常将其制造公差按整数倍放大到经济精度加工，然后进行测量，按原公差分组，并按对应组分别装配。这样既扩大了零件的制造公差，又能达到很高的装配精度。这种分组装配法在内燃机、轴承等制造中应用较多。

例如，如图 6－3 所示活塞与活塞销的连接情况。根据装配技术要求，活塞销孔与活塞

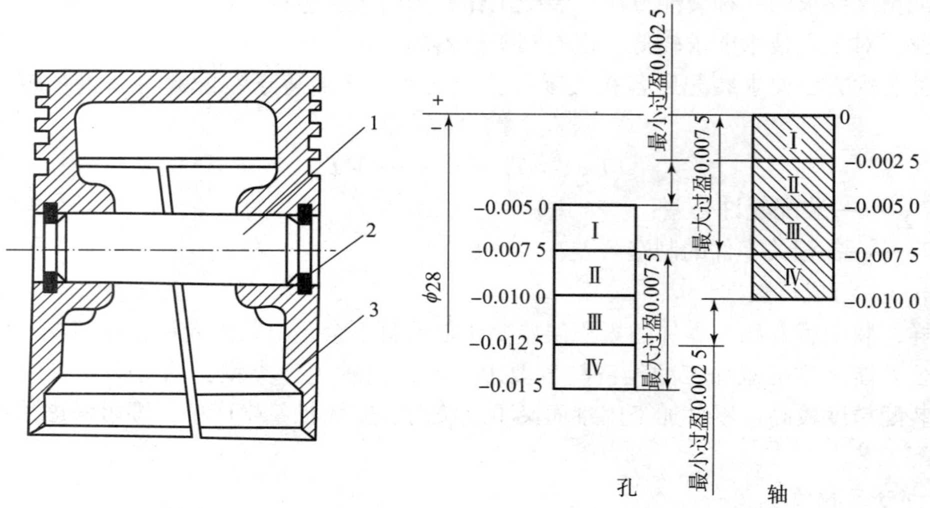

图 6－3　或塞与活塞销的装配

1—活塞销；2—挡圈；3—活塞

销外径在室温状态装配时应有 0.002 5 ~ 0.007 5mm 的过盈量，但与此相应的配合公差仅为 0.005mm。若活塞与活塞销采用完全互换法装配，且按“等公差”的原则分配孔与销的直径公差，则各自的公差只有 0.002 5mm；如果配合采用基轴制的原则，则活塞销外径的尺寸 $d=\phi28_{-0.0025}^{\ 0}$mm，相应的活塞孔的直径 $D=\phi28_{-0.0075}^{-0.0050}$mm。加工这样精度的零件是很困难的，也不经济。

生产中将上述零件的公差放大四倍（$d=\phi28_{-0.1000}^{\ 0}$mm，$D=\phi28_{-0.0150}^{-0.0050}$mm），用高效率的无心磨和金刚镗去加工，然后用精密量具测量，并按尺寸大小分成四组，涂上不同的颜色，以便进行分组装配。具体的分组情况见表 6－1。

表 6－1　活塞销和活塞孔的配合尺寸　　mm

组别	活塞销直径 $\phi28_{-0.0100}^{\ 0}$	活塞孔直径 $\phi28_{-0.0150}^{+0.0050}$	配合情况		标志颜色
			最小过盈	最大过盈	
Ⅰ	$\phi28_{-0.0025}^{\ 0}$	$\phi28_{-0.0075}^{-0.0050}$	－0.002 5	－0.007 5	浅蓝
Ⅱ	$\phi28_{-0.0050}^{-0.0025}$	$\phi28_{-0.0100}^{-0.0075}$			红
Ⅲ	$\phi28_{-0.0075}^{-0.0050}$	$\phi28_{-0.0125}^{-0.0100}$			白
Ⅳ	$\phi28_{-0.0100}^{-0.0075}$	$\phi28_{-0.0150}^{-0.0125}$			黑

通过分组装配后的配合来看，各组的配合性质与原来相同，但零件的加工难度却大大降低。在分组装配时，通常要注意以下几个问题。

（1）不管如何分组，不能改变原设计配合精度，配合件公差增加的方向应该相同，增大的倍数要和分组数相同，以便配对装配。

（2）分组不宜过多，以避免使零件的储存、运输及装配工作复杂化。

（3）分组后零件的表面粗糙度及形位公差不能扩大，仍按原设计要求制造。

（4）分组后应尽量使组内相配零件数相等，如不相等，则可专门加工一些零件与其相配。如果互配零件的尺寸在加工中服从正态分布规律，则零件分组后是可以互相配套的。如果由于某种因素造成不是正态分布，而是如图 6－4 所示的偏态分布，就会产生各组零件数量不等而不能配套的情况。这种情况在生产上往往是难以避免的，只能在聚集了相当数量的不配套件后，专门加工一批零件来配套。

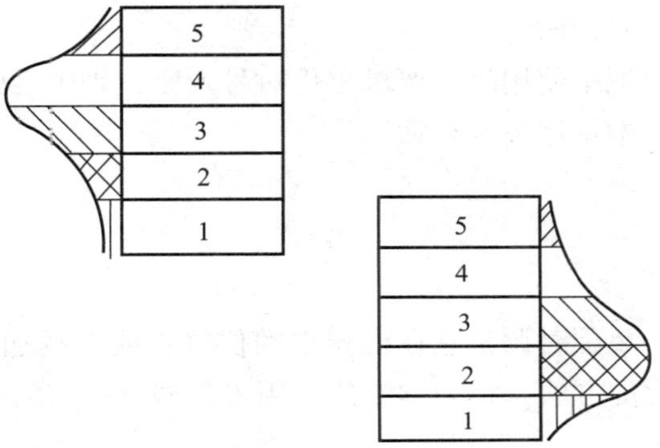

图 6－4　偏态分布

分组装配法适应于配合精度要求很高、互配的相关零件只有两三个的大批大量生产，可以大大降低加工精度、提高生产效率。

3. 复合选配法

此法是上述两种方法的复合。先将零件测量分组，装配时再在各对应组内凭工人的经验直接选择装配。这种装配方法的特点是配合公差可以不等，其装配质量高，速度较快，能满足一定生产节拍的要求。在发动机气缸与活塞的装配中，多选用这种方法。

6.2.3 修配法

预先选定某个零件为修配对象，并预留修配量，在装配过程中，根据实测结果，用锉、刮、研等方法，修去多余的金属，使装配精度达到要求，称为修配法。修配法的优点是能利用较低的制造精度来获得很高的装配精度；其缺点是修配工作量大，且多为手工劳动，对工人的操作技术要求比较高。此法只适用于单件小批量生产。

1. 按件修配法

对预定的修配零件，采用去除金属材料的办法改变其尺寸，以达到装配要求的方法称为按件修配法。例如，车床主轴顶尖与尾架顶尖的等高性要求是一项装配要求，即确定尾架垫块为修配对象，预留配量，装配时再根据要求通过刮锉等方法去掉多余的金属，以达到装配精度。

2. 就地加工修配法

就地加工修配法通常用在机床装配中，在机床装配基本完成后，是用机床自身具有的加工手段，对自身的修配加工对象进行自我加工，从而达到一项或者几项装配要求的装配方法。

3. 合并加工修配法

将两个或多个零件装配在一起后，进行合并加工修配，以减少累积误差和修配工作量的方法，称为合并加工修配法。例如，车床尾架与垫块先进行组装，再对尾架套筒孔进行最后镗削加工，然后由尾座和垫块两个高度尺寸进入装配尺寸链，两件变成合件的一个尺寸进入装配尺寸链，减少了装配总环数，从而也就减小了刮削余量。其他如车床溜板箱中开合螺母部分的装配及万能铣床上为保证工作台面与回转盘底面的平行度而采用工作台和回转盘的组装加工等，均是合并加工修配法。

合并加工修配法在装配中使用时，要求零件对号入座，否则会给组织生产带来一定的麻烦。因此，单件小批生产中使用较为合适。

6.2.4 调整法

用一个可调整零件，装配时调整它在机器中的位置，或者增加一个定尺寸零件如垫片、套筒等，以达到装配精度的方法，称为调整法。用来起调整作用的零件起到补偿装配累积误差的作用，称为补偿件。

调整法应用很广，在实际生产中，常用的调整法有以下两种。

1. 可动调整法

采用移动调整件位置来保证装配精度；调整过程中无须拆卸调整件，比较方便。其实际应用例子很多，图 6－5 所示为常见的轴承间隙调整；图 6－6（a）所示为机床封闭式导轨的间隙调整装置，压板 1 用螺钉紧固在运动部件 2 上，平镶条 4 装在压板 1 与支承导轨 3 之间，用带有锁紧螺母的螺钉 5 来调整平镶条的上下位置，使导轨与平镶条结合面之间的间隙控制在适当的范围内，以保证运动部件能够沿着导轨面平稳、轻快而又精确地移动；图 6－6（b）所示为滑动丝杠螺母副的间隙调整装置，该装置利用调整螺钉使楔块上下移动来调整丝杠与螺母之间的轴向间隙。以上各调整装置分别采用螺钉、楔块作为调整件，生产中根据具体要求和机构的具体情况，也可采用其他零件作为调整件。

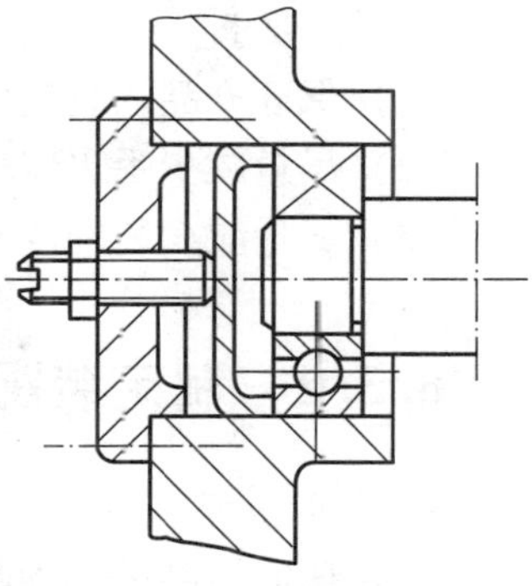

图 6－5　轴承间隙调整

2. 固定调整法

固定调整法，即选定某一零件，根据装配要求来确定该零件的尺寸，以满足装配精度的装配方法。由于调整零件的尺寸是固定的，所以叫作固定调整法。如图 6－7 所示，为了保证装配要求 A_Σ，在结构中专门加入一个厚度尺寸为 A_k 的垫圈作为调整件，以满足装配要求。

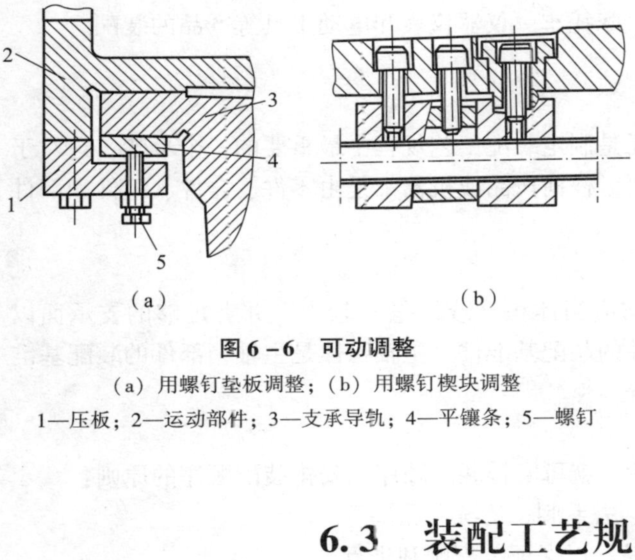

图 6－6　可动调整

（a）用螺钉垫板调整；（b）用螺钉楔块调整

1—压板；2—运动部件；3—支承导轨；4—平镶条；5—螺钉

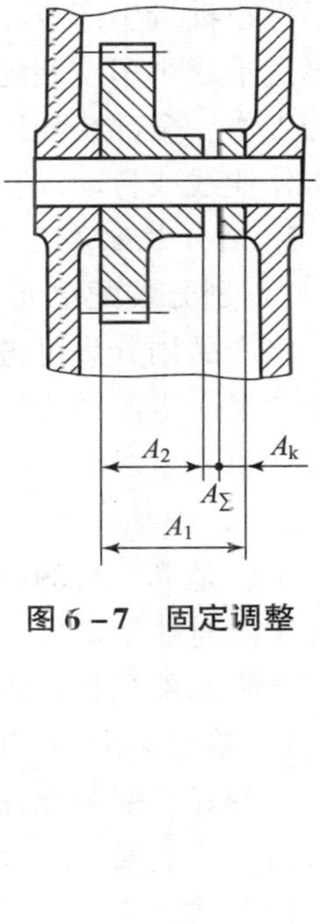

图 6－7　固定调整

6.3　装配工艺规程的制定

6.3.1　制定装配工艺规程的基本要求

制定装配工艺规程的基本要求是：在保证产品的装配质量的前提下，提高生产率和降低成本。通常要求：

（1）保证产品的装配质量和产品质量的稳定性，延长产品的使用寿命。

（2）尽量减少手工装配工作量，降低劳动强度，缩短装配周期，提高装配效率。

（3）尽量减少装配成本，减少装配占地面积，降低装配在线零件总量。

6.3.2 制定装配工艺规程的步骤与工作内容

1. 产品分析

（1）研究产品及部件的具体结构，了解装配技术要求与检查验收的内容和方法。

（2）审查产品的结构工艺性。

（3）研究设计人员所确定的装配方法，进行必要的装配尺寸链分析与计算。

2. 确定装配方法和装配组织形式

选择合理的装配方法是保证装配精度的关键。要结合具体生产条件，从机械加工和装配的全过程出发，应用尺寸链理论，同设计人员一起最终确定装配方法。

装配组织形式的选择，主要取决于产品的结构特点（包括尺寸、重量和复杂程度）、生产纲领和现有的生产条件。装配组织形式按产品在装配过程中是否移动分为固定式和移动式两种。固定式装配的全部装配工作在一个固定的地点进行，产品在装配过程中不移动，多用于单件小批量生产或重型产品的成批生产，如机床、汽轮机的装配。移动式装配是将零部件用输送带或小车按装配顺序从一个装配地点移动到下一个装配地点，各装配地点完成一部分装配工作，全部装配地点完成产品的全部装配工作。移动式装配常用于大批大量生产，组成流水作业线或自动线，如汽车、拖拉机、摩托车、仪器仪表和电动工具等产品的装配。

3. 划分装配单元，确定装配顺序

1）划分装配单元

将产品划分为可进行独立装配的单元是制定装配工艺规程中最重要的一个步骤，这对于大批大量、生产结构复杂的产品尤为重要。任何产品或机器都是由零件、合件、组件和部件等装配单元组成的。

2）装配基准件

不管是哪一级的装配，装配基准件均应当体积（或质量）较大，并有足够的支承面以保证装配时的稳定性。如主轴是主轴组件的装配基准件、主轴箱体是主轴箱部件的装配基准件、床身部件是整台机床的装配基准件等。

3）确定装配顺序的原则

划分好装配单元并选定装配基准件后，就可安排装配顺序。安排装配顺序的原则：

（1）工件要先安排预处理，如倒角、去毛刺、清洗和涂漆等。

（2）先下后上，先内后外，先难后易，以保证装配顺利进行。

（3）位于基准件同一方位的装配工作和使用同一工艺装备的工作尽量集中进行。

（4）易燃、易爆等有危险性的工作，尽量放在最后进行。

为了能够清晰表示装配顺序，通常用装配单元系统图来表示装配过程。图6-8（a）所示为产品的装配系统图；图6-8（b）所示为部件的装配系统图。

画装配单元系统图时，先画一条较粗的横线，横线的右端箭头直指装配单元方格，横线

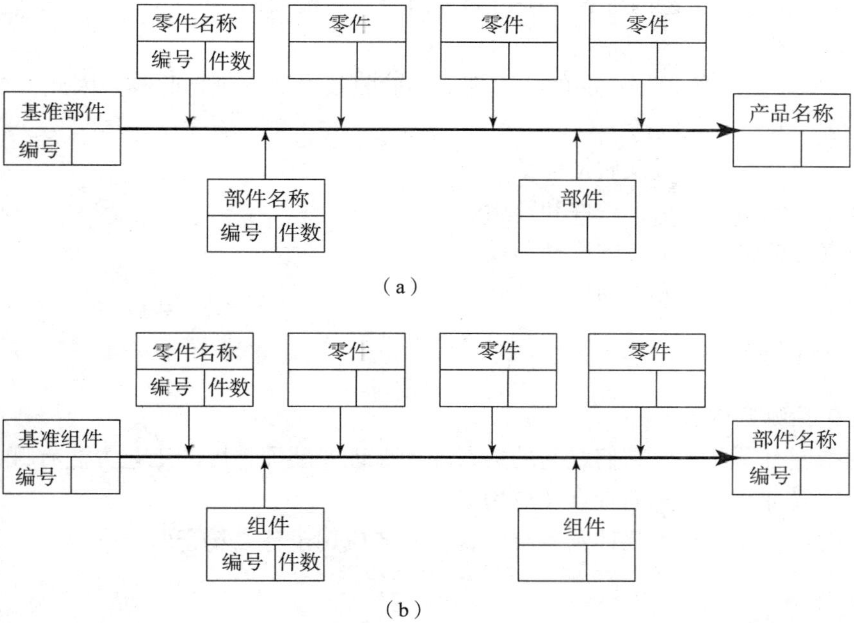

图 6－8　装配系统图

（a）产品的装配系统图；（b）部件的装配系统图

左端为基准件方格。再按装配先后顺序，从左向右依次将装入基准件的零件、合件、组件和部件引入。表示零件的方格画在横线上方；表示合件、组件和部件的方格画在横线下方。每一方格内，上方注明装配单元名称，左下方填写装配单元的编号，右下方填写装配单元的件数。

装配单元系统图比较清楚而全面地反映了装配单元的划分、装配顺序和装配工艺方法。它是装配工艺规程制定中的主要文件之一，也是划分装配工序的依据。

4. 划分装配工序

装配顺序确定后，还应将装配过程划分成若干装配工序，并确定工序内容、所用设备、工装和时间定额；制定各工序装配操作范围和规范（如过盈配合的压入方法、热胀法装配的加热温度、紧固螺栓的预紧扭矩、滚动轴承的预紧力等）；制定各工序装配质量要求及检测方法、检测项目等。

在划分工序时要注意以下几点：

（1）流水线装配时，工序的划分要注意流水线的节拍，应使每个工序花费的时间大致相等。

（2）组件的重要部分，在装配工序完成后必须加以检查，以保证质量。在重要而又复杂的装配工序中，用文字表达不甚明了的时候还需绘出局部的指导性图样。

5. 编写装配工艺卡和工序卡

成批生产时，通常制定部件及总装的装配工艺卡，在工艺卡上写明工序顺序、简要工序内容、所需设备、工装名称及编号、工人技术等级和时间定额即可，重要工序则应制定相应的装配工序卡。大批大量生产时，不仅要制定装配工艺卡，还需为每个工序制定装配工序卡，以详细说明工序的工艺内容，并画出局部指导性装配简图。

6. 制定装配检验与试验规范

产品总装完毕后，应根据产品的技术性能和验收技术标准进行验收。因此，需要制定检验与试验规范，主要内容包括：

（1）检测和试验的项目及质量标准。

（2）检测与试验的方法、条件和环境。

（3）检测与试验所需工装的选择和设计。

（4）质量问题的分析方法和处理措施。

【思考与训练】

1. 装配包括哪些内容？
2. 装配精度有哪几类？它们之间的关系如何保证？装配精度的工艺方法有哪些？
3. 试叙述五种装配方法的特点及应用场合。
4. 装配的组织形式有哪几种？各有何特点？各应用于什么场合？

第 7 章　机械加工精度

【学习指南】

1. 了解机械加工质量的概念；
2. 了解机械加工精度及影响因素；
3. 了解提高机械加工质量的基本方法。

【本章重点】

1. 机械加工精度及影响因素分析；
2. 提高机械加工质量的基本方法。

【本章难点】

机械加工精度及影响因素分析。

7.1　概　　述

7.1.1　加工质量

机械产品的质量与零件的加工质量和产品的装配质量有着非常密切的关系，它直接影响产品的工作性能和使用寿命。而零件加工质量的概念则包含加工精度和表面质量两方面的内容。具体关系如下：

加工质量
- 尺寸精度
- 形状精度（宏观几何形状精度）
- 位置精度
- 表面质量
  - 形貌质量
    - 表面粗糙度（微观几何形状精度）
    - 波度（中间几何形状精度）
  - 物理质量
    - 冷作硬化
    - 残余应力
    - 金相组织

本章主要介绍加工精度、表面质量及影响因素和控制方法等问题。

7.1.2 加工精度与加工误差

1. 加工精度与加工误差的概念

加工精度是指零件加工后的实际几何参数（尺寸、形状和相互位置）与理想几何参数的符合程度其符合程度越高，加工精度就越高；而加工误差则是零件加工后的实际几何参数与理想几何参数的偏离程度，偏离程度越大，加工误差就越大。

2. 加工精度与加工误差的关系

在评定零件几何参数准确程度这一问题上，加工精度与加工误差是从两个不同的方面来说明同一问题的。加工误差的大小由零件加工后实际测量所得的偏离值Δ来衡量，而加工精度的高低则以公差等级或公差值T来表示，并由加工误差的大小来控制。一般来说，只有当$\Delta < T$时，才能保证零件的加工精度。

在生产过程中，任何一种加工方法不可能、也没有必要把一批零件做得绝对准确和完全一致，它们与理想零件相比总有一些差异，只要把这种差异控制在零件所规定的范围之内就可以了。

7.1.3 获得加工精度的方法

1. 获得尺寸精度的方法

1）试切法

如图 7－1 所示，即依靠试切工件，测量和调整刀具，再试切，直至工件达到所要求的精度。

2）调整法

如图 7－2 所示，先按试切法调整好刀具相对于机床或夹具的位置，然后再成批加工工件。

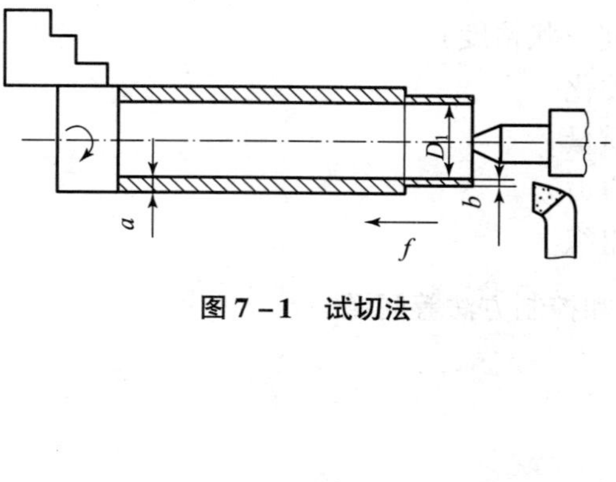

图 7－1　试切法

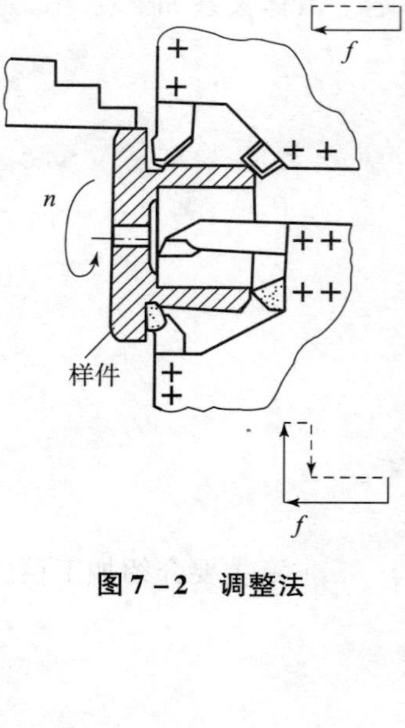

图 7－2　调整法

3）定尺寸法

用一定形状和尺寸的刀具（或组合刀具）来保证工件的加工形状和尺寸精度，如钻孔、铰孔、拉孔、攻丝和镗孔。定尺寸法加工精度比较稳定，对工人的技术水平要求不高，生产率高，在各种生产类型中应用广泛。

4）自动控制法

这种方法是由测量装置、进给装置和控制系统等组成自动控制加工系统，使加工过程的尺寸测量、刀具补偿调整和切削加工以及机床停车等一系列工作自动完成，并自动达到所要求的尺寸精度。如在数控机床上加工时，将数控加工程序输入到 CNC 装置中，由 CNC 装置发出的指令信号通过伺服驱动机构使机床工作，检测装置进行自动测量和比较，输出反馈信号使工作台补充位移，最终达到零件规定的形状和尺寸精度。

2. 获得形状精度的方法

工件在加工时，其形状精度的获得方法有下列三种。

1）轨迹法

这种方法是依靠刀具与工件的相对运动轨迹来获得工件形状的。如利用工件的回转和车刀按靠模做的曲线运动来车削成形表面等。

2）成形法

如图 7－3 所示，为了提高生产率，简化机床结构，常采用成形刀具来代替通用刀具。此时，机床的某些成形运动就被成形刀具的刃形所代替，如用成形车刀车曲面等。

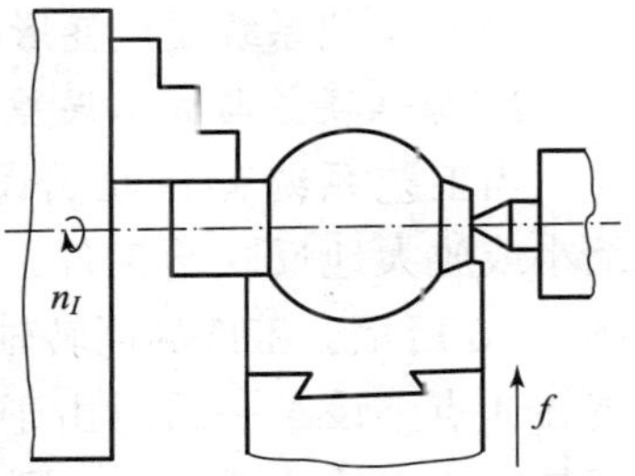

图 7－3　成形法加工

3）展成法

各种齿形的加工常采用此法。如滚齿时，滚刀与工件保持一定的速比关系，而工件的齿形则是由一系列刀齿的包络线所形成的。

3. 获得位置精度的方法

获得位置精度的方法有以下两种：

（1）根据工件加工过的表面进行找正的方法，如图 7－4 所示。

（2）用夹具安装工件，工件的位置精度由夹具来保证，如图 7－5 所示。

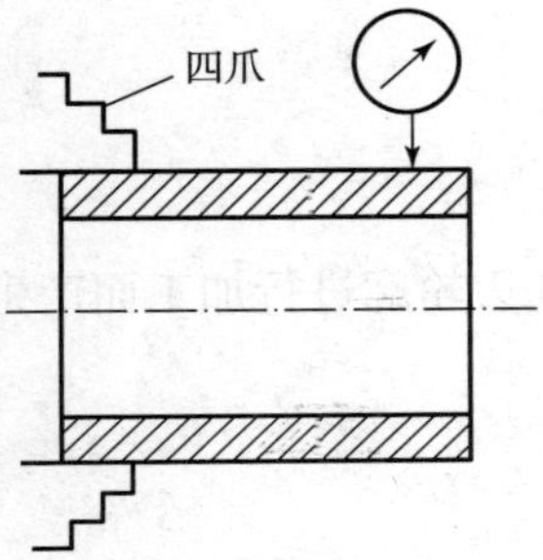

图 7－4　直接找正定位安装

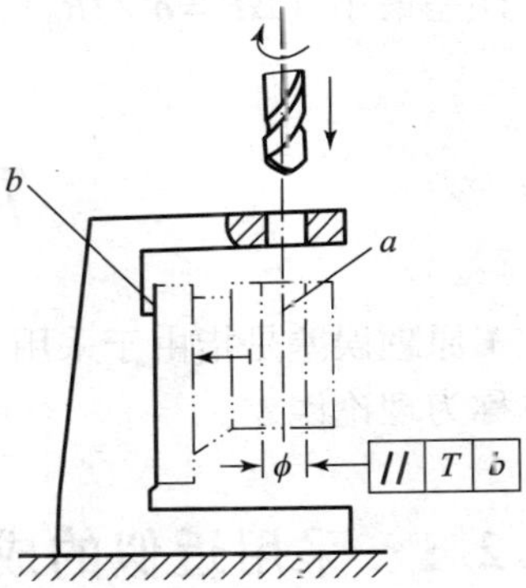

图 7－5　夹具定位安装

7.1.4 原始误差

1. 原始误差的概念

所谓原始误差是指能直接引起加工误差的所有的直接相关因素误差。由于零件的机械加工是在“机床—工件—刀具—夹具”所组成的工艺系统中完成的，所以我们把引起工艺系统各组成部分之间的正确几何关系发生改变的各种因素称为工艺系统误差。工艺系统误差必将在不同的工艺条件下，以不同的程度和方式反映为零件的加工误差，因为工艺系统误差是原因和根源，而零件的加工误差是结果和表现，即工艺系统误差是直接导致零件加工误差的“原始因素”，所以通常将工艺系统误差称为原始误差。

根据原始误差性质、状态的不同，可以将其归纳为四个方面：

（1）加工原理误差；

（2）工艺系统的几何误差：机床、夹具、刀具的制造误差，磨损及调整误差等；

（3）工艺系统受力变形引起的误差：切削力、夹紧力、重力、惯性力、传动力及内应力等引起的误差；

（4）工艺系统受热变形引起的误差：机床、夹具、刀具的热效应引起的误差。

2. 原始误差与加工误差的关系

当工艺系统存在原始误差时，该误差可能原样、缩小或放大地反映给工件，造成工件的加工误差。如图7－6所示，工件的回转轴心在 O 点，刀尖的正确位置在 A 点，设某一瞬时由于各种原始误差的影响，使刀具由 A 点位移到 A'点，则原始误差为 $AA'=\delta$，与 OA 的夹角为 φ。加工后，工件半径产生了加工误差 ΔR：

$$\Delta R = R - R_0 = OA' - OA = (R^2 + \delta^2 + 2R_0\delta\cos\varphi - R_0)^{1/2}$$

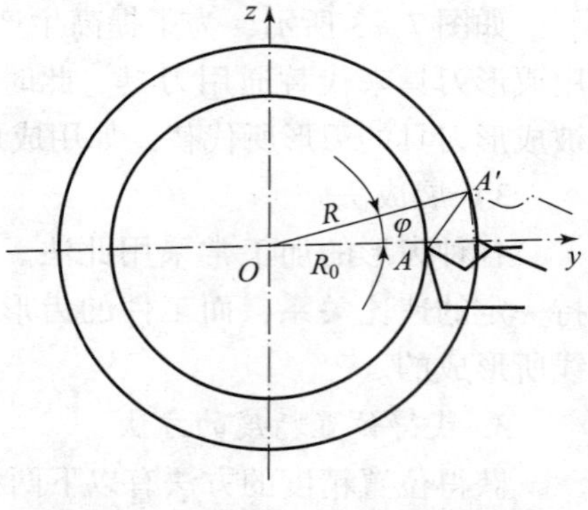

图7－6　原始误差与加工误差的关系

当 $\varphi=0$，即原始误差方向是在工件被加工表面的法线上时，所引起的加工误差最大（$\Delta R=\delta$），此方向称为误差敏感方向；当 $\varphi=90°$，即原始误差方向是在工件被加工表面的切线上时，所引起的加工误差最小（$\Delta R=\delta^2/2R_0$），此方向称为非误差敏感方向，一般可以忽略不计。

7.2 加工原理误差

加工原理误差是指由于采用了近似的成形运动或近似的切削刃轮廓进行加工而产生的误差，也称为理论误差。

7.2.1 采用近似的成形运动所造成的误差

1. 用展成法加工渐开线齿轮

在利用展成法原理加工渐开线齿轮时，理论上要求加工出来的齿形是一个光滑的渐开线表面，但因为滚刀或插刀一周内只能由有限个切削刃构成，所以被加工齿轮的齿形则是由刀具上有限条切削刃在一系列顺序位置上所切出的折线包络而成。这样，由折线代替理论上的渐开线，必将造成误差。

2. 用近似传动比加工模数螺纹

在车削或磨削模数螺纹时（螺距 $P=\pi m$），理论上要求主轴与丝杆之间的传动比满足关系式 $\mu=p/t=\pi m/t$（式中，t 为丝杆螺距，m 为模数）。由于 π 是无理数，采用任何挂轮组合都只能得到其近似值，所以加工后必将存在螺距误差和螺距累积误差。

7.2.2　采用近似的切削刃轮廓所造成的误差

1. 用模数铣刀加工渐开线齿轮

由于渐开线齿轮的齿形完全取决于基圆的半径（$r_b=mz\cos\alpha/2$），当模数 m 和压力角 α 一定时，其齿形随着齿数 z 的不同而改变，所以在采用盘形齿轮铣刀或指状齿轮铣刀加工齿轮时，理论上要求对同一模数、同一压力角而齿数不同的齿轮采用相应齿数的铣刀来加工。这样，就必须制造很多把铣刀，既不经济又难以管理。一般情况下是将同一模数和同一压力角的铣刀制成 8 把（或 15 把）一套，每一号铣刀只加工一定范围齿数的齿轮。

例如，3 号铣刀可用于加工齿数为 17 ~ 20 的齿轮，但其切削刃轮廓是按本组最小齿数 17 的齿形来设计的，那么，用它来加工本组其他齿数的齿轮时必定会产生齿形误差。

2. 用齿轮滚刀加工渐开线齿轮

理论上要求加工渐开线齿轮的齿轮滚刀应该采用渐开线蜗杆滚刀，但由于制造困难，故实际上是采用阿基米德蜗杆滚刀或法向直廓蜗杆滚刀来代替渐开线蜗杆滚刀。这样将不可避免地产生加工误差。

7.2.3　加工原理误差对加工精度的影响

由上述分析可知，加工原理误差是在加工以前就已经存在了的，并且不可避免地影响到工件的加工精度，但在实际生产中又必须采用，其原因有以下三个方面：

（1）理论上完全准确的加工原理不能实现，如 π 的挂轮；

（2）理论上完全准确的加工原理虽然可以实现，但却会导致机床和夹具结构复杂，制造困难；或使得理论切削刃轮廓的精度下降，误差过大；或使整个刀具的数量增加，成本太高。

（3）采用理论上完全准确的加工原理之后，可能会使中间环节太多，增加机构运动中的误差，不仅得不到高的加工精度，反而比采用近似加工方法所得到的加工精度还低。

综上所述，采用近似加工方法进行加工是保证质量、提高生产率的有效工艺措施，往往还可以使工艺过程更为经济，特别适用于形状复杂的表面加工，因此，不能认为有了原理误差就不算是一种完善的加工方法。

7.3 工艺系统的几何误差

工艺系统的几何误差主要是机床、刀具和夹具的制造误差、磨损误差以及调整误差，这一类原始误差在刀具与工件发生关系（切削）之前就已客观存在。从某种意义上讲，它们是一种先天性的几何关系的偏差，并在加工过程中反映到工件上去。

7.3.1 机床几何误差

我们知道，机床精度包括：静态精度，机床在非切削状态（无切削力作用）下的精度；动态精度，机床在切削状态和振动状态下的精度；热态精度，机床在温度场变化情况下的精度。

本节所讲的内容主要是指静态精度。它是由制造、安装和使用中的磨损造成的，其中对加工精度影响较大的是主轴回转运动误差、导轨直线运动误差和传动链传动误差。

1. 主轴回转运动误差

(1) 机床主轴是工件或刀具的安装基准和运动基准，其理想状态是主轴回转轴线的空间位置固定不变。但由于各种误差因素的影响，实际主轴回转轴线在每一瞬时的空间位置都是变化的。所谓主轴回转误差，就是主轴的实际回转轴线相对于平均回转轴线（实际回转轴线的对称中心线）的变动量。

主轴回转误差可分解为如图 7-7 所示的三种基本形式。

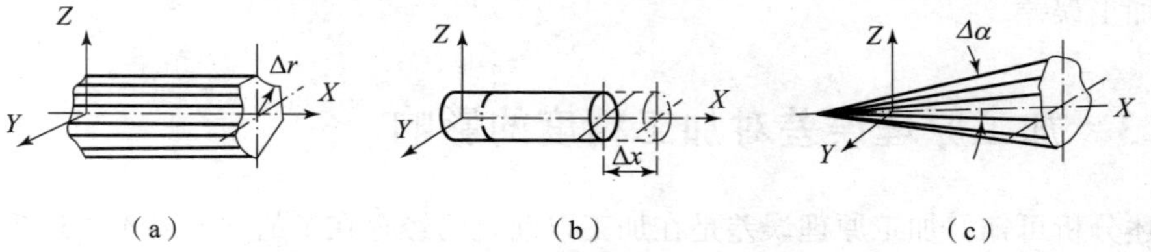

图 7-7 主轴回转运动误差

(a) 径向圆跳动；(b) 轴向窜动；(c) 角度摆动

①径向圆跳动：主轴瞬时回转轴线始终做平行于平均回转轴线的径向漂移运动，如图 7-7 (a) 所示。

②轴向窜动：主轴瞬时回转轴线沿平均回转轴线方向的漂移运动，如图 7-7 (b) 所示。

③角度摆动：主轴瞬时回转轴线与平均回转轴线成一倾斜角，其交点位置固定不变的漂移运动，如图 7-7 (c) 所示。

应该明确，在实际中的主轴回转误差是上述三种漂移运动的合成结果。

(2) 主轴回转误差产生的原因。

主轴回转误差主要有主轴的制造误差、轴承的误差与轴承配合件的误差及配合间隙、主轴系统的径向不等刚度和热变形等。

为了提高主轴的回转精度，可提高主轴部件的制造精度；采用高精度的滚动轴承或高精度的动压轴承和静压轴承，或对滚动轴承进行预紧，以消除间隙；提高箱体支承孔、主轴轴颈的加工精度；使主轴的回转误差不反映到工件上去，如在外圆磨床上，前后顶尖都是不转的，这就可避免头架主轴回转误差对加工精度的影响。

(3) 主轴回转误差对加工精度的影响。

对于不同类型的机床和不同的加工内容将产生不同性质的加工误差，其影响比较复杂，尤其对于主轴回转误差所表现出来的那种随机性和综合性，更是难以从理论上定量地加以描述。在表 7-1 中列出了主轴回转误差的三种基本形式对车削及镗削加工的影响。

表 7-1　主轴回转误差的三种基本形式对车削及镗削加工的影响

主轴回转误差的基本形式	车床上车削			镗床上镗削	
	内孔和外圆	端面	螺纹	内孔	端面
径向圆跳动	近似真圆	无影响	—	椭圆孔	无影响
轴向窜动	无影响	平面度垂直度	螺距误差	无影响	平面度垂直度
角度摆动	近似圆柱	影响很小	—	椭圆柱孔	平面度

(4) 提高主轴回转精度的方法。

①提高主轴、箱体的制造精度。主轴回转精度只有 20% 决定于轴承精度，而 80% 取决于主轴与箱体的精度和装配质量。

②高速主轴部件要进行动平衡，以消除激振力。

③滚动轴承采用预紧。轴向施加适当的预加载荷（为径向载荷的 20% ~30%），消除轴承间隙，使滚动体产生微量弹性变形，可提高刚度、回转精度和使用寿命。

④采用多油楔动压轴承（限于高速主轴）。

⑤采用静压轴承。静压轴承由于是纯液体摩擦，摩擦系数为 0.000 5。因此，摩擦阻力较小，可以抵消主轴颈与轴瓦的制造误差，具有很高的回转精度。

⑥采用固定顶尖结构。如果磨床前顶尖固定，不随主轴回转，则工件圆度只和一对顶尖及工件顶尖孔的精度有关，而与主轴回转精度关系很小。主轴回转只起传递动力带动工件转动的作用。

2. 导轨导向误差

导轨在机床中起导向和承载作用，它既是确定机床主要部件相对位置的基准，也是运动的基准。导轨的各项误差直接影响工件的加工质量。

(1) 水平面内导轨直线度的影响：由于车床的误差敏感方向在水平面上（Y 轴方向），所以这项误差对加工精度影响极大。导轨误差为 ΔY，引起尺寸误差 $\Delta d = 2\Delta Y$。当导轨形状有误差时，将造成圆柱度误差，以操作者为标准，当导轨中部向前凸出时，工件会产生鼓形（中凸形）；当导轨中部向后凸出时，工件会产生鞍形（中凹形）。

(2) 垂直面内导轨直线度的影响：对车床来说，垂直面内（Z 轴方向）不是误差的敏感方向，但也会产生直径方向误差。

3. 传动链传动误差

在切削过程中，工件表面的成形运动是通过一系列的传动机构来实现的。传动机构的传动元件有齿轮、丝杆、螺母、蜗轮及蜗杆等。这些传动元件在加工、装配和使用过程中会因磨损而产生误差，这些误差就构成了传动链的传动误差。传动机构越多，传动路线越长，传动误差就越大。若要减小这一误差，除了提高传动机构的制造精度和安装精度外，还可采用缩短传动路线或附加校正装置的方法。

7.3.2 刀具误差

机械加工中常用的刀具有普通刀具、定尺寸刀具和成形刀具。

(1) 普通刀具（如普通车刀、单刃镗刀和平面铣刀等）的制造误差对加工精度没有直接影响。

(2) 定尺寸刀具（如钻头、铰刀、拉刀等）的尺寸误差直接影响工件的尺寸精度。若刀具的安装和使用不当，产生跳动，也将影响加工精度。

(3) 成形刀具（如成形车刀、成形铣刀及齿轮刀具等）的制造和磨损误差主要影响工件的形状精度。

7.3.3 夹具的误差

夹具的误差主要包括以下几种：

(1) 定位元件、刀具引导元件、分度机构和夹具体等的制造误差。

(2) 夹具装配后，以上各种元件工作面间的位置误差。

(3) 夹具在使用过程中工作表面的磨损。

(4) 夹具在使用过程中工件定位基面与定位元件工作表面间的位置误差。

夹具误差将直接影响加工表面的位置精度或尺寸精度。例如，各定位支承板或支承钉的等高性误差将直接影响加工表面的位置精度；钻模上各钻套间的尺寸误差与平行度（或垂直度）误差将直接影响所加工孔系的尺寸精度和位置精度；镗模导向套的形状误差将直接影响所加工孔的形状精度等。

夹具误差引起的加工误差在设计夹具时可以进行分析计算，对已制成的夹具可以进行检测后再计算出其可能造成的误差大小。一般来说，夹具误差对加工表面的位置误差影响最大。

7.3.4 测量误差

工件在加工过程中，要用各种量具、量仪等进行检验测量，再根据测量结果对工件进行试切和调整机床。由于量具本身的制造误差，测量时的接触力、温度、目测正确程度等都直接影响加工精度。因此，要正确地选择和使用量具，以保证测量精度。

7.3.5　调整误差

在机械加工的每一工序中，应对机床、夹具和刀具进行调整。调整误差的来源视不同的加工方式而异。

1. 试切法加工

单件小批生产中，通常采用试切法加工。方法是：对工件进行试切—测量—调整—再试切，直到达到要求的精度为止。引起调整误差的因素如下：

(1) 测量误差。

(2) 进给机构的位移误差。在试切中，总是要微量调整刀具的进给量。在低速微量进给中，常会出现进给机构的“爬行”现象，导致刀具的实际进给量与刻度盘上的数值不符，造成加工误差。

(3) 试切与正式切削时，会因切削层厚度不同而产生误差。精加工时，试切的最后一刀往往很薄，切削刃只起挤压作用而不起切削作用。但正式切削时的深度较大，切削刃不打滑，就会多切下一点。因此，工件尺寸将与试切时不同，产生尺寸误差。

2. 调整法加工

影响调整法加工精度的因素有测量精度、调整精度和重复定位精度等。用定程机构调整时，调整精度取决于行程挡块、靠模及凸轮等机构的制造精度和刚度及与其配合使用的离合器、控制阀等的灵敏度。用样件或样板调整时，调整精度取决于样件或样板的制造、安装和对刀精度。

7.4　切削过程的动态误差

7.4.1　工艺系统受力变形引起的加工误差

工艺系统在切削力、传动力、惯性力、夹紧力以及重力的作用下，产生相应的变形和振动，将会破坏刀具与工件之间成形运动的位置关系和速度关系，影响切削运动的稳定性，从而产生各种加工误差和表面粗糙度。

1. 切削过程中受力点位置变化引起的加工误差

在切削过程中，工艺系统的刚度随切削力着力点位置的变化而变化，引起系统变形的差异，使零件产生加工误差。

(1) 在两顶尖车削粗而短的光轴时，由于工件刚度较大，在切削力作用下的变形相对机床、夹具和刀具的变形要小得多，故可忽略不计。此时，工艺系统的总变形完全取决于机床头、尾架（包括顶尖）和刀架（包括刀具）的变形。在此种情况下，工件产生的误差一般为双曲线圆柱度误差。

(2) 在两顶尖间车削细长轴时，由于工件细长，刚度小，在切削力作用下其变形将大大超过机床、夹具和刀具的受力变形。因此，机床、夹具结合刀具承受力变形可忽略不计，工艺系统的变形完全取决于工件的变形。在此种情况下，工件产生腰鼓形圆柱度误差，如图 7－8 所示。

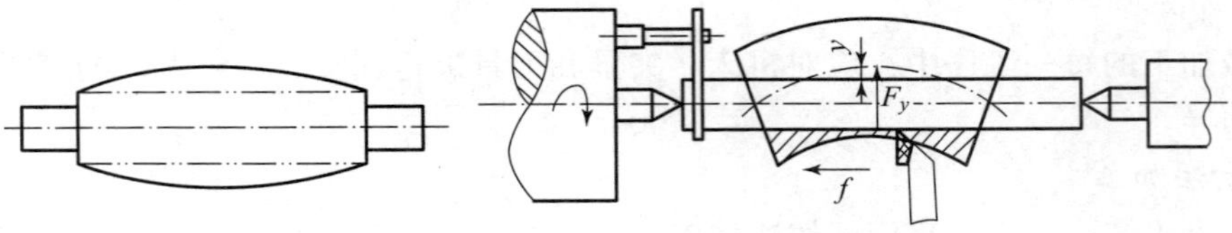

图 7－8　细长轴切削时的受力变形情况

(a) 加工后工件的形状（y 轴方向尺寸已夸大）；(b) 加工示意图

2. *切削力大小变化引起的加工误差——复映误差*

工件的毛坯外形虽然具有粗略的零件形状，但它在尺寸、形状以及表面层材料硬度上都有较大的误差。毛坯的这些误差在加工时会使切削深度不断发生变化，从而导致切削力变化，引起工艺系统产生相应的变形，使得零件在加工后还保留与毛坯表面类似的形状或尺寸误差。当然，工件表面残留的误差比毛坯表面误差要小得多。这种现象称为“误差复映规律”，所引起的加工误差称为“复映误差”。

除切削力外，传动力、惯性重力和夹紧力等其他作用力也会使工艺系统的变形发生变化，从而引起加工误差，影响加工质量。

3. *减小工艺系统受力变形的措施*

减小工艺系统受力变形，不仅可以提高零件的加工精度，而且有利于提高生产率。因此，生产中必须采取有力措施，减小工艺系统受力变形。

1）提高工艺系统各部分的刚度

(1) 提高工件加工时的刚度：有些工件因其自身刚度很差，加工中将产生变形而引起加工误差，因此必须设法提高工件自身刚度。

(2) 提高工件安装时的夹紧刚度：对薄壁件，夹紧时应选择适当的夹紧方法和夹紧部位，否则会产生很大的形状误差。

(3) 提高机床部件的刚度：机床部件的刚度在工艺系统中占有很大的比重，故在机械加工时常用一些辅助装置提高其刚度。

2）提高接触刚度

由于部件的接触刚度远远低于实体零件本身的刚度，因此，提高接触刚度是提高工艺系统刚度的关键，常用的方法有：改善工艺系统主要零件接触面的配合质量，如机床导轨副、锥体与锥孔、顶尖与顶尖孔等配合面采用刮研与研磨，以提高配合表面的形状精度、降低表面粗糙度，并预加载荷，由于配合表面的接触刚度随所受载荷的增大而不断增大，所以对机床部件的各配合表面施加预紧载荷，其不仅可以消除配合间隙，而且可以使接触表面之间产生预变形，从而大大提高接触刚度。例如，为了提高主轴部件的刚度，常常对机床主轴轴承进行预紧等。

7.4.2　工艺系统受热变形引起的加工误差

在机械加工中，工艺系统在各种热源的作用下会产生一定的热变形。由于工艺系统热源分布的不均匀性及各环节结构、材料的不同，会使工艺系统各部分的变形产生差异，从而破坏刀具与工件的准确位置及运动关系，产生加工误差。尤其对于精密加工，热变形引起的加工误差占总加工误差的一半以上。因此，在近代精密自动化加工中，控制热变形对精加工的影响已成为一项重要的任务和研究课题。

1. 工艺系统的热源

在加工过程中，工艺系统的热源主要有两大类：内部热源和外部热源。

1）内部热源

内部热源主要来自切削过程，它包括以下几种：

(1) 切削热。在切削过程中，切削金属层的弹性、塑性变形及刀具、工件、切屑间摩擦消耗的能量绝大多数转化为切削热，这些热能量将以不同的比例传给工件、刀具、切屑及周围的介质。

(2) 摩擦热。机床中的各种运动副，如导轨副、齿轮副、丝杠螺母副、蜗轮蜗杆副和摩擦离合器等，在相对运动时因摩擦而产生热量；机床的各种动力源如液压系统、电动机等，工作时也会产生能量损耗而发热。这些热量是机床热变形的主要热源。

(3) 派生热源。切削中的部分切削热由切屑、切削液传给机床床身，摩擦热由润滑油传给机床各处，从而使机床产生热变形。这部分热源称为派生热源。

2）外部热源

外部热源主要来自于外部环境。

(1) 环境温度。一般来说，工作地周围环境随气温而变化，而且不同位置处的温度也各不相同，这种环境温度的差异有时也会影响加工精度。如加工大型精密件往往需要较长时间（有时甚至需要几个昼夜）；由于昼夜温差使工艺系统热变形不均匀，从而产生加工误差。

(2) 热辐射来自阳光、照明灯、暖气设备及人体等。

2. 机床热变形引起的加工误差

由于机床的结构和工作条件差别很大，因此引起热变形的主要热源也大不相同，大致分为以下三种：

(1) 主要热源来自机床的主传动系统，如普通机床、六角机床、铣床、卧式镗床和坐标镗床等。

(2) 主要热源来自机床导轨的摩擦，如龙门刨床、立式车床等。

(3) 主要热源来自液压系统，如各种液压机床等。

热源的热量，一部分传给周围介质，一部分传给热源近处的机床零部件和刀具，以致产生热变形，影响加工精度。由于机床各部分的体积较大，热容量也大，因而机床热变形进行得缓慢（车床主轴箱一般不高于60%）。实践表明，车床部件中受热最多、变形最大的是主轴箱，其他部分如刀架、尾座等温升不高，热变形较小。

3. 刀具热变形及对加工精度的影响

在切削过程中，一部分切削热传给刀具，尽管这部分热量很少（高速车削时只占1.2%），但由于刀体较小、热容量较小，因此，刀具的温度仍然很高，如高速钢车刀的工作表面温度可达700℃～800℃。刀具受热伸长量一般情况下可达到0.03～0.05mm，从而产生加工误差，影响加工精度。

1）刀具连续工作时的热变形引起的加工误差

当刀具连续工作时，如车削长轴或在立式车床车大端面，传给刀具的切削热随时间不断增加，刀具产生热变形而逐渐伸长，工件将产生圆度误差或平面度误差。

2）刀具间歇工作

当采用调整法加工一批短轴零件时，由于每个工件切削时间较短，刀具的受热与冷却间歇进行，故刀具的热伸长比较缓慢。

总的来说，刀具能够迅速达到热平衡，刀具的磨损又能与刀具的受热伸长部分进行补偿，故刀具热变形对加工质量影响并不显著。

4. 工件热变形引起的加工误差

1）工件均匀受热

当加工比较简单的轴、套、盘类零件的内外圆表面时，切削热比较均匀地传给工件，工件产生均匀热变形。

加工盘类零件或较短的轴套类零件，由于加工行程较短，可以近似认为沿工件轴向方向的温升相等。因此，加工出的工件只产生径向尺寸误差而不产生形位误差。若工件精度要求不高，则可忽略热变形的影响。对于较长工件（如长轴）的加工，开始走刀时，工件温度较低，变形较小。随着切削的进行，工件温度逐渐升高，直径逐渐增大，因此工件表面被切去的金属层厚度越来越大，冷却后不仅会产生径向尺寸误差，而且还会产生圆柱度误差。若该长轴（尤其是细长轴）工件用两顶尖装夹，且后顶尖固定锁紧，则加工中工件的轴向热伸长使工件产生弯曲并可能引起切削不稳。因此，加工长轴时，工人经常车一刀后转一下后顶尖，再车下一刀，或将后顶尖改用弹簧顶尖，目的是消除工件热应力和弯曲变形。对于轴向精度要求较高的工件（如精密丝杠），其热变形引起的轴向伸长将产生螺距误差。因此，加工精密丝杠时必须采用有效冷却措施，以减少工件的热伸长。

2）工件不均匀受热

当工件进行铣、刨、磨等平面的加工时，工件单侧受热，上下表面温升不等，从而导致工件向上凸起，且中间切去的材料较多，冷却后被加工表面呈凹形。这种现象对于加工薄片类零件尤为突出。

为了减小工件不均匀变形对加工精度的影响，应采取有效的冷却措施，以减小切削表面温升。

5. 热变形的控制

1）减少发热、隔离热源

（1）减少切削热：合理选择切削用量和刀具几何角度；粗、精加工分开进行。

（2）减少摩擦热：可从结构和润滑两方面采取措施改善摩擦特性。例如，对于机床中不能分离的热源部件采用静压轴承、静压导轨及改用低黏度润滑油、锂基润滑脂等。

（3）分离热源：尽可能将机床中能够分离的热源部件，如电动机、变速箱、液压系统冷却系统等从主机中分离出去。

（4）隔离热源：用隔热材料将发热部件与机床大件（如床身、立柱等）隔离开来。

2）冷却、通风、散热

（1）采用喷雾或大流量冷却：这是减少工件和刀具变形的有力措施。

（2）强制冷却：如螺纹磨床母丝杆采用空心结构通入恒温油冷却；大型数控机床和加

工中心普遍采用冷冻机对润滑油和切削液强制冷却，以提高冷却效果。

(3) 加强通风散热：在热源处加风扇、散热片和通风窗口等。

3) 加速热平衡

热平衡后，变形趋于稳定，对加工精度影响小，精密零件应待热平衡后再进行加工，且应连续加工完毕。但大型机床热平衡时间很长，故可采用以下两种方法加速其热平衡：一是在加工前高速空转，使机床在较短时间达到热平衡；二是在机床适当部位设“控制热源”，人为地给机床加热，以使其较快地达到热平衡状态。

4) 控制环境温度

(1) 根据一昼夜气温的变化规律，可将精度要求较高的零件放在夜间进行加工与测量。

(2) 精密机床应安放在恒温车间中使用。

7.4.3 工件残余应力引起的误差

1. 基本概念

残余应力也称内应力，是指当外部载荷去掉以后仍存留在工件内部的应力。残余应力是由于金属内部组织发生了不均匀的体积变化而产生的，其外界因素来自热加工和冷加工。

具有内应力的工件一般处在一种不稳定状态之中，它内部的组织有强烈的恢复到没有内应力稳定状态的倾向（即使在常温下工件的内部组织也在不断发生变化，直到内应力完全消失为止）。在这一过程中，工件的形状将逐渐改变（如翘曲变形），从而丧失其原有精度。如果把存在内应力的工件装配到机器中，则会因其在使用中的变形而破坏整台机器的精度。

2. 残余应力产生的原因

1) 毛坯制造中产生的残余应力

在铸、锻、焊及热处理等加工过程中，由于工件各部分热胀冷缩不均匀以及金相组织转变时的体积变化，使毛坯内部产生了相当大的残余应力。毛坯的结构越复杂，各部分壁厚越不均匀，散热条件差别越大，毛坯内部产生的残余应力也越大。具有残余应力的毛坯在短时间内看不出有什么变化，即残余应力暂时处于相对平衡的状态，但当切去一层金属后，就会打破这种平衡，残余应力将重新分布，工件就会明显地出现变形。

2) 冷校直产生的残余应力

一些刚度较差、容易变形的工件（如丝杠等），通常采用冷校直的办法修正其变形。当去掉外力后，工件的弹性恢复受到塑性变形区的阻碍，致使残余应力重新分布，经冷校直后内部产生残余应力，处于不稳定状态。若再进行切削加工，则工件将重新发生弯曲。

3) 切削加工中产生的残余应力

工件切削加工时，在各种力和热的作用下，其各部分将产生不同程度的塑性变形及金相组织变化，从而产生残余应力，引起工件变形。

实践证明，在加工过程中切去表面一层金属后，将引起残余应力的重新分布，变形最为剧烈。因此，粗加工后，应将被夹紧的工件松开使之有时间使残余应力重新分布。否则，在继续加工时工件处于弹性应力状态下，而在加工完成后必然要逐渐产生变形，破坏最终工序所得到精度。因而在机械加工中常采用粗、精加工分开的方式消除残余应力对加工精度的影响。

3. 减少或消除残余应力的措施

1）采取时效处理

（1）自然时效处理主要是在毛坯制造之后或粗、精加工之间，让工件停留一段时间，利用温度的自然变化，经过多次热胀冷缩，使工件的晶体内部或晶界之间产生微观滑移，从而达到减少或消除残余应力的目的。这个过程对大型精密件（如床身、箱体等）需要很长时间，往往会影响产品的制造周期，所以除特别精密件外，一般较少采用。

（2）人工时效处理，这是目前使用最广的一种方法。它是将工件放在炉内加热到一定温度，使工件金属原子获得大量热能来加速它的运动，并保温一段时间使原子组织重新排列，再随炉冷却，以达到消除残余应力的目的。这种方法对于大型件则需要一套很大的设备，其投资和能源消耗都较大。

（3）振动时效处理，这是消除残余应力、减少变形以及保持工件尺寸稳定的一种新方法，可用于铸造件、锻件、焊接件以及有色金属件等。它是以激振的形式将机械能加到含有大量残余应力的工件内，引起工件金属内部晶格错位蠕变，使金属的结构状态稳定，以减少和消除工件的内应力。

2）合理安排工艺路线

对于精密零件，粗、精加工应分开；对于大型零件，由于粗、精加工一般安排在一个工序内进行，故粗加工后先将工件松开，使其自由变形，再以较小的夹紧力夹紧工件进行精加工；对于焊接件焊接前，工件必须经过预热以减小温差，并减小残余应力。

3）合理设计零件结构

设计零件结构时，应注意简化零件结构，提高其刚度，减小壁厚差，如果是焊接结构时，则应使焊缝均匀，以减小残余应力。

7.4.4 提高加工精度的工艺措施

保证和提高加工精度的方法大致可概括为以下几种：减少误差法、误差补偿法、误差分组法、误差转移法、就地加工法以及误差平均法等。

1. 减少误差法

这种方法是生产中应用较广的一种方法，它是在查明产生加工误差的主要因素以后，设法消除或减少误差。

例如，细长轴的车削，现在采用了“大走刀反向车削法”，基本消除了轴向切削力引起的弯曲变形。若辅之以弹簧顶尖，则可进一步消除热变形引起的热伸长的危害。

再如在薄片磨削中，由于采用了弹性加压和树脂胶合以加强工件刚度的办法，故使工件在自由状态下得到固定，解决了薄片零件加工平面度不易保证的难题。

2. 误差补偿法（误差抵消法）

误差补偿法是人为地造出一种新的误差，去抵消原来工艺系统中固有的原始误差。当原始误差是负值时，人为的误差就取正值，反之则取负值，并尽量使两者大小相等、方向相反。或者利用一种原始误差去抵消另一种原始误差，也是尽量使两者大小相等、方向相反，从而达到减少加工误差、提高加工精度的目的。

如用预加载荷法精加工磨床床身导轨，借以补偿装配后受部件自重而产生的变形。磨床床身是一个狭长结构，刚性比较差。虽然在加工时床身导轨的各项精度都能达到，但装上横向进给机构、操纵箱以后，往往会发现导轨精度超差。这是因为这些部件的自重引起床身变形的缘故。为此，某些磨床厂在加工床身导轨时常采取用“配重”代替部件重量或者先将该部件装好再磨削的办法，使加工、装配和使用条件一致，以保持导轨高的精度。

3. 误差分组法

在加工中，由于上道工序“毛坯”存在误差，故造成了本工序的加工误差。工件材料性能改变或者上道工序的工艺改变（如毛坯精化后，把原来的切削加工工序取消），将引起毛坯误差发生较大的变化，这种毛坯误差的变化对本工序的影响主要有以下两种情况：

（1）复映误差，引起本工序误差；

（2）定位误差扩大，引起本工序误差。

为解决这个问题，通常采用分组调整均分误差的办法。这种办法的实质就是把毛坯按误差的大小分成 n 组，每组毛坯误差范围就缩为原来的 $1/n$，然后按各组分别调整加工。

4. 误差转移法

误差转移法实质上是指转移工艺系统的几何误差、受力变形和热变形等。误差转移的实例很多，如当机床精度达不到零件加工要求时，常常不是一味地提高机床精度，而是在工艺上或夹具上想办法、创造条件，使机床的几何误差转移到不影响加工精度的方面。如磨削主轴锥孔，保证其和轴颈的同轴度，其不是靠机床主轴的回转精度来保证，而是靠夹具保证的。当机床主轴与工件主轴之间用浮动连接时，机床主轴的原始误差就被转移掉了。在箱体的孔系加工中，介绍过用坐标法在普通镗床上保证孔系加工精度的方法，其要点就是采用了精密量棒、内径千分尺和百分表等进行精密定位。这样，镗床上因丝杠、刻度盘和刻线尺而产生的误差就不会反映到工件的定位精度上去了。

5. 就地加工法

在加工和装配中有些精度问题，牵扯到零、部件间的相互关系，相当复杂，如果一味地提高零、部件本身精度，有时不仅困难，甚至不可能，若采用就地加工法，则就可能很方便地解决看起来非常困难的精度问题。例如，在六角车床制造中，转塔上六个安装刀架的大孔，其轴心线必须保证和主轴旋转中心线重合，而六个面又必须和主轴中心线垂直。如果把转塔作为单独零件，加工出这些表面后再装配，因包含了很复杂的尺寸链关系，要想达到上述两项要求是很困难的。因而实际生产中采用了就地加工法，即这些表面在装配前不进行精加工，等它装配到机床上以后，再加工六个大孔及端面。

6. 误差平均法

对配合精度要求很高的轴和孔，常采用研磨的方法来实现。其研具本身并不要求具有高精度，但它却能在和工件相对运动的过程中对工件进行微量切削，最终达到很高的精度。这种工件和研具表面间的相对摩擦和磨损的过程也是误差不断减少的过程，此即称为误差平均法。

7.5 机械加工表面质量

7.5.1 表面质量的基本概念

机器零件的加工质量，除了加工精度外，还包括零件在加工后的表面质量。表面质量的好坏对零件的使用性能和寿命影响很大。机械加工表面质量包括以下两个方面的内容。

1. 表面层的几何形状特性

1）表面粗糙度

它是指加工表面的微观几何形状误差，在图7-9（a）中 *Ra* 表示轮廓算术平均偏差。表面粗糙度通常是由机械加工中切削刀具的运动轨迹所形成的。

2）表面波度

它是介于宏观几何形状误差与微观几何形状误差之间的周期性几何形状误差。在图7-9（b）中，*A* 表示波度的高度。表面波度通常是由加工过程中工艺系统的低频振动所造成的。

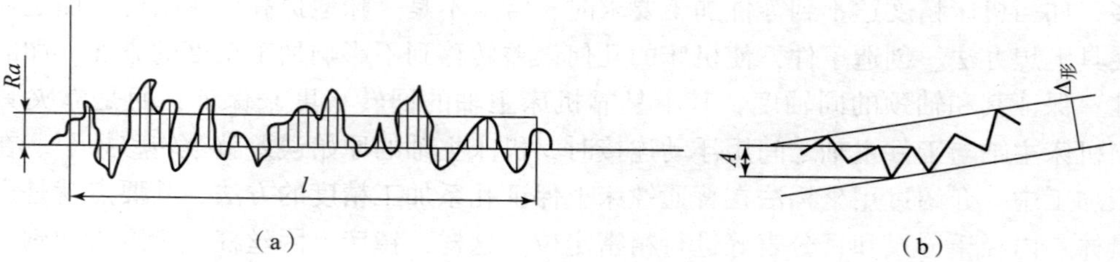

图7-9 表面组糙度与波度

（a）表面粗糙度；（b）表面波度

2. 表面层物理机械性能

表面层物理机械性能主要是指以下三个方面：

（1）表面冷作硬化；

（2）表面层金相组织的变化；

（3）表面层残余应力。

7.5.2 表面质量对零件使用性能的影响

1. 表面质量对零件耐磨性的影响

零件的使用寿命常常是由耐磨性决定的，而零件的耐磨性不仅和材料及热处理有关，而且还与零件接触表面的表面粗糙度有关。两接触表面产生相对运动时，最初只在部分凸峰处接触，因此，实际接触面积比理论接触面积小得多，从而使得单位面积上的压力很大。当其超过材料的屈服点时，就会使凸峰部分产生塑性变形甚至被折断或因接触面的滑移而迅速磨损，这就是零件表面的初期磨损阶段（如图 7－10 中第Ⅰ阶段）。以后随接触面积的增大，单位面积上的压力减小，磨损减慢，进入正常磨损阶段（如图 7－10 中第Ⅱ阶段），此阶段零件的耐磨性最好，持续的时间也较长。最后，由于凸峰被磨平，表面粗糙度值变得非常小，不利于润滑油的储存，且使接触表面之间的分子亲和力增大，甚至发生分子粘合，使摩擦阻力增大，从而进入急剧磨损阶段（如图 7－10 中第Ⅲ阶段）。零件表面冷作硬化或经淬硬，可提高零件的耐磨性。

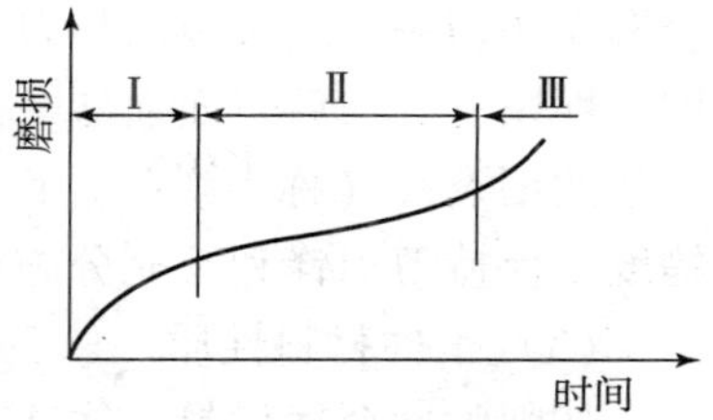

图 7－10 零件的磨损过程

2. 表面质量对零件疲劳强度的影响

零件由于疲劳而破坏都是从表面开始的，因此，表面层的表面粗糙度对零件的疲劳强度影响很大。在交变载荷作用下，由于表面上微观不平的凹谷处，容易形成应力集中，产生和加剧疲劳裂纹以致疲劳损坏。实验证明，表面粗糙度值从 0.02 变到 0.2，其疲劳强度下降约为 25%。

零件表面的冷硬层有助于提高疲劳强度，因为强化过的表面冷硬层具有阻碍裂纹继续扩大和新裂纹产生的能力。此外，当表面层具有残余压应力时，能使疲劳强度提高；当表面层具有残余拉应力时，则使疲劳强度进一步降低。

3. 表面质量对零件耐腐蚀性的影响

零件的耐腐蚀性在很大程度上取决于表面粗糙度。表面粗糙度值越大，越容易积聚腐蚀性物质，凹谷越深，渗透与腐蚀作用越强烈。故减小表面粗糙度值，可提高零件的耐腐蚀性。此外，残余压应力可使零件表面紧密，令腐蚀性物质不易进入，可增强零件的耐腐蚀性。

4. 表面质量对配合性质的影响

在间隙配合中，如果配合表面粗糙，则在初期磨损阶段配合表面将迅速磨损，使配合间隙增大，改变了配合性质。在过盈配合中，如果配合表面粗糙，则装配后表面的凸峰将被挤压，而使有效过盈量减少，降低了配合强度。

7.5.3 影响表面粗糙度的因素

1. 切削加工中影响表面粗糙度的因素

1）几何因素

切削加工时，由于刀具切削刃的形状和进给量的影响，不可能把余量完全切除，而会在工件表面上留下一定的残留面积，残留面积高度越大，表面越粗糙。残留面积高度 R_{max} 与进给量 f、刀具主偏角 κ_r 等有关。

2）物理因素

切削加工时，影响表面粗糙度的物理因素主要有以下几种：

（1）积屑瘤。

用中等或较低的切削速度（一般 $v_c < 40m/min$）切削塑性材料时，易于产生积屑瘤。合理选择切削量及采用润滑性能优良的切削液，都能抑制积屑瘤产生，降低表面粗糙度。

（2）刀具表面对工件表面的挤压与摩擦。

在切削过程中，刀具切削刃总有一定的钝圆半径。因此，在整个切削厚度内会有一层薄金属无法切去，这层金属与刀刃接触的瞬间，先受到剧烈的挤压而变形，当通过刀刃后又立即弹性恢复，与后刀面强烈摩擦，再次受到一次拉伸变形，这样往往在已加工表面上形成鳞片状的细裂纹（称为鳞刺）而使表面粗糙度值增大。因此，降低刀具前、后刀面的表面粗糙度、保持刀刃锋利及充分施加润滑液，可减小摩擦，有利于降低工件表面粗糙度。

（3）工件材料性质。

切削脆性金属材料，往往会出现微粒崩碎现象，并在加工表面上留下麻点，使表面粗糙度值增大，因此，降低切削用量并使用切削液有利于降低表面粗糙度。切削塑性材料时，往往会因挤压变形而产生金属的撕裂和积屑瘤现象，增大表面粗糙度。此外，被加工材料的金相组织对加工表面粗糙度也有较大的影响。

2. 磨削加工中影响表面粗糙度的因素

磨削加工是由砂轮的微刃切削形成的加工表面，单位面积上刻痕越多，且刻痕越细密均匀，则表面粗糙度越细。磨削加工中影响表面粗糙度的因素有以下几种：

1）磨削用量

砂轮速度 v_s 对表面粗糙度的影响较大，v_s 大时，参与切削的磨粒数增多，可以增加工件单位面积上的刻痕数，同时高速磨削时工件表面塑性变形不充分，因而提高 v_s 有利于降低表面粗糙度。

磨削深度与进给速度增大时，将使工件表面塑性变形加剧，并使表面粗糙度值增大。为了提高磨削效率，通常在开始磨削时采用较大的磨削深度，然后采用小的磨削深度或光磨，以减小表面粗糙度值。

2）砂轮

砂轮的粒度细，单位面积上的磨粒数多，会使加工表面刻痕细密，则表面粗糙度值越小。但粒度过细，容易堵塞砂轮而使工件表面塑性变形增加，影响表面粗糙度。

砂轮硬度应适宜，以使磨粒在磨钝后及时脱落，露出新的磨粒来继续切削，即具有良好的“自砺性”，工件就能获得较小的表面粗糙度。

砂轮应及时修整，以去除已钝化的磨粒，保证砂轮具有等高微刃，砂轮上的切削微刃越多，其等高性越好，磨出的表面越细。

3）工件材料

工件材料的硬度、塑性、韧性和导热性能等对表面粗糙度有显著影响，工件材料太硬时，磨粒易钝化；太软时易堵塞；韧性大和导热性差的材料，会使磨粒很快崩落而破坏砂轮砂粒微刃的等高性。即上述因素均会使零件加工表面粗糙度值增大。

4）冷却润滑液

磨削冷却润滑液对减小磨削力、温度及砂轮磨损等都有良好的效果。正确选用冷却液有利于减小表面粗糙度值。

7.5.4 影响表面物理机械性能的因素

1. 加工表面的冷作硬化

表面冷作硬化是由于机械加工时，工件表面层金属受到切削力的作用，产生强烈的塑性变形，使金属的晶格被拉长、扭曲，甚至破坏而引起的。其结果是引起材料的强化，表面硬度提高，塑性降低，物理机械性能发生变化；另一方面，机械加工中产生的切削热在一定条件下会使金属在塑性变形中产生回复现象（已强化的金属回复到正常状态），使金属失去冷作硬化中所得到的物理机械性能。因此，机械加工表面层的冷硬是强化作用与回复作用综合的结果。

影响表面冷作硬化的因素如下。

1）切削用量

（1）切削速度 v_c：随着切削速度的增大，被加工金属塑性变形减小，同时由于切削温度上升使回复作用加强，因此冷硬程度下降。当切削速度高于 100m/min 时，由于切削热的作用时间减少、回复作用降低，故冷硬程度反而有所增加。

（2）进给量 f：进给量增大会使切削厚度增大、切削力增大、工件表面层金属的塑性变化增大、冷硬程度增加。

2）刀具

（1）刀具刃口圆弧半径 r_β：刀具刃口圆弧半径增大，表面层金属的塑性变形加剧，导致冷硬程度增大。

（2）刀具后刀面磨损宽度 VB：一般随后刀面磨损宽度 VB 的增大，刀具后刀面与工作表面摩擦加剧，塑性变形增大，导致表面层冷硬程度增大。但当磨损宽度超过一定值时，摩擦热急剧增大，从而使得硬化的表面得以回复，所以显微硬度并不继续随 VB 的增大而增大。

（3）前角 γ_0：前角增大，可减小加工表面的变形，使冷硬程度减小。实验表明，当前角在 ±15°范围内变化时，对表面冷硬程度的影响很小；当前角小于 −20°时，表面层的冷硬程度将急剧增大。刀具后角 α_0、主偏角 κ_r、副偏角 κ_r' 及刀尖圆弧半径 r_ε 等对表面层冷硬程度影响不大。

3）工件材料

工件材料的塑性越大，加工表面层的冷硬程度越严重；碳钢中含碳量越高，强度越高，其冷硬程度越小。

有色金属熔点较低，容易回复，故冷硬程度要比结构钢小得多。

2. 加工表面的金相组织变化

对于一般的切削加工，切削热大部分被切屑带走，加工表面温升不高，故对工件表面层的金相组织的影响不甚严重。而磨削时，磨粒在高速（一般是 35m/s）下以很大的负前角切削薄层金属，在工件表面引起很大的摩擦和塑性变形，其单位切削功率消耗远远大于一般切削加工。由于消耗的功率大部分转化为磨削热，其中 60% ~80% 的热量将传给工件，所以磨削是一种典型的、容易产生加工表面金相组织变化（磨削烧伤）的加工方法。

磨削烧伤分为回火烧伤、淬火烧伤和退火烧伤，它们的特征是在工件表面呈现烧伤色，不同的烧伤色表明表面层具有不同的温度与不同的烧伤深度。影响磨削表面金相组织变化的因素有以下几种：

1）磨削用量

（1）磨削深度 a_p：当磨削深度增加时，无论是工件表面温度还是表面层下不同深度的温度，都会随之升高，故烧伤的可能性增大。

（2）纵向进给量f_a：纵向进给量增大，热作用时间减少，使金相组织来不及变化，磨削烧伤减轻。但当f_a大时，加工表面的表面粗糙度增大，一般可采用宽砂轮来弥补。

（3）工件线速度v_w：工件线速度增大，虽使发热量增大，但热作用时间减少，故对磨削烧伤影响不大。提高工件线速度会导致工件表面更为粗糙，为了弥补这一缺陷而又能保持高的生产率，一般可提高砂轮速度。

2）砂轮的选择

若砂轮的粒度越细、硬度越高、自砺性越差，则磨削温度越高。砂轮组织太紧密时磨屑堵塞砂轮，易出现烧伤。

砂轮结合剂最好采用具有一定弹性的材料，以使磨削力增大时，砂轮磨粒能产生一定的弱性退让，使切削深度减小，避免烧伤。

3）工件材料

工件材料对磨削区温度的影响主要取决于它的硬度、强度、韧性和导热系数。

工件的强度、硬度越高或韧性越大，磨削时磨削力越大，功率消耗也越大，将使表面温度越高，因而容易造成磨削烧伤。

导热性能较差的材料，如轴承钢、高速钢以及镍铬钢等，受热后更易磨削烧伤。

4）冷却润滑

采用切削液带走磨削区热量可以避免烧伤。但是磨削时，由于砂轮转速较高，在其周围表面会产生一层强气流，而用一般冷却方法，切削液很难进入磨削区。目前采用的比较有效的冷却方法有内冷却法、喷射法和含油砂轮磨削等。

3. 加工表面的残余应力

切削加工的残余应力与冷作硬化及热塑性变形密切相关。凡是影响冷作硬化及热塑性变形的因素，如加工材料、刀具几何参数、切削用量等都将影响表面残余应力，其中影响最大的是刀具前角和切削速度。

【思考与训练】

1. 机械加工质量包括哪些内容？它们对机器使用性能有哪些影响？
2. 影响表面粗糙度的因素是什么？
3. 什么是加工硬化？影响加工硬化的因素有哪些？
4. 什么是回火烧伤、淬火烧伤和退火烧伤？
5. 为什么要注意选择零件加工的最终工序和加工方法？

参考文献

[1] 陆剑中，孙家宁．金属切削原理与刀具［M］．第4版．北京：机械工业出版社，2005.

[2] 崔永茂，叶伟昌．金属切削刀具［M］．北京：机械工业出版社，1991.

[3] 卢秉恒．机械制造技术基础［M］．北京：机械工业出版社，2005.

[4] 顾维邦．金属切削机床概论［M］．北京：机械工业出版社，1999.

[5] 戴曙．金属切削机床［M］．北京：机械工业出版社，1993.

[6] 吴玉华．金属切削加工技术［M］．北京：机械工业出版社，1998.

[7] 恽达明．金属切削机床［M］．北京：机械工业出版社，2005.

[8] 刘苍林．金属切削机床［M］．天津：天津大学出版社，2009.

[9] 张俊生．金属切削机床与数控机床［M］．北京：机械工业出版社，2001.

[10] 贾亚洲．金属切削机床概论［M］．北京：机械工业出版社，1996.

[11] 张权民．机床夹具设计［M］．北京：科学出版社，2006.

[12] 龚定安．机床夹具设计［M］．西安：西安交通大学出版社，2000.

[13] 韩洪涛．机械制造技术［M］．北京：化学工业出版社，2003.

[14] 于骏一．机械制造技术基础［M］．北京：机械工业出版社，2004.

[15] 郑修本．机械制造工艺学［M］．第2版．北京：机械工业出版社，2002.

[16] 周昌治，杨忠鉴，赵之渊，等．机械制造工艺学［M］．重庆：重庆大学出版社，1994.

[17] 孙自立，姜晶．机械制造技术［M］．大连：大连理工大学出版社，2005.

[18] 王樑．机械制造技术［M］．重庆：西南师范大学出版社，2008.

[19] 高波．机械制造基础［M］．大连：大连理工大学出版社，2008.

[20] 刘守勇．机械制造工艺与机床夹具［M］．第2版．北京：机械工业出版社，2005.

[21] 朱正心．机械制造技术［M］．北京：机械工业出版社，2001.

[22] 陈宏钧，方向明，马素敏．典型零件机械加工生产实例［M］．北京：机械工业出版社，2006.

参 考 文 献